高等职业教育软件技术专业系列规划教材

软件测试项目实践教程

主 编 许 鹏 李 琼 刘 云
副主编 钱春阳 吕正娟

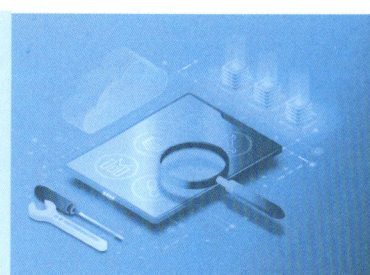

大连理工大学出版社

图书在版编目(CIP)数据

软件测试项目实践教程 / 许鹏,李琼,刘云主编. -- 大连：大连理工大学出版社,2024.8
高等职业教育软件技术专业系列规划教材
ISBN 978-7-5685-4811-3

Ⅰ.①软… Ⅱ.①许… ②李… ③刘… Ⅲ.①软件－测试－高等职业教育－教材 Ⅳ.①TP311.55

中国国家版本馆CIP数据核字(2024)第010613号

大连理工大学出版社出版

地址：大连市软件园路80号　邮政编码：116023
发行：0411-84708842　邮购：0411-84708943　传真：0411-84701466
E-mail：dutp@dutp.cn　URL：https://www.dutp.cn
大连天骄彩色印刷有限公司印刷　　　　大连理工大学出版社发行

幅面尺寸：185mm×260mm　　印张：16　　字数：410千字
2024年8月第1版　　　　　　　　　　2024年8月第1次印刷

责任编辑：高智银　　　　　　　　　　　责任校对：李　红
　　　　　　　　　　封面设计：张　莹

ISBN 978-7-5685-4811-3　　　　　　　　　　　　定　价：55.80元

本书如有印装质量问题,请与我社发行部联系更换。

前言

　　党的二十大报告指出,加快发展数字经济,促进数字经济和实体经济深度融合,打造具有国际竞争力的数字产业集群。我们要坚持教育优先发展、科技自立自强、人才引领驱动,加快建设教育强国、科技强国、人才强国,坚持为党育人、为国育才,全面提高人才自主培养质量,着力造就拔尖创新人才,聚天下英才而用之。编者注重培养学生从事软件测试岗位的专业素养和实践能力,为企业软件测试人才需求提供保障。

　　2023年测试调查报告显示,随着我国软件产业的蓬勃发展以及对软件质量的重视,软件测试也越来越被软件企业重视,软件测试成为一个前景光明的新兴产业。在软件测试人才需求量逐年递增的情况下,相关企业却很难招到符合工作岗位要求并可以立即开展测试工作的人员,因此,积极推进院校软件测试课程改革,基于软件测试工程师岗位,以企业需求为导向调整课程和教学内容,成为高校软件测试相关专业课程改革实践的重要环节。

　　本教材以党的二十大精神为指导,紧随国家科技战略及产业发展步伐,以企业岗位需求为导向,以适应教学改革需要为目标,突出高等职业院校教学的特点,采用理实结合的方法编写完成。本教材从实际出发,以"项目引导、任务驱动"的形式组织内容,注重基本知识的讲解及基本能力的培养。在分析实例的基础上,强化了实际操作,培养读者具备解决问题的能力和工匠精神、协同合作、职业素养等专业素质,以响应国家提出的"铸魂育人"的要求。本教材从软件测试的定义开始,通过大量实例操作,系统而全面地介绍了软件测试过程中应用到的各项技术,最后以"资产管理系统"项目实现综合应用拓展,从而完成知识和技能的巩固和提升。

　　全书共分7个项目,项目1主要介绍了软件测试基本理论、软件测试过程管理工具禅道的使用以及软件测试人员应具备的素质;项目2主要介绍了黑盒测试,重点介绍了常用的等价类划分法、边界值分析法、判定表法、因果图设计法、场景法等黑盒测试方法;项目3主要介绍了白盒测试,包括逻辑覆盖法和基本路径测试法,同时还介绍了插桩法等多种白盒测试方法及白盒测试策略;项目4主要介绍了性能测试的应用,其中包括性能测试环境的搭建和测试系统的部署,同时还介绍了性能测试的基本理论和流程,重点介绍了性能测试工具LoadRunner、JMeter及Badboy的使用;项目5主要介绍了自动化测试,其中包括自动化测试基础知识、测试环境的搭建,以及自动化脚本的编写,重点介绍了利用Python结合Selenium模块实现Web自动化测试过程;项目6介绍了Unittest测试框架,主要包括Unittest测试框架的基本功能、原理以及框架应用,同时还介绍了测试套件TestSuite的使用;项目7是项目综合应用,通过综合实战训练学生技能,进一步提高学生应用实践能力,体现了"做中学、学中做"的实训教学思想。

　　本教材提供了大量实例代码,需要用到Python、Selenium、JMeter、LoadRunner、Chrome等工具。读者在安装时,可能在不同电脑上安装版本会有所不同,尤其Chrome浏览器会自动更新最新版本,在不同环境中显示效果可能存在一定差异。

本教材每个项目都配备了同步练习,给读者提供了更多的练习资源,并且提供了参考答案和源代码,可以边学边练,起到巩固和提高的目的。

本教材由合肥职业技术学院许鹏、徽商职业学院李琼、合肥职业技术学院刘云担任主编,合肥职业技术学院钱春阳、吕正娟担任副主编,安徽天安芯科物联网技术有限公司张顺仕参与编写。其中,许鹏负责编写项目1;吕正娟负责编写项目2;钱春阳负责编写项目3;刘云负责编写项目4和项目5;李琼负责编写项目6;李琼、刘云和张顺仕负责编写项目7。

在编写本教材的过程中,编者参考、引用和改编了国内外出版物中的相关资料以及网络资源,在此表示深深的谢意!相关著作权人看到本教材后,请与出版社联系,出版社将按照相关法律的规定支付稿酬。

由于时间仓促,再加上编者水平有限,书中难免有错误和疏漏之处,敬请广大读者批评指正。

编　者

2024 年 8 月

所有意见和建议请发往:dutpgz@163.com

欢迎访问职教数字化服务平台:https://www.dutp.cn/sve/

联系电话:0411-84707492　84706671

目 录

项目 1　认识软件测试 1
- 任务 1.1　熟悉软件测试基本理论 1
- 任务 1.2　掌握软件测试过程管理工具——禅道 13
- 任务 1.3　熟悉软件测试人员应具备的素质 21
- 同步练习 22

项目 2　黑盒测试 23
- 任务 2.1　认识黑盒测试 23
- 任务 2.2　掌握三角形等价类划分问题 25
- 任务 2.3　理解三角形问题的边界值分析 30
- 任务 2.4　掌握三角形问题的判定表法 34
- 任务 2.5　掌握因果图设计法 39
- 任务 2.6　熟悉场景法 43
- 任务 2.7　了解其他黑盒测试方法 46
- 同步练习 48

项目 3　白盒测试 49
- 任务 3.1　认识白盒测试 49
- 任务 3.2　掌握逻辑覆盖法 52
- 任务 3.3　掌握基本路径测试法 60
- 任务 3.4　认识插桩法 63
- 任务 3.5　了解静态测试和白盒测试策略 65
- 同步练习 67

项目 4　性能测试 69
- 任务 4.1　搭建性能测试环境 69
- 任务 4.2　部署测试系统 81
- 任务 4.3　认识性能测试 87
- 任务 4.4　使用 LoadRunner 中的 VuGen 95
- 任务 4.5　编辑 LoadRunner 脚本 108
- 任务 4.6　使用 Controller 119
- 任务 4.7　使用 Analysis 125
- 任务 4.8　使用 JMeter 和 Badboy 128
- 同步练习 159

项目 5 自动化测试 ·········· 160
任务 5.1 认识自动化测试 ·········· 160
任务 5.2 搭建自动化测试环境 ·········· 164
任务 5.3 编写自动化脚本 ·········· 172
任务 5.4 编写浏览器相关操作脚本 ·········· 180
任务 5.5 编写 API 操作脚本 ·········· 182
任务 5.6 实现等待时间设置 ·········· 183
任务 5.7 实现窗口切换 ·········· 185
任务 5.8 实现表单切换 ·········· 186
任务 5.9 实现下拉框选择 ·········· 187
任务 5.10 实现文件上传和下载 ·········· 189
任务 5.11 实现鼠标操作 ·········· 191
任务 5.12 实现键盘操作 ·········· 195
任务 5.13 实现对话框操作 ·········· 197
任务 5.14 掌握下拉滚动条的使用 ·········· 199
任务 5.15 熟悉 Selenium 的封装 ·········· 200
同步练习 ·········· 204

项目 6 Unittest 测试框架 ·········· 205
任务 6.1 认识 Unittest 测试框架 ·········· 205
任务 6.2 掌握 Unittest 中断言的使用 ·········· 210
任务 6.3 实现 Unittest 中参数化 ·········· 212
任务 6.4 执行单模块单测试 ·········· 217
任务 6.5 执行单模块多测试 ·········· 219
任务 6.6 自动发现测试用例 ·········· 220
任务 6.7 获取测试报告 ·········· 221
同步练习 ·········· 226

项目 7 项目综合应用 ·········· 227
任务 7.1 实现功能测试 ·········· 227
任务 7.2 实现基于 LoadRunner 的性能测试 ·········· 243
任务 7.3 实现基于 JMeter 的性能测试 ·········· 245
任务 7.4 实现自动化测试 ·········· 246
同步练习 ·········· 247

参考文献 ·········· 248

本书微课视频列表

序号	微课名称	页码
1	熟悉软件测试基本理论	1
2	禅道的安装和使用	13
3	软件测试人员应具备的素质	21
4	认识黑盒测试	23
5	三角形问题的等价类划分	27
6	三角形问题的边界值分析	30
7	三角形问题的判定表分析	36
8	因果图案例分析	39
9	场景法案例应用	44
10	认识白盒测试	49
11	逻辑覆盖法测试实施	52
12	基本路径测试法实施	61
13	JDK 环境安装	69
14	LoadRunner 12.55 安装	74
15	JMeter 的安装及中文设置	78
16	Badboy 安装	80
17	部署测试系统	81
18	常用性能测试方法	90
19	理解性能测试流程	93
20	VuGen 录制脚本	100

(续表)

序号	微课名称	页码
21	VuGen 编辑录制脚本 01（事务和迭代）	108
22	VuGen 编辑录制脚本 02（一个参数）	112
23	VuGen 编辑录制脚本 03（两个参数）	115
24	Controller 场景设计	119
25	Analysis 使用	125
26	使用 JMeter 和 Badboy 录制脚本	148
27	JMeter 编辑脚本 01（添加断言）	151
28	JMeter 编辑脚本 02（添加事务）	152
29	JMeter 编辑脚本 03（参数化）	152
30	搭建自动化测试环境	164
31	页面元素定位 1	175
32	页面元素定位 2	178
33	浏览器基本操作	180
34	实现等待时间设置	183
35	实现表单切换	186
36	实现鼠标操作	191
37	实现键盘操作	195
38	Unittest 测试框架基本使用	209
39	Unittest 中断言的使用	211
40	Unittest 中参数化的使用	214
41	测试套件 TestSuite 的使用	217
42	测试套件生成测试报告	222

项目 1 认识软件测试

知识目标

1. 熟悉软件测试的定义和目的。
2. 掌握软件测试的分类。
3. 掌握软件测试的模型。
4. 理解软件测试的原则。
5. 熟悉软件测试的流程。

技能目标

1. 掌握软件编程的规范。
2. 会使用软件测试流程管理工具。

素质目标

1. 培养学生良好的职业道德和敬业精神。
2. 培养学生的口头和书面表达能力。
3. 培养学生的团队协作精神和沟通协调能力。

任务 1.1　熟悉软件测试基本理论

熟悉软件测试基本理论

任务描述

在信息化飞速发展的今天,我们的工作和生活都已经离不开软件,每天都会与各种各样的软件打交道。软件与其他产品一样也有质量要求。要保证软件产品的质量,除了要求开发人员严格遵照软件开发规范之外,最重要的手段就是软件测试。本任务就是介绍软件测试的基本知识。

知识链接

 知识点1　软件测试的定义

软件测试的发展经历了一个漫长的过程，其发展历程如图1-1所示。

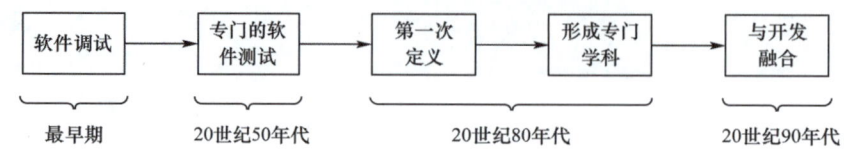

图1-1　软件测试发展历程

什么是软件测试？

IEEE定义：使用人工或自动的手段来运行或测定某个软件系统的过程，其目的在于检验它是否满足规定的需求或弄清预期结果与实际之间的差别。即软件测试是一个过程，包含若干活动，运行软件测试只是活动之一。

扩展定义：软件测试就是在软件投入运行前，对软件需求分析、设计规格说明和编码的最终复审，是软件质量保证的关键步骤。

具体定义：软件测试是根据软件开发各阶段的规格说明和程序的内部结构而精心设计一批测试用例（包括输入数据与预期输出结果），并利用这些测试用例运行软件，以发现软件错误的过程。

 知识点2　软件测试的目的

对于软件开发来说，软件测试通过找到问题缺陷帮助开发人员找到开发过程中存在的问题，包括软件开发的模式、工具、技术等方面存在的问题与不足，预防下次缺陷的产生。

对于软件测试来说，使用最少的人力、物力、时间等找到软件中隐藏的缺陷，保证软件的质量，也为以后软件测试积累丰富的经验。

对于客户需求来说，软件测试能够检验软件是否符合客户需求，对软件质量进行评估和度量，为客户评审软件提供有力的依据。

 知识点3　软件测试的分类

1. 按照测试阶段分类

单元测试：验证软件单元是否符合软件需求与设计，由开发人员自测。

冒烟测试：软件版本建立后，对系统的基本功能进行简单的测试，测试重点是验证程序的主要功能，而不会对具体功能进行深入测试。

集成测试:冒烟测试之后,将已经测试过的软件单元组合在一起测试它们之间的接口,用于验证软件是否满足设计需求。

系统测试:将经过测试的软件在实际环境中运行,并与其他系统的成分(如数据库、硬件和操作人员等)组合在一起进行测试。

验收测试:主要是对软件产品说明进行验证,逐行逐字地按照需求说明书的描述对软件产品进行测试,确保其符合客户的各项要求。

2. 按照测试技术分类

黑盒测试:把软件(程序)当作一个有输入与输出的黑匣子,把程序当作一个输入域到输出域的映射,只要输入的数据能输出预期的结果即可,不必关心程序内部是怎样实现的。

白盒测试:测试人员了解软件程序的逻辑结构、路径与运行过程,在测试时,按照程序的执行路径得出结果。白盒测试就是把软件(程序)当作一个透明的盒子,测试人员清楚地知道从输入到输出的每一步过程。

相对于黑盒测试来说,白盒测试对测试人员的要求会更高一点,它要求测试人员具有一定的编程能力,而且要熟悉各种脚本语言。但是在软件公司里,黑盒测试与白盒测试并不是界限分明的,在测试一款软件时往往是黑盒测试与白盒测试相结合对软件进行完整全面的测试。

3. 按照软件质量特性分类

功能测试:测试软件的功能是否满足客户的需求,包括准确性、易用性、适合性、互操作性等。

性能测试:测试软件的性能是否满足客户的需求,包括负载测试、压力测试、兼容性测试、可移植性测试和健壮性测试等。

4. 按照自动化程度分类

手工测试:测试人员逐条地执行代码完成测试工作,费时费力且很难保证测试效果。

自动化测试:借助脚本、自动化测试工具等完成相应的测试工作,它也需要人工的参与,但是可以将要执行的测试代码或流程写成脚本,执行该脚本完成整个测试工作。

5. 按照测试项目分类

界面类测试:验证软件界面是否符合客户需求。

安全性测试:测试软件在没有授权的内部或外部用户的攻击或恶意破坏时如何进行处理,是否能保证软件与数据的安全。

文档测试:以需求分析、软件设计、用户手册、安装手册为主,主要验证文档说明与实际软件之间是否存在差异。

6. 其他分类

α测试:软件上线之前进行的版本测试。由开发人员和测试人员或者用户协助进行测试。测试人员记录使用过程中出现的错误与问题,整个测试过程是可控的。

β测试:软件上线之后进行的版本测试。由用户在使用过程中发现错误与问题并进行记录,然后反馈给开发人员进行修复。

回归测试:对修改后的程序重新进行测试,确认原有的缺陷已经消除并且没有引起或者产生新的缺陷,这个重新测试的过程就叫作回归测试。

随机测试:没有测试用例、检查列表、脚本或指令的测试,它主要是根据测试人员的经验对软件进行功能和性能抽查。

知识点4 常见软件测试的模型

1. V模型

V模型大体可以划分为以下几个不同的阶段步骤：客户需求分析、软件需求分析、概要设计、详细设计、软件编码、单元测试、集成测试、系统测试、验收测试，如图1-2所示。

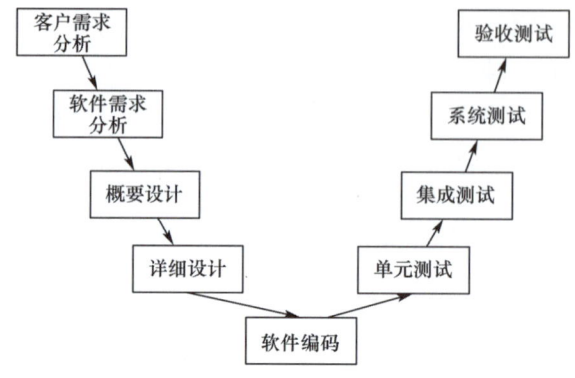

图1-2 V模型

客户需求分析阶段主要是与客户沟通产品的需求，即软件产品需要实现的功能。注意这个阶段往往会花费很长时间，因为在实际工作中，大多数情况下客户需求不是特别明确清晰，所以在这个阶段需要需求人员有耐心细致的工作态度和良好的沟通能力，在沟通过程中做好每次的需求记录，最终完成一份客户需求分析文档或者会议纪要。

软件需求分析阶段主要根据客户需求分析出软件方面的需求，即软件需要的功能。这个阶段主要涉及的就是软件系统功能覆盖到客户的所有需求，但是不涉及硬件或其他方面的需求，最终完成一份软件需求规格说明书。

概要设计阶段主要是架构的实现，指搭建架构、表述各模块功能、模块接口连接和数据传递的实现等，最终完成一份概要设计文档。

详细设计阶段对概要设计中表述的各模块进行深入分析，对各模块组合进行分析等，可以使用伪代码把程序具体实现的功能描述出来，最终完成一份详细设计文档，文档中需要包含数据库设计说明。

软件编码阶段需要开发人员根据概要设计和详细设计文档完成系统的代码编写，最终提交物是源代码。

单元测试阶段主要是测试程序代码，确保各单元模块被正确地编译。此阶段一般由开发人员自己完成，也可以由测试人员完成。

集成测试阶段主要测试各模块间组合后的功能实现情况，以及模块接口连接的成功与否、数据传递的正确性等，其主要目的是检查软件单元之间的接口是否正确。此阶段一般由测试人员完成，也可以由开发团队成员完成。

系统测试阶段主要是按照软件规格说明书的要求测试软件的功能、性能等是否和用户需求相符合，在系统中运行是否存在漏洞等。此阶段一般是由测试人员完成。

验收测试阶段主要是用户进行测试。一般信息化项目在彻底交付之前，客户需要对软件系统进行现场测试，验收软件系统是否满足前期需求和需求规格说明要求，以确定软件达到预期的效果。注意,此阶段不是项目设计阶段;另外信息化项目一般试运行周期至少为三个月,或者依据项目合同规定执行。

从图 1-2 中可以看出,单元测试对应详细设计,单元测试的测试用例和详细设计是同步的。开发设计人员在做详细设计时,测试人员也需要设计完成单元测试的测试用例;集成测试对应概要设计,在做模块功能分析及模块接口、数据传输方法时,就把集成测试用例根据概要设计中模块功能及接口等实现方法编写出来,以备以后集成测试时可以直接引用;系统测试对应系统需求设计阶段,系统需求设计人员在做系统设计、编写需求规格说明书时,测试人员就可以依据需求规格说明书,设计完成系统测试的测试用例。

通过上面的描述,也可以看出 V 模型的优缺点如下:

优点:将复杂的测试工作分成了目标明确的小阶段完成,具有阶段性、顺序性和依赖性,既包含了对源代码的底层测试,也包含了对软件需求的高层测试。

缺点:只能在编码之后才能开始测试,早期的需求分析等前期工作没有涵盖其中,因此它不能发现需求分析等早期的错误,这为后期的系统测试、验收测试埋下了隐患。V 模式一般适用于一些传统信息系统应用的开发,而一些高性能高风险的系统,或一个系统难以被具体模块化时,就不适用了。

2. W 模型

W 模型在 V 模型的基础上增加了软件开发各阶段中同步进行的验证和确认活动,如图 1-3 所示。W 模型由两个 V 字形模型组成,分别代表测试与开发过程,明确表示出了测试与开发的同步关系,说明测试是贯穿在软件开发的整个生命周期中。

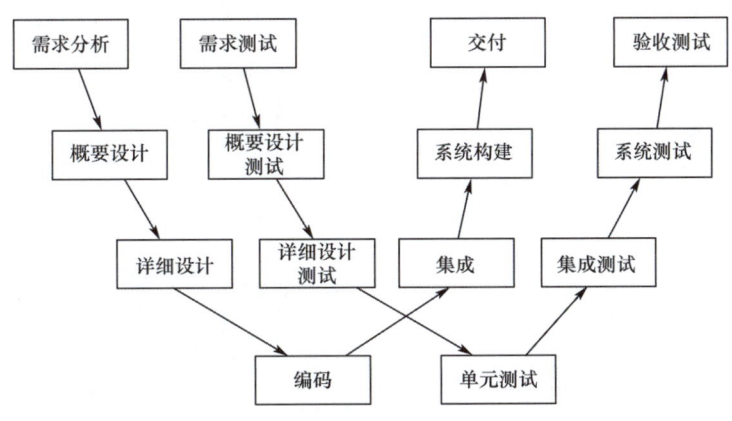

图 1-3　W 模型

W 模型在 V 模型基础上演变而来,其优缺点也很明显:

优点:测试范围不仅包括程序,还包括需求分析、软件设计等前期工作生成的文档等,这样有利于尽早全面地发现问题。

缺点:它将软件开发过程分成需求、设计、编码、集成等一系列的串行活动,无法支持迭代、自发性等需要变更调整的项目。

3. H 模型

H 模型将测试活动完全独立出来,形成一个完全独立的流程,该流程将测试准备活动和测试执行活动清晰地体现出来。测试流程和其他工作流程是并发执行的,只要测试准备工作到位,在达到测试就绪点后即可开始执行测试,和其他流程不存在明显的先后关系,如图 1-4 所示。

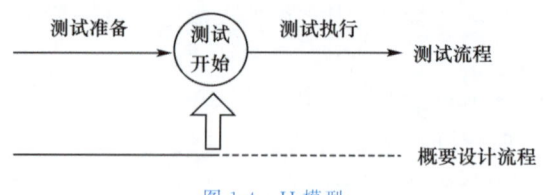

图 1-4　H 模型

H 模型的优缺点:

优点:H 模型倡导测试尽早执行的原则,只要执行测试的条件成熟,便可以马上投入到测试工作之中,因此更容易发现项目早期的问题。

缺点:H 模式中测试是一个单独流程,而流程的进度是由测试人员和项目经理共同把控,因此在什么节点可以进行测试,这在不同的情况下处理方式是不一样的,这就对项目相关人员的能力有了更高的要求。

4. X 模型

X 模型的设计原理是将程序分成多个片段反复迭代测试,然后将多个片段集成后再进行迭代测试,如图 1-5 所示。

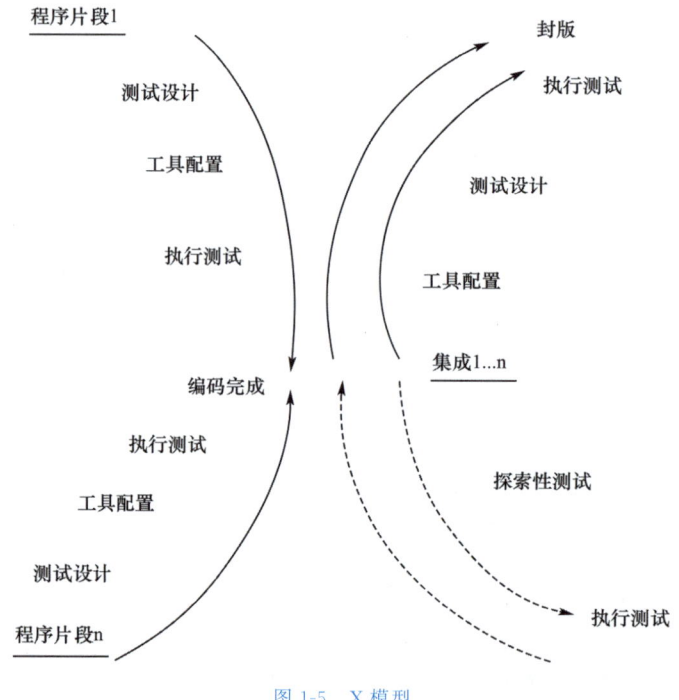

图 1-5　X 模型

X 模型的左边描述的是针对单独程序片段所进行的相互分离的编码和测试,反复迭代测试,然后通过集成最终成为可执行的程序,最后对这些可执行程序进行测试。将已经通过集成测试的产品进行封装并提交给用户,也可以作为更大规模和范围内集成的一部分。多条并行的曲线表示变更可以在各个部分发生。

X 模型的优缺点如下:

优点:对单独程序片段进行相互分离的编码和测试,保证了测试效果;增加了探索测试,可以帮助测试人员发现计划之外的软件错误。

缺点:频繁的集成会增加测试成本;探索测试对测试人员要求更高。

知识点 5　软件测试的原则

1. 测试应基于客户需求

所有的测试工作都应该建立在满足客户需求的基础上。从客户角度来看,最严重的错误就是软件无法满足要求。有时候,软件产品的测试结果非常完美,但却不是客户最终想要的产品,那么软件产品的开发就是失败的,而测试工作也是没有任何意义的。因此测试应依照客户的需求配置环境,并且按照客户的使用习惯进行测试并评价结果。

2. 测试要尽早进行

软件的错误存在于软件生命周期的各个阶段,因此应该尽早开展测试工作,把软件测试贯穿到软件生命周期的各个阶段中。这样测试人员能够尽早地发现和预防错误,降低错误修复的成本。尽早开展测试工作有利于帮助测试人员了解软件产品的需求和设计,从而预测测试的难度和风险,制订出完善的计划和方案,提高测试的效率。

3. 穷尽测试是不可能的

由于时间和资源的限制,进行完全(各种输入和输出的全部组合)的测试是不可能的。测试人员可以根据测试的风险和优先级等确定测试的关注点,从而控制测试的工作量,在测试成本、风险和收益之间求得平衡。

4. 遵循 GoodEnough 原则

GoodEnough 原则是指测试的投入与产出要适当权衡,形成充分的质量评估过程,这个过程建立在测试花费的代价之上。测试不充分无法保证软件产品的质量,但测试投入过多会造成资源的浪费。随着测试资源投入的增加,测试的产出也是增加的,但当投入达到一定的比例后,测试的效果就不会明显增强了。因此,在测试时要根据实际要求和产品质量考虑测试的投入,最好使测试投入与产出达到一个 GoodEnough 状态。

5. 测试缺陷要符合"二八"定理

一般情况下,软件 80% 的缺陷会集中在 20% 的模块中,缺陷并不是平均分布的。因此在测试时,要抓住主要矛盾,如果发现某些模块比其他模块具有更多的缺陷,则要投入更多的人力、精力,重点测试这些模块以提高测试效率。

6. 避免缺陷免疫

测试用例被反复使用,发现缺陷的能力就会越来越差;测试人员对软件越熟悉越会忽略一些看起来比较小的问题,发现缺陷的能力也越差,这种现象被称为软件测试的"杀虫剂"现象。它主要是由于测试人员没有及时更新测试用例,或者是对测试用例和测试对象过于熟悉,形成了思维定式。

知识点 6　软件测试流程

不同类型的软件产品测试的方式和重点不一样,测试流程也会不一样。同样类型的软件产品,不同的公司所制定的测试流程也会不一样。虽然不同软件的详细测试步骤不同,但它们所遵循的最基本的测试流程是一样的。

1. 分析测试需求

测试人员在制订测试计划之前需要先对软件需求进行分析,以便对要开发的软件产品有一个清晰的认识,从而明确测试对象及测试工作的范围和测试重点。在分析需求时还可以获取一些测试数据,作为测试计划的基本依据,为后续的测试打好基础。

此外,分析测试需求也是对软件需求进行测试,以发现软件需求中不合理的地方。

注意:被确定的测试需求必须是可核实的,测试需求必须有一个可观察、可评测的结果。无法核实的需求就不是测试需求。测试需求分析还要与客户进行交流,以澄清某些混淆之处,确保测试人员与客户尽早地对项目达成共识。

2. 制订测试计划

测试计划一般要做好以下工作安排:

①确定测试范围:明确哪些对象是需要测试的,哪些对象是不需要测试的。

②制定测试策略:测试策略是测试计划中最重要的部分,它将要测试的内容划分出不同的优先级,并确定测试重点。根据测试模块的特点和测试类型(如功能测试、性能测试等)选定测试环境和测试方法(如人工测试、自动化测试等)。

3. 设计测试用例

测试用例(Test Case)指的是一套详细的测试方案,包括测试环境、测试步骤、测试数据和预期结果。不同的公司会有不同的测试用例模板,虽然它们在风格和样式上有所不同,但本质上是一样的,都包括了测试用例的基本要素。

测试用例编写的原则是尽量以最少的测试用例达到最大测试覆盖率。

4. 执行测试

执行测试就是按照测试用例进行测试的过程,这是测试人员最主要的活动阶段。在执行测试时要根据测试用例的优先级进行。

在执行测试过程中,测试人员要密切跟踪测试过程,记录缺陷并形成报告等,这一阶段是测试人员最重要的工作阶段。

5. 编写测试报告

一份完整的测试报告必须要包含以下几个要点:

①引言:测试报告编写目的、报告中出现的专业术语解释及参考资料等。

②测试概要:介绍项目背景、测试时间、测试地点及测试人员等信息。

③测试内容及执行情况:描述本次测试模块的版本、测试类型,使用的测试用例设计方法及测试通过覆盖率,依据测试的通过情况提供对测试执行过程的评估结论,并给出测试执行活动的改进建议,以供后续测试执行活动借鉴参考。

④缺陷统计与分析:统计本次测试所发现的缺陷数目、类型等,分析缺陷产生的原因并给出规避措施等建议,同时还要记录残留缺陷与未解决问题。

⑤测试结论与建议:从需求符合度、功能正确性、性能指标等多个维度对版本质量进行总体评价,给出具体明确的结论。

测试报告的数据要真实,每一条结论的得出都要有评价依据,不能主观臆断。

根据如下提供的 WebTours 的需求说明书,编写一份测试计划。

需求说明书如下:

WebTours 订票系统

需求说明书

目录

1 前言 1
2 功能简介 1
 2.1 首页功能 1
 2.2 注册和登录 1
 2.3 订票办理 2
 2.4 查看客户已订票信息 3
 2.5 退票办理 4
 2.6 用户退出 4

1 前言

WebTours 是惠普 LoadRunner 提供的一个飞机订票系统网站,默认支持 SQL Server、Access、MySQL 等多种数据库,基于 IE、Chrome、Firefox 等浏览器。该订票系统的主要功能包括:注册和登录用户信息、订票办理、退票办理、查询客户已订票信息等。

2 功能简介

WebTours 订票系统主要功能如下:
(1)注册和登录。
(2)订票办理。
(3)查看客户已订票信息。
(4)退票办理。

2.1 首页功能

启动服务后,浏览器访问网页地址"http://localhost:1080/WebTours/",打开如图1所示界面,包括功能导航、信息介绍部分。

2.2 注册和登录

(1)注册功能

单击"sign up now"链接跳转到注册页面,如图2所示。

其中,Username、Password、Confirm、First Name、Last Name 为必填项,且 Username 要求是字母开头的六位及以上字符串,Password 要求是6位及以上的字母数字和下划线组成的字符串。

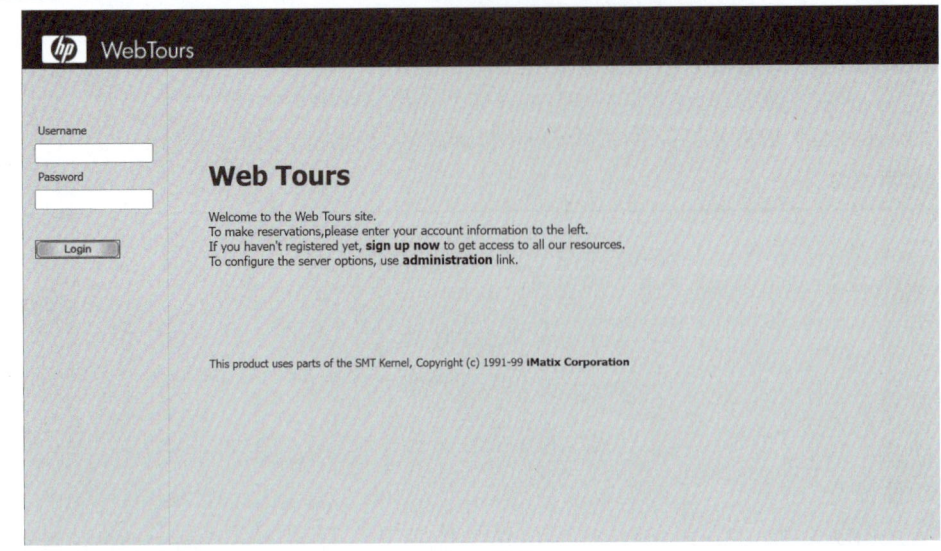

图 1　首页

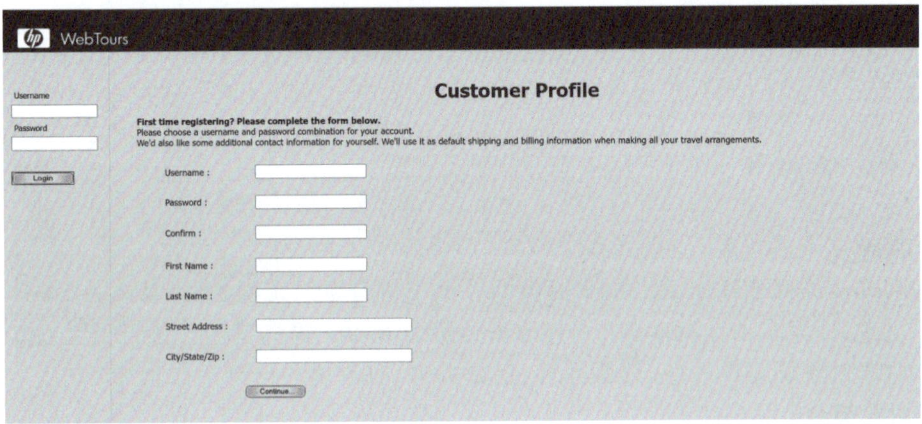

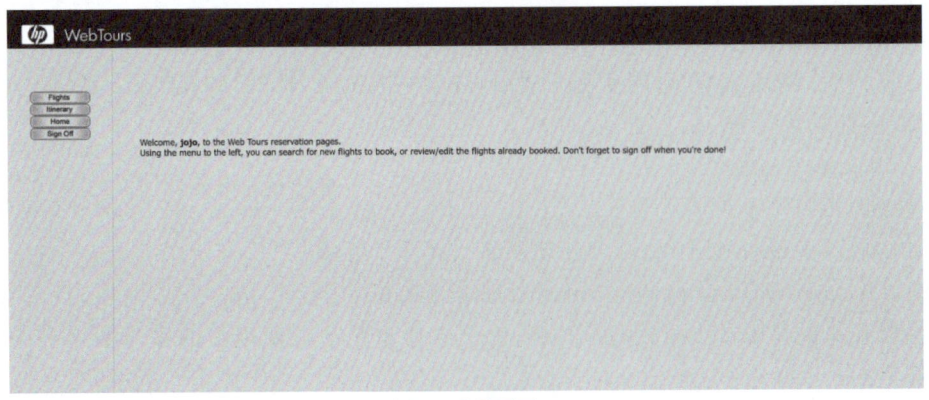

图 2　注册功能

（2）登录功能

输入已有的用户名、密码登录进入主页。

系统默认提供了两个用户名和密码，分别为 joe（密码：young）和 jojo（密码：bean）。可以使用这两个账号或者注册好的账号进行登录，进入如图 3 所示的页面。

图 3　登录页面

2.3 订票办理

单击"Flights"按钮,进入订票页面,如图4所示。

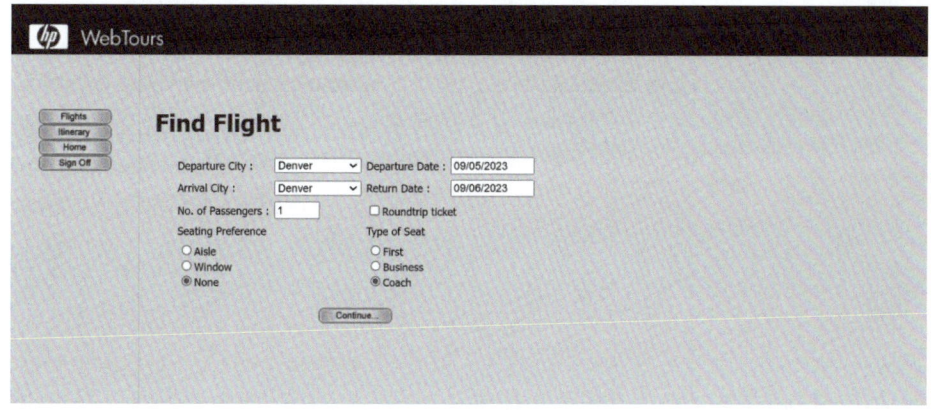

图4　订票页面

根据需求选择对应信息,然后单击"Continue"按钮进入下一页,如图5所示。进入选择具体航班页面,这里根据需求选择一个航班即可,单击"Continue"按钮进入下一页,如图6所示,进入支付页面。这里的Credit Card是信用卡卡号,Exp Date是信用卡有效期。这两个字段是必填选项,不可为空。填入个人卡号信息后,单击"Continue"按钮进入下一页,如图7所示,完成订票。这里还可以单击"Book Another"按钮继续订票。

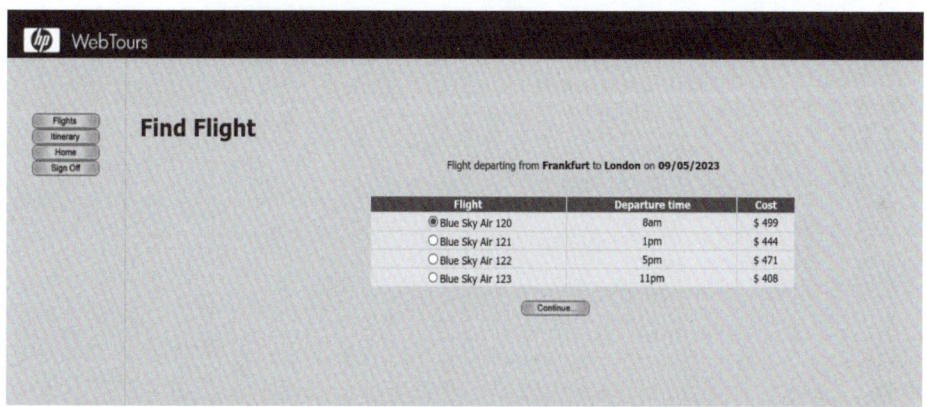

图5　航班选择页面

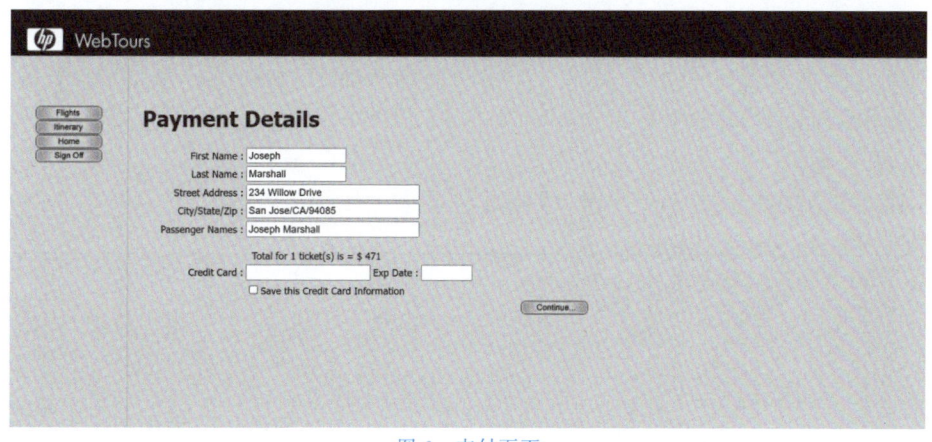

图6　支付页面

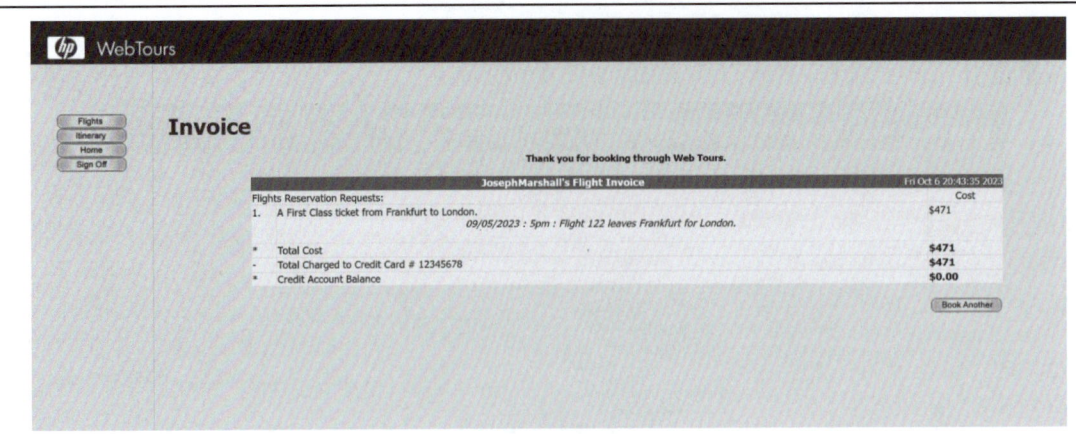

图 7　订票成功页面

另外,在订票功能中还可以选择往返订票信息。在订票页面中选择"Roundtrip ticket"完成往返机票的订购。

2.4　查看客户已订票信息

单击菜单栏中的"Itinerary",即可查询客户已订票信息,如图 8 所示。

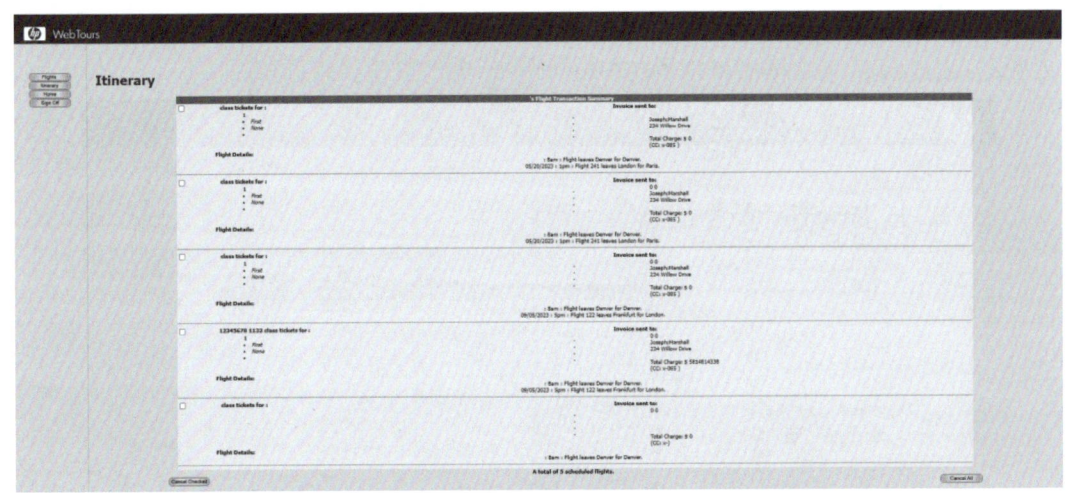

图 8　查看订票信息页面

2.5　退票办理

在如图 8 所示查看订票信息页面中,可以根据要求选择某些订票信息,单击"Cancel Checked"按钮进行退票,或者单击"Cancel All"按钮清除所有订票信息。

2.6　用户退出

单击菜单栏中的"Sign Off"按钮,即可退出系统,回到首页。

任务 1.2　掌握软件测试过程管理工具——禅道

任务描述　　常见的软件测试过程管理工具有很多,虽然国外产品起步较早,但是国内近年来也出现了不少优秀的软件过程管理工具,如目前比较常用的禅道。禅道是一款国产的开源项目管理软件,其核心管理思想基于敏捷方法(Scrum),内置了产品管理和项目管理,同时又根据国内研发现状补充了测试管理、计划管理、发布管理、文档管理、事务管理等功能,在一个软件中就可以将软件研发中的需求、任务、Bug、用例、计划、发布等要素有序地跟踪管理起来,完整地覆盖了项目管理的核心流程。目前禅道产品有开源版、企业版、旗舰版三大类。本任务就以开源版的使用来演示软件测试过程的管理。

知识链接

知识点 1　禅道软件下载使用

禅道的安装和使用

1. 下载

禅道开源版本可以直接在官网上下载安装包,也可以直接使用线上演示版。本书下载安装包安装使用。

首先进入官网 https://www.zentao.net,找到对应版本的开源下载地址。找到如图 1-6 所示位置,选择需要的版本下载。

安装包下载	php5.4_5.6　php7.0　php7.1　php7.2_7.4　php8.0	
Windows 一键安装包	经典64位　新版64位（升级了安装界面的交互）	
Linux 一键安装包	64位	注：Linux 一键安装包必须直接解压到 /opt 目录下。
DEB包下载：可以通过dpkg包管理器在Ubuntu和Debian系统下安装	php5.4_5.6　php7.0　php7.1　php7.2_7.4　php8.0	
RPM包下载：可以通过rpm包管理器在Centos系统下安装	php5.4_5.6　php7.0　php7.1　php7.2_7.4　php8.0	
最新版禅道客户端下载链接	Windows	安装包　压缩包
	Linux	安装包　压缩包(.tar.gz)　压缩包(.zip)
	Mac	安装包　压缩包
最新版禅道客户端服务器下载链接	Windows　Linux　Mac	
禅道Gogs安装包下载链接	MacOS amd64　Linux amd64　Windows amd64　MacOS arm64　Linux arm64	

图 1-6　禅道软件包下载

13

本书下载的是禅道开源 18.3 版本的 Windows 经典 64 位一键安装包。

2. 安装

首先将下载的一键安装包解压到对应目录下。

然后，打开解压后的目录文件夹 xampp，双击打开 start.exe 后，得到如图 1-7 所示页面。

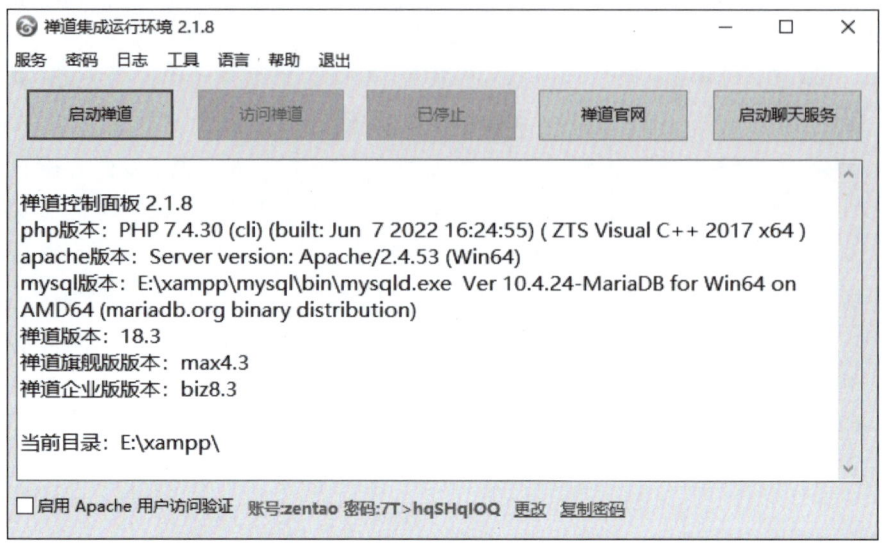

图 1-7　禅道启动页面

单击"启动禅道"按钮，启动过程中可能会出现防火墙提醒，选择允许后继续运行；禅道服务启动后，会提示数据库密码太弱，建议修改密码。界面会默认显示一个密码，用户也可以自己设置一个密码，单击"OK"按钮后数据库密码会自动修改。可以在控制运行面板左上角"服务"→"修改数据库密码"里查看到当前的数据库密码；也可以在 xampp/zentao/config/my.php 里查看到数据库密码。

禅道启动页面如图 1-8 所示。

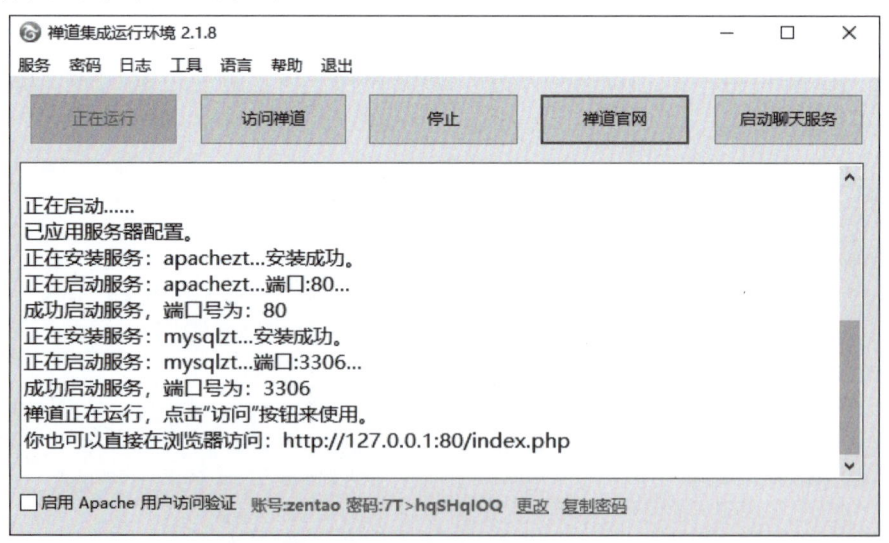

图 1-8　禅道启动页面

单击"访问禅道"按钮，或者直接在浏览器中输入地址 http://127.0.0.1:80/index.php，即可实现禅道的访问。单击"开源版"按钮进入开源版本页面，如图 1-9 所示。

图1-9　禅道访问页面

在安装使用过程中,注意以下事项:

①不要改动 xampp 的目录名,否则程序运行会有问题。

②如果无法启动 apache,检查端口号是否冲突。如果确认不是端口冲突,则考虑安装 VC 运行环境。

32 位系统下载地址:http://www.microsoft.com/downloads/details.aspx?FamilyID=9B2DA534-3E03-4391-8A4D-074B9F2BC1BF

64 位系统下载地址:http://www.microsoft.com/download/en/details.aspx?displaylang=en&id=15336

③禅道系统默认的管理员帐号是 admin,密码是 123456。

④数据库默认的管理员帐号是 root,密码是 123456。

⑤禅道的访问路径:http://localhost/zentao/,其他机器访问将"localhost"换成 IP 地址。如果端口号不是 80,还需要加上端口号。

⑥数据库管理访问路径:http://localhost/adminer/,adminer 只能在禅道机器上面访问。

知识点 2　禅道软件的使用

如图 1-10 所示,在登录页面输入默认的用户名和密码:admin 和 123456。

图1-10　禅道开源登录页面

单击"登录"按钮后,会出现如图1-11所示的修改密码页面。可以按照要求修改密码。

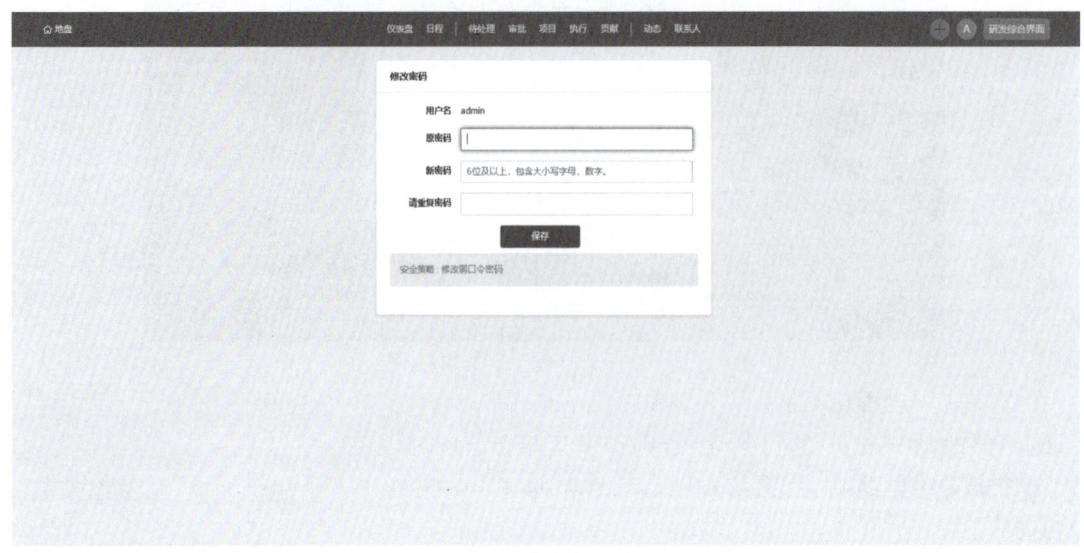

图1-11 修改密码页面

修改密码后,进入"地盘"主页面,如图1-12所示。在该页面可以进行相关的业务操作。

图1-12 "地盘"主页面

进入后,可以根据实际需要填写部门、项目集和项目等信息。本节主要熟悉禅道中的测试流程,所以不做具体项目介绍。简单介绍下创建测试单和测试流程。

首先,需要创建项目集和项目,然后选择对应项目进行测试,并填写测试用例进行分配。具体流程如下:

(1)创建项目集。如图1-13所示,在添加项目集页面中选择左侧菜单栏中的"项目集",创建项目集,并启动项目集。得到如图1-14所示页面,表示项目集已启动。

(2)添加产品。如图1-15所示,选择左侧菜单栏中的"产品",根据提示要求完成产品信息的填报。

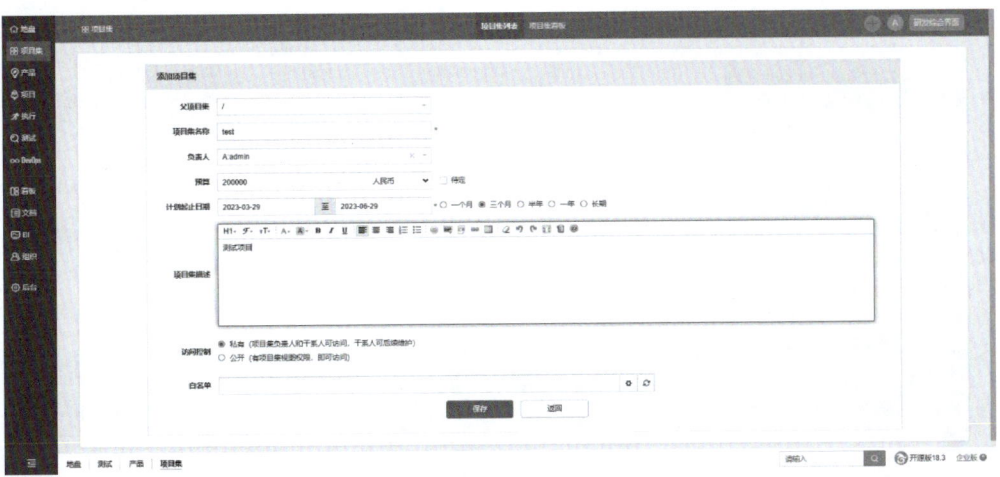

图 1-13　添加项目集页面

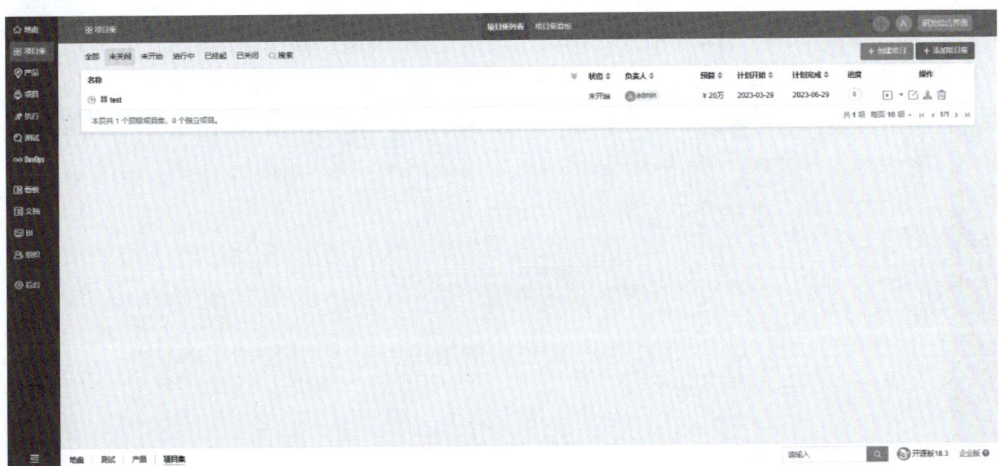

图 1-14　启动项目集页面

图 1-15　添加产品页面

（3）添加项目。如图 1-16 所示，选择左侧菜单栏中的"项目"。这里与前面创建有区别，需要根据项目建设情况选择项目管理方式。

图 1-16 选择项目管理方式页面

添加项目后,如图 1-17 所示,项目集与产品都会自动显示对应的项目,这里根据需要再次完善即可。可以根据实际项目安排,增加部门和项目组成员。由于篇幅关系,这里不做演示。读者可以在如图 1-18 所示页面中,根据项目需要添加部门和项目组成员。

图 1-17 项目信息填报页面

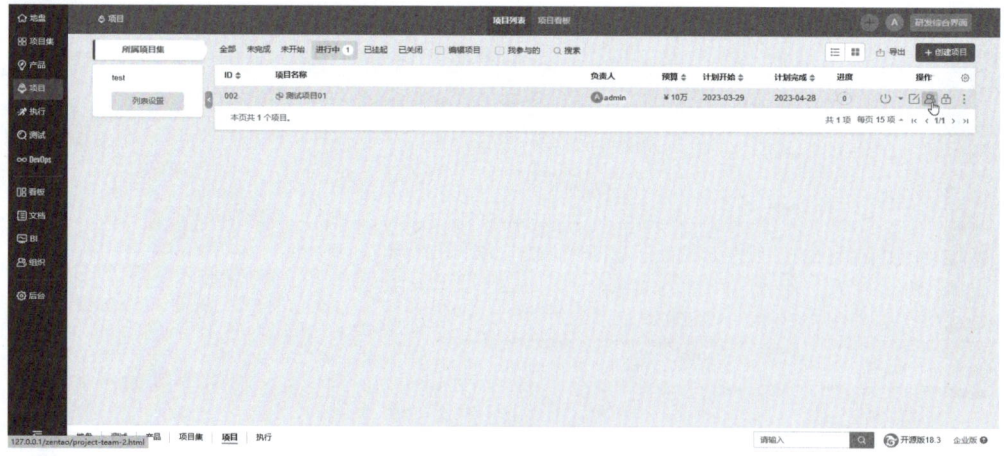

图 1-18 项目成员管理页面

(4)添加测试模块。如图 1-19 所示,选择左侧菜单中的"测试",在弹出的页面中,单击上方的"Bug"子菜单,可以实现 Bug 的提交。这里需要注意,需要先进行测试项目子模块的维护。

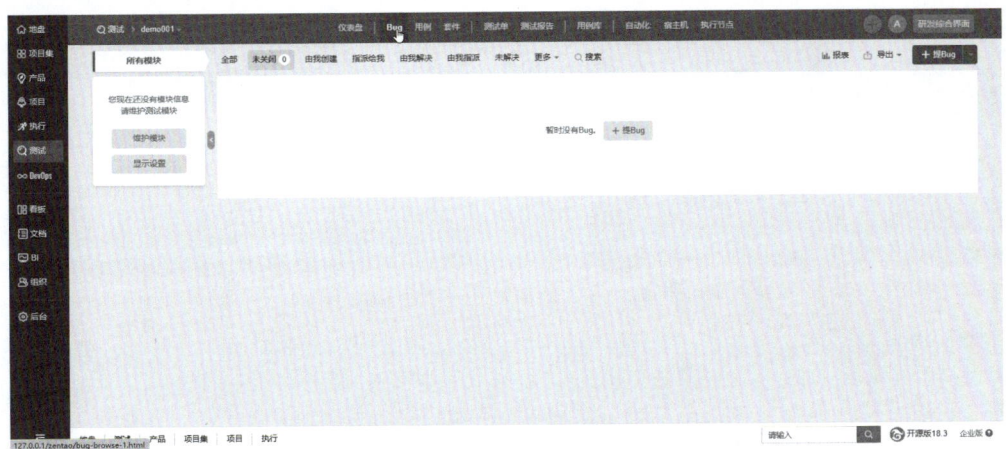

图1-19 添加Bug页面

单击页面中的"维护模块"按钮,弹出如图1-20所示页面,进行项目子模块的维护。

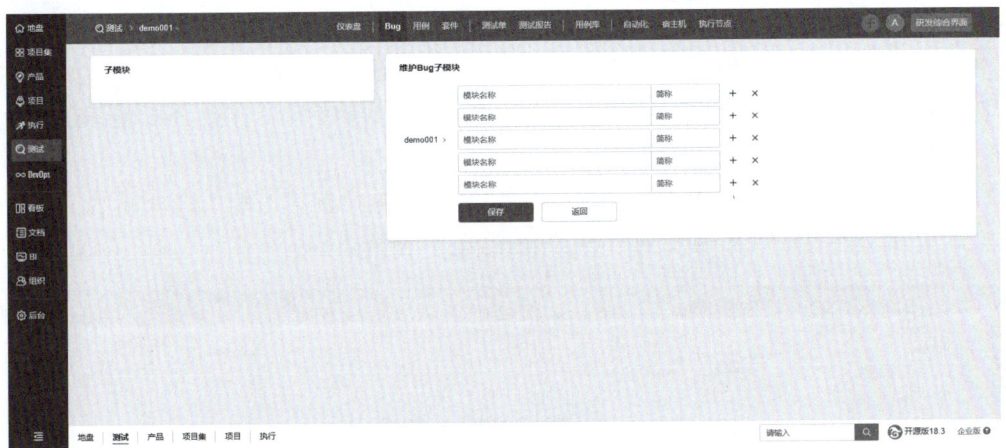

图1-20 子模块的维护页面

单击"Bug"菜单后,进入页面,单击"＋提Bug"按钮,进行系统Bug的填写提交。也可以先选择左边的子模块后,再单击"＋提Bug"按钮,这样填写Bug时会自动代入模块名称。如图1-21和图1-22所示。

图1-21 Bug的填写提交页面

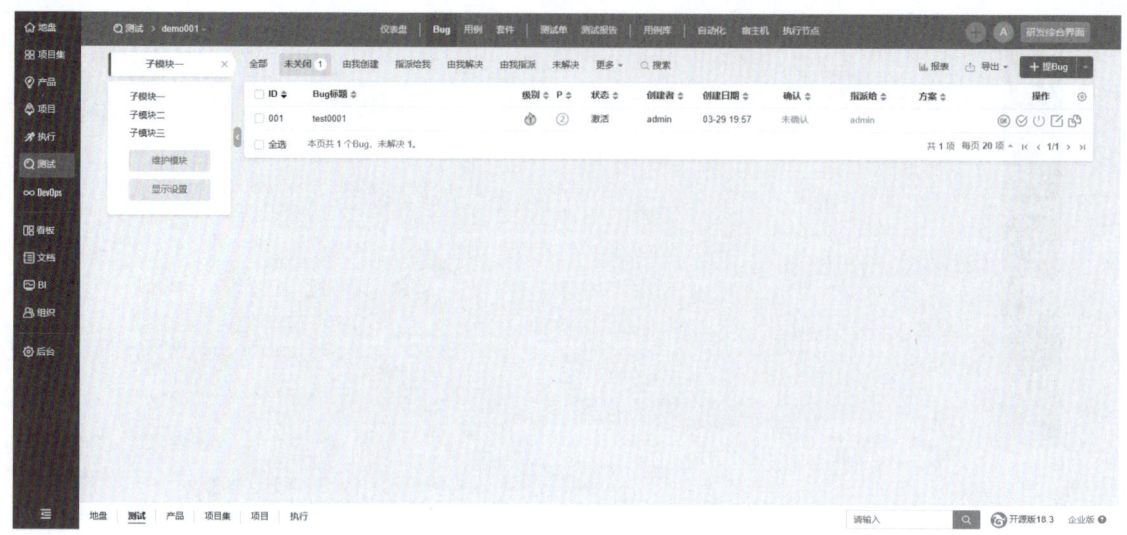

图 1-22　Bug 的提交成功页面

这里填写时涉及 Bug 的优先级和严重程度，Bug 的重现步骤等写法，后面还会讲解，这里可以先尝试练习下。由于这里没有添加项目组其他人员，所以也没有做 Bug 指派。这里只需要了解如何在禅道中创建 Bug 即可。

完成 Bug 提交后，可以单击上方的"仪表盘"查看整体情况，如图 1-23 所示。其他的测试用例、测试单和套件等在后面使用到时再讲解，这里不再赘述。

图 1-23　仪表盘查看界面

参考前面内容注册禅道用户，熟悉禅道使用过程。

任务 1.3　熟悉软件测试人员应具备的素质

任务描述

作为计算机专业的学生,如果未来从事软件测试工作,应该具备哪些素质呢?本任务就是对软件测试工程师的基本素质要求做出描述。

软件测试人员应具备的素质

知识链接

软件测试工程师一般要求具备以下几方面的技能:

1. 专业技能

专业技能包括测试专业技能、办公软件操作技能等。软件测试工程师不仅需要掌握软件测试基础理论知识,还需要熟悉并掌握相关的软件测试工具,至少掌握一种类型的软件测试工具(如 LoadRunner、JMeter 或者其他自动化测试工具)的使用;另外,软件测试过程中往往会产生许多文档产物,所以对办公软件的掌握也有一定要求。

2. 软件技能

软件技能包括对软件工程规则的理解;对计算机编程的了解;对操作系统知识、网络、数据库、操作系统、中间件等其他知识的熟悉。因为软件测试不仅包括软件产品自身的功能测试,还会涉及软件的架构、软硬件环境等的测试,所以软件测试工程师需要对软件工程等相关知识有一定的了解和熟悉,这点对于高级测试工程师尤为重要。

3. 良好的沟通能力和团队合作能力

软件测试人员需要经常与用户和开发方、技术人员和非技术人员打交道,必须具备良好的沟通能力。测试工程师既要与用户谈得来,又要与开发人员说得上话。遇到软件缺陷时,他们既要坚定原则,又要采用委婉的态度和适当的方式,使得开发方和用户愿意接受,特别是尽量避免与开发人员可能的冲突。所以软件测试工程师对沟通能力和团队协作能力有一定的要求。

4. 综合素质

具有适度的好奇心和怀疑精神;良好的学习能力;要成为一名优秀的软件测试人员,还需要具备一些高级的能力素质,包括逆向思维能力、良好的记忆力、勇于怀疑和探索的精神、追求完美的品质等。

**任务实施**

查阅常用求职软件,查看软件测试工程师的岗位需求。

同步练习

一、判断分析题

1. 软件测试的目的是尽可能多地找出软件的缺陷。（　　）
2. 软件测试的目的是证明软件没有错误。（　　）
3. 测试组负责软件质量。（　　）
4. 程序的效率与程序的复杂性相关。（　　）
5. 软件是一种逻辑实体，而不是具体的物理实体，因而它具有抽象性。（　　）
6. 测试程序仅仅按预期方式运行就行了。（　　）
7. 好的测试员不懈追求完美。（　　）
8. 不存在质量很高但可靠性很差的产品。（　　）
9. 测试是为了验证该软件已正确地实现了用户的要求。（　　）
10. 程序效率的提高主要应通过选择高效的算法来实现。（　　）

二、简答题

1. 什么是软件测试？软件测试的目的和作用是什么？
2. 简述软件测试的目的和原则。

三、动手实践

下载安装禅道开源版，完成测试 Bug 的提交。

项目 2 黑盒测试

知识目标

1. 掌握等价类划分。
2. 理解边界值分析法。
3. 掌握判定表法。
4. 掌握因果图法。
5. 熟悉场景图法。
6. 熟悉错误推测法。
7. 了解正交实验设计法。
8. 掌握如何选择正确的黑盒测试方法。

技能目标

1. 会使用不同黑盒测试设计方法设计测试用例。
2. 会根据需求选择不同的黑盒测试方法。

素质目标

1. 培养学生发现问题、分析问题、解决问题的能力。
2. 培养学生严谨、周密、细致的思维能力。

任务 2.1　认识黑盒测试

认识黑盒测试

任务描述　测试过程中有一个重要环节就是测试用例的设计，而在实际测试中一般主要使用两种测试方法，即黑盒测试和白盒测试。本任务就是对黑盒测试进行描述，并对黑盒测试设计测试用例进行说明。

知识点 1　黑盒测试的定义

黑盒测试也称功能测试或数据驱动测试,是指已知产品所应具有的功能,也就是依据《软件需求规格说明书》,通过测试来检测每个功能是否都能正常使用。在测试中,把程序看作一个不能打开的黑盒子,在完全不考虑程序内部结构和内部特性的情况下,在程序接口进行测试,它只检查程序功能是否按照需求规格说明书的规定正常使用,程序是否能适当地接收输入数据而产生正确的输出信息。黑盒测试着眼于程序外部结构,不考虑内部逻辑结构,主要针对软件界面和软件功能进行测试。

黑盒测试主要用于发现以下情况:
(1)是否有不正确或遗漏了的功能。
(2)在接口上,能否正确地接收输入数据,能否正确地产生输出信息。
(3)访问外部信息是否有错。
(4)性能上是否满足要求。
(5)界面是否错误,是否不美观。
(6)初始化或终止是否有错误。

知识点 2　黑盒测试的优缺点

黑盒测试主要从用户的角度出发,从数据的输入和输出结果进行测试,不要求测试人员了解程序内部的代码结构,只是模拟软件产品的最终用户使用产品进行测试,因此如果外部特性本身设计有问题或规格说明的规定有误,用黑盒测试方法是发现不了的。由此,也可以明显得知黑盒测试的优缺点。

黑盒测试的优点如下:
(1)比较简单,不需要了解程序内部的代码及实现。
(2)与软件的内部实现无关。
(3)从用户角度出发,能很容易地知道用户会用到哪些功能,会遇到哪些问题。
(4)基于软件开发文档,所以也能知道软件实现了文档中的哪些功能。
(5)在做软件自动化测试时较为方便。

黑盒测试的缺点如下:
(1)不可能覆盖所有的代码,覆盖率较低,大概只能达到总代码量的30%。
(2)自动化测试的复用性较低。

 **任务实施**

关于黑盒测试的定义和黑盒测试的优缺点请参考前面内容。

任务2.2 掌握三角形等价类划分问题

 任务描述

从理论上讲,黑盒测试只有采用穷举输入测试,把所有可能的输入都作为测试情况考虑,才能查出程序中所有的错误。实际上测试情况有无穷多个,人们不仅要测试所有合法的输入,还要对那些不合法但可能的输入进行测试。但是实际上完全测试是不可能的,所以我们要进行有针对性的测试。黑盒测试行为必须能够加以量化,而测试用例就是将测试行为具体量化的方法之一。常见的黑盒测试用例设计方法包括等价类划分法、边界值分析法、判定表法、因果图法、场景法、错误推测法、正交实验设计法等。本任务就是对等价类划分方法进行描述。

 知识链接

知识点1 等价类划分的定义

一个程序可以有多个输入,等价类划分就是将这些输入数据按照输入需求进行分类,将它们划分为若干个子集,这些子集即为等价类。在每个等价类中选择有代表性的数据设计测试用例。

这种方法类似于学生站队,男生站左边,女生站右边,老师站中间,这样就把师生群体划分成了三个等价类。

有效等价类就是有效值的集合,它们是符合程序要求、合理且有意义的输入数据。

无效等价类就是无效值的集合,它们是不符合程序要求、不合理或无意义的输入数据。

知识点2 等价类划分的原则

等价类划分的基本原则分为以下几类:

(1) 如果程序要求输入值是一个有限区间的值,则可以将输入数据划分为一个有效等价类和两个无效等价类。有效等价类为指定的取值区间;两个无效等价类分别为有限区间两边的值。

实例:

教务管理系统中要求输入值是学生成绩,范围是 0～100。

有效等价类:①0≤成绩≤100

无效等价类:①成绩<0,②成绩>100

教务管理系统中要求一个学生每学期只能选修 1～3 门课。

有效等价类:①选修 1～3 门

无效等价类:①不选,②选修超过 3 门

(2) 如果程序要求输入的值是一个"必须成立"的情况,则可以将输入数据划分为一个有效等价类和一个无效等价类。

实例:

银行卡用户连续输入错误密码的次数最多为 3 次。

有效等价类:①输入错误密码测试<=3 次

无效等价类:①输入错误密码测试>3 次

(3) 如果程序要求输入数据是一组可能的值,或者要求输入值必须符合某个条件,则可以将输入数据划分为一个有效等价类和一个无效等价类。

实例:

电源开关的使用(一个有效等价类、一个无效等价类)。

有效等价类:①电源开关开

无效等价类:①电源开关关

(4) 如果在某一个等价类中,每个输入数据在程序中的处理方式都不相同,则应将该等价类划分成更小的等价类,并建立等价表。

实例:核对日期的有效性,初步有效等价类是 1<=Month<=12,1<=Day<=31,不过需要考虑 2 月以及闰年、闰月、长月、短月等这样的特别情况。划分更小的等价类,然后根据处理方式不同,构建对应的等价表。

注意:同一个等价类中的数据发现程序缺陷的能力是相同的,如果使用等价类中的其中一个数据不能捕获缺陷,那么使用等价类中的其他数据也不能捕获缺陷。同样,如果等价类中的其中一个数据能够捕获缺陷,那么该等价类中的其他数据也能捕获缺陷,即等价类中的所有输入数据都是等效的。

(5) 在规定了输入数据的一组值(假定 n 个),并且程序要对每一个输入值分别处理的情况下,可确立 n 个有效等价类和一个无效等价类。

实例:

常见的个人信息登记中学历的输入可分为专科、本科、硕士、博士四种之一。

有效等价类:①专科,②本科,③硕士,④博士

无效等价类:①其他任何学历

(6) 在规定了输入数据必须遵守的规则的情况下,可确立一个有效等价类(符合规则)和若干个无效等价类(从不同角度违反规则)。

实例：

宾馆房间的电话号码拨外线为6开头。

有效等价类：①6＋外线号码

无效等价类：①非6开头＋外线号码，②6＋非外线号码

正确地划分等价类可以极大地减少测试用例的数量，测试会更准确有效。划分等价类时不仅要考虑有效等价类，还要考虑无效等价类。如何准确划分有效等价类和无效等价类，需要多加实践。

知识点3　三角形问题的等价类划分

三角形问题
的等价类划分

(1)设计测试用例的步骤如下：

①确定测试对象，保证非测试对象的正确性。

②为每个等价类规定一个唯一的编号。

③设计有效等价类的测试用例，使其尽可能多地覆盖尚未被覆盖的有效等价类，直到测试用例覆盖了所有的有效等价类。

④设计无效等价类的测试用例，使其覆盖所有的无效等价类。

(2)实例应用：三角形问题的等价类划分。

三角形问题是测试中广泛使用的一个经典案例，要求输入3个正数a、b、c作为三角形的三条边，判断这3个数构成的是一般三角形、等边三角形、等腰三角形，还是无法构成三角形。

案例分析：

程序要求输入3个数，并且是正数。在输入3个正数的基础上判断这3个数能否构成三角形，如果构成三角形再判断其构成的是一般三角形、等腰三角形还是等边三角形，需要分步骤划分等价类。

①判断是否输入了3个数，可以将输入情况划分成1个有效等价类和4个无效等价类。

ⅰ.有效等价类：输入3个数。

ⅱ.无效等价类：输入0个数。

ⅲ.无效等价类：只输入1个数。

ⅳ.无效等价类：只输入2个数。

ⅴ.无效等价类：输入超过3个数。

②在输入3个数的基础上，判断3个数是否为正数，可以将输入情况划分为1个有效等价类和3个无效等价类。

ⅰ.有效等价类：三个数都是正数。

ⅱ.无效等价类：有一个数小于等于0。

ⅲ.无效等价类：有两个数小于等于0。

ⅳ.无效等价类：三个数都小于等于0。

③在输入3个正数的基础上，判断3个数是否能构成三角形，可以将输入情况划分为1个有效等价类和1个无效等价类。

ⅰ.有效等价类：任意两个数之和大于第三个数：a+b>c、a+c>b、b+c>a。

ⅱ. 无效等价类：其中两个数之和小于等于第三个数。

④在 3 个数构成三角形的基础上，判断 3 个数是否能构成等腰三角形，可以将输入情况划分成 1 个有效等价类。因为是在构成三角形的基础上进行划分，可以认为这里没有无效等价类。

ⅰ. 有效等价类：其中有两个数相等：a＝b｜a＝c｜b＝c。

⑤在构成等腰三角形的基础上，判断这三个数能否构成等边三角形，只有 1 个有效等价类。因为是在构成等腰三角形的基础上进行划分，因此没有无效等价类。

ⅰ. 有效等价类：三个数相等：a＝b＝c。

由此，得到三角形输入等价类表，见表 2-1。

表 2-1　　　　　　　　　　　　　三角形输入等价类表

要求	有效等价类	编号	无效等价类	编号
输入 3 个数	输入 3 个数	1	输入 0 个数	2
			只输入 1 个数	3
			只输入 2 个数	4
			输入多于 3 个数	5
3 个数是否都是正数	3 个数都是正数	6	有 1 个数小于等于 0	7
			有 2 个数小于等于 0	8
			3 个数都小于等于 0	9
3 个数是否能构成三角形	任意 2 个数之和大于第 3 个数	10	其中 2 个数之和小于等于第 3 个数	11
3 个数是否能构成等腰三角形	其中 2 个数相等：a＝b｜a＝c｜b＝c	12		
3 个数是否能构成等边三角形	构成等边三角形：a＝b＝c	13		

通过等价类表，设计得出覆盖有效等价类的测试用例表（表 2-2）和覆盖无效等价类的测试用例表（表 2-3）。

表 2-2　　　　　　　　　　　　覆盖有效等价类的测试用例表

测试用例	输入 3 个数	覆盖有效等价类的编号
test01	1　2　3	1　6
test02	3　4　5	1　6　10
test03	6　6　8	1　6　10　12
test04	6　6　6	1　6　10　12　13

表 2-3　　　　　　　　　　　　覆盖无效等价类的测试用例表

测试用例	输入数据	覆盖无效等价类的编号
test05	－2　－2　－2	9
test06	－2　－2　4	8
test07	－2　2　4	7

(续表)

测试用例	输入数据	覆盖无效等价类的编号
test08	输入0个数	2
test09	1	3
test10	1 2	4
test11	1 3 4 5	5
test12	1 3 4	11

练一练：余额宝提现的等价类划分

余额宝的提现功能有两种方式：快速到账（2小时），每日最高提现额度为10 000元；普通到账，可提取金额为余额宝最大余额，但到账时间会慢一些。

分析：

如果选择快速到账，则可将提现功能划分为1个有效等价类与2个无效等价类：

(1) 有效等价类：0＜提现金额＜=10 000。

(2) 无效等价类：提现金额＜=0。

(3) 无效等价类：提现金额＞10 000。

所以可以得出对应的等价类表，见表2-4。

表2-4　　　　　　　　　余额宝提现功能的等价类划分

功能	有效等价类	编号	无效等价类	编号
快速到账	0＜提现金额＜=10 000	1	提现金额＜=0	2
			提现金额＞10 000	3
普通到账	0＜提现金额＜=余额	4	提现金额＜=0	5
			提现金额＞余额	6

注意：快速到账可以累积，分次提取；快速到账的日提现金额为10 000，表明在一天之内，只要提现金额没有累积到10 000，则可多次提取。据此，可以将快速到账细分为第1次提现和第n次提现，第n次提现的最大金额为10 000减去已经提现的金额。因此将表2-4的等价类细分后，得到表2-5所示的等价类表。

表2-5　　　　　　　　细分后的余额宝提现功能的等价类划分

功能	有效等价类	编号	无效等价类	编号
快速到账（第1次）	0＜提现金额＜=10 000	1	提现金额＜=0	2
			提现金额＞10 000	3
快速到账（第n次）	0＜提现金额＜=10 000－已提现金额	7	提现金额＜=0	8
			提现金额＞10 000－已提现金额	9

(续表)

功能	有效等价类	编号	无效等价类	编号
普通到账	0＜提现金额＜=余额	4	提现金额＜=0	5
			提现金额＞余额	6

通过表 2-5 设计对应的测试用例,包括覆盖有效等价类的测试用例(表 2-6)和覆盖无效等价类的测试用例(表 2-7)。

表 2-6　　　　　　　　　　覆盖有效等价类的测试用例

测试用例	功能	金额	覆盖有效等价类编号
test01	快速到账(第 1 次)	1 000	1
test02	快速到账(第 n 次,已提现 2 000 元)	7 000	7
test03	普通到账(余额 50 000 元)	40 000	4

表 2-7　　　　　　　　　　覆盖无效等价类的测试用例

测试用例	功能	金额	覆盖无效等价类编号
test04	快速到账(第 1 次)	−1 000	2
test05		20 000	3
test06	快速到账(第 n 次,已提现 2 000)	−2 000	8
test07		9 000	9
test08	普通到账(余额 6 000 元)	−3 000	5
test09		70 000	6

任务2.3　理解三角形问题的边界值分析

任务描述　常见的黑盒测试用例设计方法包括等价类划分法、边界值分析法、判定表法、因果图法、场景法、错误推测法、正交实验设计法等。本任务就是对边界值分析法进行描述。

知识链接

三角形问题的边界值分析

 知识点 1　边界值分析概念

根据测试工作的经验得知,大量的错误是发生在输入或输出范围的边界上,而不是在输入范围的内部。因此针对各种边界情况设计测试用例,可以查出更多的错误。

边界值分析法是对软件的输入或输出边界进行测试的一种方法,通常作为等价类划分法的一种补充测试。

在等价类划分法中,无论是输入等价类还是输出等价类,都会有多个边界,而边界值分析法就是在这些边界附近寻找某些点作为测试数据,而不是在等价类内部选择测试数据。

知识点 2　边界值分析法的原则

针对边界值设计测试用例时,应遵循以下原则:

(1)如果输入条件规定了取值范围,应该取范围的边界内及刚刚超出范围的边界外的值作为测试输入数据。

例如,程序的规格说明中规定:"重量在1～5公斤的邮件,其邮费计算公式为……"。作为测试用例,我们应取1及5,还应取1.1,4.9,0.9及5.1等。

(2)如果输入条件规定了值的个数,则是取最大、最小个数及稍小于最小、稍大于最大个数作为测试数据。

例如,一个输入文件应包括1～255个记录,则测试用例可取1和255,还应取0及256。

(3)将规则(1)和(2)应用于输出条件,即设计测试用例使输出值达到边界值及其左右的值。

(4)如果程序规格说明中提到的输入或输出域是个有序的集合(如顺序文件和表格等),则应注意选取有序集的第一个和最后一个元素作为测试用例。

(5)如果程序中使用了一个内部数据结构,则应当选择这个内部数据结构的边界上的值作为测试用例。

(6)分析规格说明,找出其他的可能边界条件。

知识点 3　常见的边界值分类

1. 标准边界值分析

针对已给出的范围选取 5 个值:最小值、略大于最小值、正常值、略小于最大值、最大值。

min　　min+　　nom　　max−　　max

2. 健壮边界值分析

针对已给出的范围选取 7 个值:略小于最小值、最小值、略大于最小值、正常值、略小于最大值、最大值、略大于最大值。

min−　　min　　min+　　nom　　max−　　max　　max+

案例应用:假设给出的输入条件规定取值范围为1～100,那么选取 5 个值和 7 个值的情况见表2-8。

表 2-8　　　　　　　　　　　　　边界值分析设计测试用例

选取方案	选取数据					
选取 5 个值	1	1.1	50	99.9	100	
选取 7 个值	0.9	1	1.1	50	99.9	100	100.1

3. 其他一些边界条件

(1) 默认值/空值/空格/未输入值/零、无效数据/不正确数据和干扰数据。

(2) 对 16 bit 的整数而言 32 767 和 −32 768 是边界。

(3) 屏幕上光标在最左上和最右下位置。

(4) 报表的第一行和最后一行。

(5) 数组元素的第一个和最后一个。

(6) 循环的第 0 次、第 1 次和倒数第 2 次、最后 1 次。

4. 三角形问题的边界值分析

(1) 边界值法设计测试用例步骤

① 对每个输入或外部条件进行等价类划分,形成等价类表,为每个等价类规定一个唯一的编号。

② 根据常见的边界值法的分类,找出每个等价类对应的边界值。

(2) 实例应用:三角形问题的边界值分析

以三角形问题为例,要求输入三个整数 a、b、c,分别作为三角形的三条边,取值范围为 1~100,判断由三条边构成的三角形类型为等边三角形、等腰三角形、一般三角形(包括直角三角形)还是非三角形。边界值分析测试用例见表 2-9。

表 2-9　　　　　　　　　　　三角形问题的边界值分析测试用例

测试用例	a	b	c	预期输出
test01	1	50	50	等腰三角形
test02	2	50	50	等腰三角形
test03	50	50	50	等边三角形
test04	99	50	50	等腰三角形
test05	100	50	50	非三角形
test06	50	1	50	等腰三角形
test07	50	2	50	等腰三角形
test08	50	99	50	等腰三角形
test09	50	100	50	非三角形
test10	50	50	1	等腰三角形
test11	50	50	2	等腰三角形
test12	50	50	99	等腰三角形
test13	50	50	100	非三角形

练一练：余额宝提现的边界值分析

假设余额宝中余额为 50 000，对边界值进行分析：

(1) 如果是第一次快速到账提现，则分别对 0 和 10 000 两个边界值进行测试，分别取值 −1、0、1、5 000、9 999、10 000、10 001 作为测试数据。

(2) 如果是第 n 次提现（假设已提现 2 000），则分别对 0 和 8 000 两个边界值进行测试，分别取值 −1、0、1、5 000、7 999、8 000、80 001 作为测试数据。

(3) 对于普通到账提现，则对 0 和 50 000 两个边界值进行测试，分别取 −1、0、1、20 000、49 999、50 000、50 001 作为测试数据。

根据边界值分析步骤设计得出余额宝提现的边界值分析测试用例，见表 2-10。

表 2-10　　余额宝提现的边界值分析测试用例

测试用例	功能	金额	被测边界	预期输出
test01	快速到账（第 1 次）	−1	0	无法提现
test02		0		无法提现
test03		1		1
test04		5 000	无	5 000
test05		9 999		9 999
test06		10 000	10 000	10 000
test07		10 001		无法提现
test08	快速到账（第 n 次）	−1	0	无法提现
test09		0		无法提现
test10		1		1
test11		5 000	无	5 000
test12		7 999		7 999
test13		8 000	8 000	8 000
test14		8 001		无法提现
test15	普通到账	−1	0	无法提现
test16		0		无法提现
test17		1		1
test18		20 000	无	20 000
test19		49 999		49 999
test20		50 000	50 000	50 000
test21		50 001		无法提现

任务2.4 掌握三角形问题的判定表法

任务描述 常见的黑盒测试用例设计方法包括等价类划分法、边界值分析法、判定表法、因果图法、场景法、错误推测法、正交实验设计法等。本任务就是对判定表法进行描述。

知识链接

知识点1 判定表

在一些数据处理问题中,某些操作是否实施依赖于多个逻辑条件的取值,即在这些逻辑条件取值的组合所构成的多种情况下,分别执行不同的操作。处理这类问题的一个非常有力的分析和表达工具是判定表(Decision Table)。

判定表(Decision Table)——分析和表达多逻辑条件下执行不同操作情况的工具,也称为决策表。

判定表通常由4个部分组成,如图2-1所示。

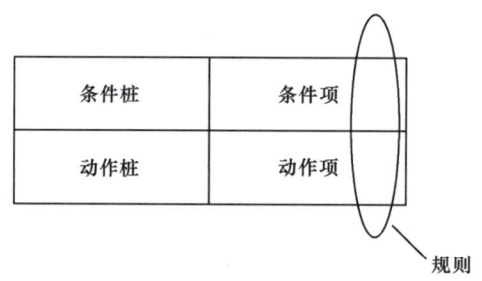

图2-1 判定表构成

判定表通常由4个部分组成:

(1)条件桩:列出问题的所有条件,除了某些问题对条件的先后顺序有要求之外,通常决策表中所列条件的先后顺序都无关紧要。

(2)条件项:条件项就是条件桩的所有可能取值。

(3)动作桩:动作桩就是问题可能采取的操作,这些操作一般没有先后顺序之分。

(4)动作项:指出在条件项的各组取值情况下应采取的动作。

在判定表中,任何一个条件组合的特定取值及其相应要执行的操作称为一条规则,即判定表中的每一列就是一条规则。每一列都可以设计一个测试用例,根据判定表设计测试用例就不会有所遗漏。

知识点 2　判定表的建立步骤

判定表的建立步骤如下：
(1)确定规则的个数。假如有 n 个条件，每个条件有 2 个取值(0 和 1)，故有 2^n 种规则。
(2)列出所有条件桩和动作桩。
(3)填入条件项和动作项。
(4)简化，合并相似规则(相同动作)。若表中有两条或多条规则具有相同的动作，并且其条件项之间存在着极为相似的关系，便可设法将其合并。

那么判定表设计测试用例具体适用哪些范围呢？主要在以下场合中使用较多：
(1)规格说明以判定表形式给出，或是很容易转换成判定表。
(2)条件的排列顺序不会也不应影响执行那些操作。
(3)规则的排列顺序不会也不应影响执行那些操作。
(4)每当某一规则的条件已经满足，并确定要执行的操作后，不必检验别的规则。
(5)如果某一规则得到满足要执行多个操作，这些操作的执行顺序无关紧要。

下面通过一个实例来理解判定表的使用。

这是一个有关"本书阅读指南"的调查问卷类型的软件，指明了读者在读书过程中可能遇到的种种情况，以及系统针对各种情况给读者的建议。

(1)当读者对内容感兴趣但是对内容疑惑时，页面给出建议"请回到本章开头重读"。
(2)当读者对内容感兴趣，而且读者对内容不疑惑时，页面给出建议"继续读下去"。
(3)当读者对内容不感兴趣，而且感到疲倦时，页面给出建议"停止阅读，请休息"。
(4)当读者对内容不感兴趣，而且不感到疲倦时，页面给出建议"跳到下一章去读"。

通过说明，可以发现这个软件有三个判定条件，分别是"是否对内容感兴趣""是否对内容疑惑"和"是否感到疲倦"，因此针对三个"是否"条件的取值，共有 $2^3=8$ 种情况，得出的判定表见表 2-11。

表 2-11　"本书阅读指南"判定表

		1	2	3	4	5	6	7	8
问题 (条件桩)	是否对内容感兴趣	Y	Y	Y	Y	N	N	N	N
	是否对内容疑惑	Y	Y	N	N	Y	Y	N	N
	是否感到疲倦	Y	N	Y	N	Y	N	Y	N
建议 (动作桩)	请回到本章开头重读	X	X						
	继续读下去			X	X				
	停止阅读，请休息					X	X		
	跳到下一章去读							X	X

在实际测试中，条件桩往往很多，而且每个条件桩都有真假两个条件项，有 n 个条件桩的判定表就会有 2^n 个条件规则。如果每条规则都设计一个测试用例，不仅工作量大，而且有些工作量可能是重复的、无意义的。

例如,在"图书阅读指南"中的第1、2条规则,第1条规则取值为:Y、Y、Y,执行结果为"停止阅读并休息";第2条规则取值为:Y、Y、N,执行结果也是为"停止阅读并休息"。对于这两条规则来说,前两个问题的取值相同,执行结果一样。所以可以简化刚才得出的判定表,见表2-12。

表2-12　　　　　　　　　　　简化后的判定表

		1	2	3	4
问题 (条件桩)	是否对内容感兴趣	Y	Y	N	N
	是否对内容糊涂	Y	N	—	—
	是否感到疑惑	—	—	Y	N
建议 (动作桩)	请回到本章开头重读	X			
	继续读下去		X		
	停止阅读,请休息			X	
	跳到下一章去读				X

知识点3　三角形问题的判定表分析

三角形问题的判定表分析

给定3个边长是否能构成三角形,如果能构成三角形,那么是构成一般三角形、等腰三角形,还是等边三角形。

据此分析,三角形问题有4个原因:

(1)c_1 是否构成三角形?

(2)c_2 a＝b?

(3)c_3 b＝c?

(4)c_4 c＝a?

结果:

e_1 不构成三角形。

e_2 一般三角形。

e_3 等腰三角形。

e_4 等边三角形。

e_5 不符合逻辑。

得出三角形决策表见表2-13。

表2-13　　　　　　　　　　　三角形决策表

原因与结果		1	2	3	4	5	6	7	8	9	10	11	12	13	14	15	16
原因	c_1	Y	Y	Y	Y	Y	Y	Y	Y	N	N	N	N	N	N	N	N
	c_2	Y	Y	Y	Y	N	N	N	N	Y	Y	Y	Y	N	N	N	N
	c_3	Y	Y	N	N	Y	Y	N	N	Y	Y	N	N	Y	Y	N	N
	c_4	Y	N	Y	N	Y	N	Y	N	Y	N	Y	N	Y	N	Y	N

(续表)

原因与结果		1	2	3	4	5	6	7	8	9	10	11	12	13	14	15	16
结果	e_1									√	√	√	√	√	√	√	√
	e_2		√														
	e_3			√	√	√											
	e_4	√															
	e_5						√	√	√								

根据合并规则,将三角形决策表进行简化,见表2-14。

表 2-14　　　　　　　　　简化后的三角形决策表

原因与结果		1	2	3	4	5	6	7	8	9
原因	c_1	Y	Y	Y	Y	Y	Y	Y	Y	N
	c_2	Y	N	Y	N	N	Y	Y	N	—
	c_3	Y	N	N	Y	N	N	Y	Y	—
	c_4	Y	N	N	N	Y	N	Y	Y	—
结果	e_1									√
	e_2		√							
	e_3			√	√	√				
	e_4	√								
	e_5						√	√	√	

由此可以得到三角形测试用例,见表2-15。

表 2-15　　　　　　　　　三角形测试用例

测试用例	a	b	c	预期结果
test01	3	3	3	等边三角形
test02	3	4	5	一般三角形
test03	3	3	4	等腰三角形
test04	4	3	3	等腰三角形
test05	3	4	3	等腰三角形
test06	?	?	?	不符合逻辑
test07	?	?	?	不符合逻辑
test08	?	?	?	不符合逻辑
test09	1	2	3	不构成三角形

练一练：工资发放判定表

某公司的薪资管理制度如下：员工工资分为年薪制与月薪制两种，员工的错误定位包括普通错误与严重错误两种。如果是年薪制的员工，犯普通错误扣款2%，犯严重错误扣款4%；如果是月薪制的员工，犯普通错误扣款4%，犯严重错误扣款8%。该公司编写了一款软件用于员工工资计算发放，现在要对该软件进行测试。

对公司员工工资管理进行分析，可得出员工工资由4个因素决定，即年薪、月薪、普通错误、严重错误。其中，年薪与月薪不可能同时并存，但普通错误与严重错误可以并存。

员工最终扣款结果有7种：

未扣款、扣款2%、扣款4%、扣款6%（2%+4%）、扣款4%、扣款8%、扣款12%（4%+8%）。

员工工资因果明细见表2-16。

表2-16 员工工资因果明细

原因		结果	
年薪	c_1	未扣款	e_1
月薪	c_2	扣款2%	e_2
		扣款4%	e_3
普通错误	c_3	扣款6%	e_4
		扣款4%	e_5
严重错误	c_4	扣款8%	e_6
		扣款12%	e_7

有4个原因，每个原因有"Y"和"N"两个取值，理论上可以组成 $2^4=16$ 种规则，但是 c_1 与 c_2 不能同时并存，因此有 $2^3=8$ 种规则，见表2-17。

表2-17 员工工资决策表

原因与结果		1	2	3	4	5	6	7	8
原因	c_1	Y	Y	Y	Y				
	c_2					Y	Y	Y	Y
	c_3	N	Y	N	Y	N	Y	N	Y
	c_4	N	N	Y	Y	N	N	Y	Y

(续表)

原因与结果		1	2	3	4	5	6	7	8
结果	e_1	√				√			
	e_2		√						
	e_3			√					
	e_4				√				
	e_5						√		
	e_6							√	
	e_7								√

从而得出员工工资测试用例,见表 2-18。

表 2-18　　　　　　　　　　　员工工资测试用例

测试用例	薪资制度	薪资	错误程度	扣款
test01	年薪制	200 000	无	0
test02		250 000	普通	5 000
test03		300 000	严重	12 000
test04		350 000	普通+严重	21 000
test05	月薪制	8 000	无	0
test06		10 000	普通	400
test07		15 000	严重	1 200
test08		8 000	普通+严重	960

任务 2.5　掌握因果图设计法

因果图案例分析

任务描述　常见的黑盒测试用例设计方法包括等价类划分法、边界值分析法、判定表法、因果图法、场景法、错误推测法、正交实验设计法等。本任务就是对因果图设计法进行描述。

 知识链接

 知识点 1　因果图

等价类划分方法和边界值分析方法都是着重考虑输入条件,但未考虑输入条件之间的联系和相互组合等。

判定表法考虑输入条件的各种组合,但是不考虑输入条件间的相互制约关系。但有时一些具体问题中的输入之间存在着相互依赖的关系,那么就需要用到因果图法。

因果图法(Cause-Effect)是一种适合于描述多种输入条件组合的测试方法,根据输入条件的组合、约束关系和输出条件的因果关系,分析输入条件的各种组合情况,从而设计测试用例的方法,它适合于检查程序输入条件涉及的各种组合情况。

因果图法一般和判定表结合使用,通过映射同时发生相互影响的多个输入来确定判定条件。

因果图法最终生成的就是判定表,适合于检查程序输入条件的各种组合情况。

采用因果图法能帮助我们按照一定的步骤选择一组高效的测试用例,同时,还能指出程序规范中存在的问题,鉴别和制作因果图。

因果图需要处理输入之间的作用关系,还要考虑输出情况,因此包含了复杂的逻辑关系。这些复杂的逻辑关系通常用图示来展现,这些图示就是因果图。

因果图中出现的基本符号如下:

因果图使用一些简单的逻辑符号和直线将程序的因(输入)与果(输出)连接起来,一般原因用 c_i 表示,结果用 e_i 表示,c_i 与 e_i 可以取值"0"或"1"。其中,"0"表示状态不出现;"1"表示状态出现。

因果图中原因和结果的基本关系如下:

c_i 与 e_i 之间有恒等、非(~)、或(∨)、与(∧)4种关系,如图2-2所示。

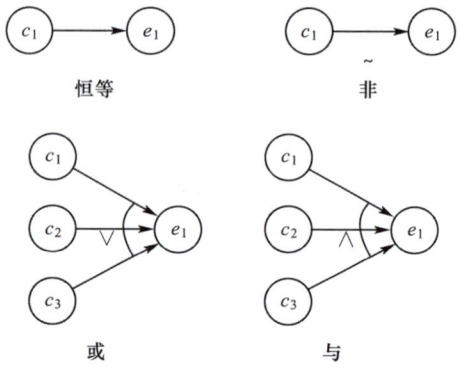

图2-2 因果图关系图

因果图的4种关系的具体含义如下:

(1)恒等:在恒等关系中,要求程序有一个输入和一个输出,输出与输入保持一致。若 c_1 为1,则 e_1 也为1;若 c_1 为0,则 e_1 也为0。

(2)非:非使用符号"~"表示,在这种关系中,要求程序有一个输入和一个输出,输出是输入的取反。若 c_1 为1,则 e_1 为0;若 c_1 为0,则 e_1 为1。

(3)或:或使用符号"∨"表示,或关系可以有任意个输入,只要这些输入中有一个为1,则输出为1,否则输出为0。

(4)与:与使用符号"∧"表示,与关系也可以有任意个输入,但只有这些输入全部为1,输出才能为1,否则输出为0。

知识点 2　因果图中原因之间的约束关系

在软件测试中,如果程序有多个输入,那么除了输入与输出之间的作用关系之外,这些输入之间往往也会存在某些依赖关系。某些输入条件本身不能同时出现,某一种输入可能会影响其他输入。

例如,某一软件用于统计体检信息,在输入个人信息时,性别只能为男或女,这两种输入不能同时存在,而且如果输入性别为女,那么体检项就会受到限制。

这些依赖关系在软件测试中称为"约束"。约束的类别可分为四种:E(Exclusive,异)、I(At least one,或)、O(One and only one,唯一)、R(Requires,要求)。在因果图中,用特定的符号表明这些约束关系,如图 2-3 所示。

(1)E(异):a 和 b 中最多只能有一个为 1,即 a 和 b 不能同时为 1。
(2)I(或):a、b 和 c 中至少有一个是 1,即 a、b、c 不能同时为 0。
(3)O(唯一):a 和 b 有且仅有一个是 1。
(4)R(要求):a 和 b 必须保持一致,即 a 为 1 时,b 也必须为 1;a 为 0 时,b 也必须为 0。

除了输入条件,输出条件也会相互约束。输出条件的约束只有一种 M(Mask,强制),即强制约束关系,如图 2-4 所示。

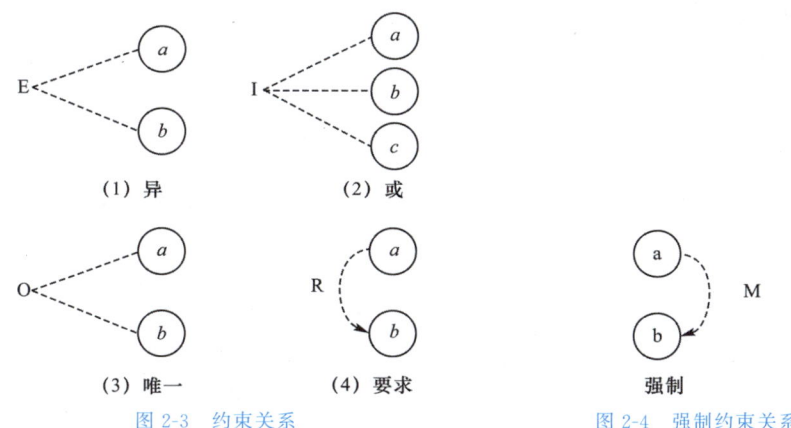

图 2-3　约束关系　　　　　　图 2-4　强制约束关系

M 约束(强制):若结果 a 是 1,则结果 b 强制为 0。

知识点 3　使用因果图设计测试用例的步骤

(1)分析程序规格说明书描述内容,确定程序的输入与输出,即"原因"和"结果"。
(2)分析得出输入与输入之间、输入与输出之间的对应关系,将这些关系使用因果图表示出来。
(3)由于语法与环境的限制,有些输入与输入之间、输入与输出之间的组合情况是不可能出现的,对于这种情况,使用符号标记它们之间的限制或约束关系。

(4)将因果图转换为判定表。

(5)将判定表的每一列作为依据,设计测试用例。

练一练:因果图案例应用

某软件规格说明书包含这样的要求:第一列字符必须是 A 或 B;第二列字符必须是一个数字。在此情况下进行文件的修改,但如果第一列字符不正确,则给出信息 L;如果第二列字符不是数字,则给出信息 M。

(1)根据题意,原因和结果如下:

原因:

1——第一列字符是 A。

2——第一列字符是 B。

3——第二列字符是一数字。

结果:

21——修改文件。

22——给出信息 L。

23——给出信息 M。

(2)画出因果图。

11 为中间节点;考虑到原因 1 和原因 2 不可能同时为 1,因此在因果图上施加 E 约束,如图 2-5 所示。

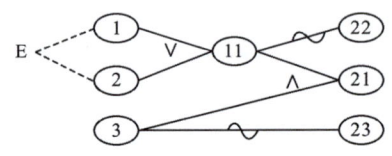

图 2-5 因果图

(3)根据因果图建立判定表,见表 2-19。

表 2-19 判定表

		1	2	3	4	5	6	7	8
原因 (条件)	1	1	1	1	1	0	0	0	0
	2	1	1	0	0	1	1	0	0
	3	1	0	1	0	1	0	1	0
	11			1	1	1	1	0	0
动作 (结果)	22			0	0	0	0	1	1
	21			1	0	1	0	0	0
	23			0	1	0	1	0	1

(4)将判定表的每一列作为依据,设计测试用例,见表 2-20。

表 2-20　　　　　　　　　　　　测试用例表

		1	2	3	4	5	6	7	8
原因 (条件)	1	1	1	1	1	0	0	0	0
	2	1	1	0	0	1	1	0	0
	3	1	0	1	0	1	0	1	0
动作 (结果)	11			1	1	1	1	0	0
	22			0	0	0	0	1	1
	21			1	0	1	0	0	0
	23			0	1	0	1	0	1
测试用例				A6 A0	Aa A@	B9 B1	BP B*	C5 H4	HY E%
预期结果				修改文件	给出信息 M	修改文件	给出信息 M	给出信息 L	给出信息 L 和信息 M

任务 2.6　熟悉场景法

任务描述　常见的黑盒测试用例设计方法包括等价类划分法、边界值分析法、判定表法、因果图法、场景法、错误推测法、正交实验设计法等。本任务就是对场景法进行描述。

知识链接

知识点 1　场景法

通过运用场景来对系统的功能点或业务流程进行描述,从而提高测试效果。

场景法一般包含基本流和备用流,从一个流程开始,通过描述经过的路径来确定过程,经过遍历所有的基本流和备用流来完成整个场景。

如图 2-6 所示,有 1 个基本流和 4 个备选流。

每个经过用例的可能路径,可以确定不同的用例场景。从基本流开始,再将基本流和备选流结合起来,可以确定以下用例场景:

场景 1　基本流

场景 2　基本流 备选流 1

场景 3　基本流　备选流 1　备选流 2
场景 4　基本流　备选流 3
场景 5　基本流　备选流 3　备选流 1
场景 6　基本流　备选流 3　备选流 1　备选流 2
场景 7　基本流　备选流 4
场景 8　基本流　备选流 3　备选流 4

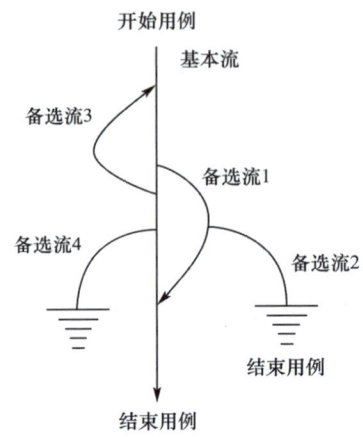

图 2-6　场景图构成

场景中基本流和备用流的确定如下：

基本流：采用直黑线表示，是经过用例的最简单的路径（无任何差错，程序从开始直接执行到结束）。

备选流：采用不同颜色表示，一个备选流可能从基本流开始，在某个特定条件下执行，然后重新加入基本流中；也可以起源于另一个备选流，或终止用例，不再加入基本流中（各种错误情况）。

知识点 2　场景法基本设计步骤

场景法基本设计步骤如下：
(1) 根据说明，描述出程序的基本流及各项备选流。
(2) 根据基本流和各项备选流生成不同的场景。
(3) 对每一个场景生成相应的测试用例。
(4) 对生成的所有测试用例复审，去掉多余的测试用例。测试用例确定后，对每一个测试用例确定测试数据值。

练一练：ATM 自动取款机场景

分析 ATM 自动取款机的场景流程并设计测试用例和测试数据。

场景法
案例应用

分析过程：

基本流：

(1)插入磁卡

(2)ATM 机验证账户正确

(3)输入密码正确,通过验证

(4)输入取款金额

(5)取出金额

(6)取卡

备选流一：账户不存在或受限制

备选流二：密码不正确,还有输入机会

备选流三：密码不正确,没有输入机会

备选流四：卡中余额不足

备选流五：机中余额不足

备选流六：超过每日最大提款限额(假定上限为 5 000)

备选流七：输入金额非 100 倍数

根据以上基本流和备选流得出场景构成,见表 2-21。

表 2-21　　　　　　　　　　　　　　场景构成

场景描述	基本流	备选流
场景 1——成功提款	基本流	
场景 2——账户不存在/账户受限	基本流	备选流 1
场景 3——密码不正确(还可以输入密码)	基本流	备选流 2
场景 4——密码不正确(不可以再输入密码)	基本流	备选流 3
场景 5——卡中余额不足	基本流	备选流 4
场景 6——取款机中余额不足	基本流	备选流 5
场景 7——超过每日提款上限	基本流	备选流 6
场景 8——输入金额不是 100 整数	基本流	备选流 7

根据分析场景情况,得出如图 2-7 所示的场景图。

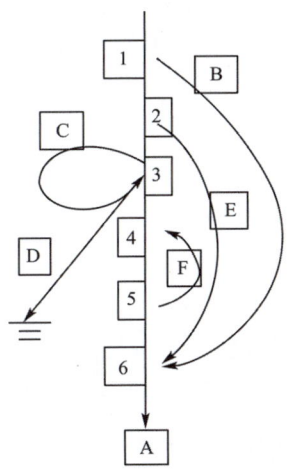

图 2-7　ATM 取款场景图

最终得出测试用例设计,见表 2-22。

表 2-22　　　　　　　　　　ATM 取款测试用例设计

测试用例 ID	场景	账号	密码	取款数字	卡上余额	ATM余额	预期结果
test01	场景 1:成功提款	6226－123	5566	200	1 000	5 000	成功取款,卡上余额为 800
test02	场景 2:账户不存在/账户受限	1234	—	—	1 000	5 000	取款选项不可用,用例结束
test03	场景 3:密码不正确（还可以输入密码）	6226-123	111	—	1 000	5 000	警告信息,返回基本流输入密码
test04	场景 4:密码不正确（不可以再输入密码）	6226－123	222	—	1 000	5 000	警告信息,吞卡
test05	场景 5:卡中余额不足	6226－123	5566	2 000	1 000	5 000	警告信息,返回基本流,输入金额
test06	场景 6:取款机中余额不足	6226－123	5566	700	1 000	500	提示信息,返回基本流,输入金额
test07	场景 7:超过每日提款上限	6226－123	5566	200(已提取 4 900 元)	1 000	5 000	警告信息,返回基本流,输入金额
test08	场景 8:输入金额不是 100 整数	6226－123	5566	650	1 000	5 000	警告信息,返回基本流,输入金额

注意:一般场景的设计,主要依据需求规格说明书或者依据测试工程师的经验设计。

任务 2.7　了解其他黑盒测试方法

任务描述　　常见的黑盒测试用例设计方法包括等价类划分法、边界值分析法、判定表法、因果图法、场景法、错误推测法、正交实验设计法等。本任务就是熟悉和了解错误推测法和正交实验设计法,并对黑盒测试方法的选择有一定的了解。

知识链接

知识点 1　错误推测法

错误推测法是基于经验和直觉推测程序中所有可能存在的错误,从而有针对性地设计测试用例的方法。

列举出程序中所有可能的错误和容易发生错误的特殊情况,然后选择测试用例。一般完成的前提条件如下:

(1)深度熟悉被测系统的业务、需求。

(2)对被测系统或类似系统之前的缺陷分布情况进行过系统的分析,包括功能缺陷、数据缺陷、接口缺陷和界面缺陷等。

其实错误推测法也可以说是"灰盒测试",对测试人员有一定的要求,要求测试人员了解典型的编程错误,以及如何触发这种错误。

优点:
- 充分发挥个人的经验和潜能,命中率高。
- 集思广益。
- 方便使用。
- 容易快速切入。

缺点:
- 覆盖率难以保证。
- 可能丢失大量未知的区域。
- 带有主观性且难以复制,过多地依赖于个人的经验。

常见案例如下:

(1)注册用户页面,注意用户名输入空格、非法字符或相同的用户名等。

(2)测试对一个数组表进行排序时,注意输入的数组表为空表、表中只含有一个元素、表中部分或全部元素相同等。

知识点 2 正交实验设计法

利用因果图来设计测试用例时,输入条件的原因与输出结果之间的因果关系有时很难从软件需求规格说明中得到。往往因果关系非常庞大,以至于据此因果图而得到的测试用例数目多得惊人,给软件测试带来沉重的负担。为了有效并合理地减少测试的工时与费用,可利用正交实验设计法进行测试用例的设计。

正交实验设计法是依据 Galois 理论,从大量的(实验)数据(测试用例)中挑选适量的、有代表性的点(例),依据 Galois 理论导出"正交表",从而合理地安排实验(测试)的一种科学实验设计方法。类似的方法有聚类分析方法和因子方法等。

正交实验设计法包含三个关键因素,具体如下所示。
- 指标:判断实验结果优劣的标准。
- 因子:也称为因素,是指所有影响实验指标的条件。
- 因子的状态:也叫因子的水平,指的是因子变量的取值。

利用正交实验设计法设计测试用例的步骤如下:

(1)提取因子,构造因子状态表。

(2)加权筛选,简化因子状态表。

(3)构建正交表,设计测试用例。

黑盒测试还有很多设计方法,因为篇幅原因,这里不再赘述,读者如果感兴趣,可以自行学习了解。

知识点 3　黑盒测试方法的选择

各种黑盒测试方法选择的综合策略,可在实际应用过程中参考如下判断:

(1)进行等价类划分,包括输入条件和输出条件的等价划分,将无限测试变成有限测试,这是减少工作量和提高测试效率的最有效方法。

(2)在任何情况下都必须使用边界值分析方法。经验表明,这种方法设计的测试用例发现程序错误的能力最强。

(3)对照程序逻辑,检查已设计出的测试用例的逻辑覆盖程度。如果没有达到要求的覆盖标准,应当再补充足够的测试用例。

(4)如果程序的功能说明中含有输入条件的组合情况,应在一开始选用因果图法和判定表法。

(5)对于参数配置类的软件,要用正交实验设计法选择较少的组合方式达到最佳效果。

(6)对于业务流清晰的系统,可以利用场景法贯穿整个测试案例的过程,在案例中综合使用各种测试方法。

任务实施

根据任务 1.1 提供的 WebTours 的需求说明书,利用黑盒测试方法设计完成测试用例。

参考如图 2-8 所示的测试用例的模板编写。在编写测试用例时需要注意,所有的测试用例要依据系统的需求说明书,同时必须是确定的、可测的。

WebTours订票系统测试用例							
测试用例编号	功能点	用例说明	前置条件	输入	执行步骤	预期结果	重要程度
1、登录模块（测试用例个数：6个）							
Login001	登录功能测试	登录界面文字正确性测试	登录页面正常显示	打开登录页面	打开登录页面	界面显示文字和按钮文字显示正确	低
Login002	登录功能测试	输入正确的用户名密码信息登录测试	正确的用户名和密码	1. username：jojo 2. password：bean	输入以上数据，点击Login	登录成功	高
Login003	登录功能测试	错误的用户名登录测试	错误的用户名	1.username:jo 2.password:bean	输入以上数据，点击Login	用户名错误	高
Login004	登录功能测试	错误的密码登录测试	错误的密码	1.username:jojo 2.password: 123	输入以上数据，点击Login	密码错误	高
Login005	登录功能测试	用户名为空的登录测试	用户名为空	1.username:　　2.password：bean	输入以上数据，点击Login	用户名不能为空	高
Login006	登录功能测试	密码为空的登录测试	密码为空	1.username:jojo 2.password:	输入以上数据，点击Login	密码不能为空	高

图 2-8　WebTours 测试用例模板

同步练习

1.使用因果图法实现自动售货机的测试用例设计

有一个单价为 5 元的饮料自动售货机软件测试用例的设计。其规格说明如下:

若投入 5 元或 10 元的纸币,按下"气泡水"或"酸奶"的按钮,则相应的饮料就会被送出来。若售货机没有零钱找,则一个显示"零钱找完"的红灯亮,这时投入 10 元纸币并按下按钮后,饮料不会被送出来,10 元纸币会被退出;若有零钱找,则显示"零钱找完"的红灯灭,在饮料被送出的同时 5 元纸币也会被退出。

2.使用场景法实现测试用例设计

有一个在线购物的实例,用户进入一个在线购物网站进行购物。选购物品后,用户进行在线购买,这时需要使用账号登录。登录成功后,用户进行付钱交易,交易成功后,订购单生成,整个购物过程完成。

项目 3

白盒测试

知识目标

1. 熟悉白盒测试基本概念。
2. 掌握逻辑覆盖法。
3. 熟悉插桩法。
4. 了解静态测试。
5. 理解白盒测试策略。
6. 熟悉白盒测试和黑盒测试的优缺点。

技能目标

1. 会用不同白盒测试设计方法设计测试用例。
2. 会根据需求选择不同的白盒测试策略。

素质目标

1. 培养学生发现问题、分析问题、解决问题的能力。
2. 培养学生严谨和周密细致的思维能力。

任务 3.1　认识白盒测试

认识
白盒测试

任务描述　　测试过程中有一个重要环节就是测试用例的设计,而在实际测试中一般主要使用两种测试方法,即黑盒测试和白盒测试,本任务就是对白盒测试进行描述和说明。

知识链接

 知识点1　白盒测试的定义

　　白盒测试是一种被广泛使用的逻辑测试方法,也称为结构测试、逻辑驱动测试或基于代码的测试。白盒测试的对象基本上是源程序,是以程序的内部逻辑为基础的一种测试方法。这种测试是需要清楚盒子内部的东西,也就是被测程序内部是如何运作的,也因此常被称为"透明盒测试"。

　　白盒测试针对性较强,可以对程序的每一行语句、每一个条件或分支进行测试,测试效率较高,而且可以明确测试的覆盖程度。白盒测试需要测试人员全面了解程序内部逻辑结构,对所有逻辑路径进行测试,这其实是一种穷举路径的测试。

　　白盒测试方法又可分为静态测试和动态测试。静态测试是一种不通过执行程序而进行测试的技术。静态测试的关键功能是检查软件的表示和描述是否一致,有无冲突或者歧义。动态测试是当软件系统在模拟的或真实的环境中执行之前、之中和之后,对软件系统行为的测试。动态测试包含了程序在受控的环境下使用特定的期望结果进行正式的运行。它显示了一个系统在检查状态下是否正确。在动态测试技术中,最重要的技术是逻辑覆盖测试和基本路径测试。

 知识点2　白盒测试的原则

　　软件的白盒测试是对软件的过程性细节做细致检查,主要对程序模块进行检查,一般遵循以下原则:
　　(1)保证一个模块中的所有独立路径至少被使用一次。
　　(2)对所有逻辑值均测试 true 和 false。
　　(3)在循环的边界和运行的界限内执行循环体。
　　(4)检查内部数据结构以确定其有效性等。

知识点3　白盒测试的优缺点

1.白盒测试的优点
　　(1)可以检测代码中的每条分支和路径。
　　(2)有一定充分性度量手段。
　　(3)可获得较多工具支持。

2. 白盒测试的缺点

(1)需要投入巨大的工作量,代价昂贵。
(2)无法检测代码中遗漏的路径和数据敏感性错误。
(3)工作量大,通常只适用于单元测试。
(4)不验证规格的正确性。

知识点 4　白盒测试与黑盒测试的区别

黑盒测试过程中我们不用考虑内部逻辑结构,仅需要验证软件外部功能是否符合用户实际需求。黑盒测试主要是覆盖全部的功能,可以结合兼容、性能测试等方面进行,根据软件需求设计文档,模拟客户场景随系统进行实际的测试。黑盒测试可发现以下缺陷:

(1)外部逻辑功能缺陷和正确性,如界面显示信息错误等。
(2)软件产品的可用性和边界值条件等。
(3)兼容性错误,如系统版本支持、运行环境等。
(4)错误恢复,如错误处理和页面数据验证,包括突然间断电、输入脏数据等。
(5)性能问题,如运行速度、响应时间等。

与黑盒测试不同,白盒测试是深入代码级的测试,发现问题最早,效果也是最好的。该技术的主要特征是测试对象进入了代码内部,这一阶段测试以软件开发人员为主。白盒测试可以设计测试用例尽可能覆盖程序中分支语句,分析程序内部结构。白盒测试常用于以下几种情况:

(1)源程序中含有多个分支,在设计测试用例时要尽可能覆盖所有分支,提高测试覆盖率。
(2)迅速检查内存泄漏。黑盒测试只能在程序长时间运行中发现内存泄漏问题,而白盒测试能立即发现内存泄漏问题。

另外,软件测试并不是使用某一种技术手段就可以完成的,在实际工作中,往往会根据不同阶段选择不同的测试方法。一般情况见表 3-1。

表 3-1　　　　　　　　　　　各阶段测试方法应用

测试名称	测试对象	测试方法
单元测试	模块功能(函数、类)	白盒测试
集成测试	接口测试(数据传递)	黑盒测试和白盒测试
系统测试	系统测试(软件、硬件)	黑盒测试
验收测试	系统测试(软件、硬件、用户体验)	黑盒测试

任务实施

关于白盒测试的定义以及黑盒测试与白盒测试的区别请参考前面内容。

任务 3.2 掌握逻辑覆盖法

逻辑覆盖法
测试实施

任务描述　白盒测试的方法有很多种,常见的有代码检查法、静态结构分析法、静态质量度量法、逻辑覆盖法、基本路径测试法等。逻辑覆盖法是最常用的白盒测试方法,逻辑覆盖是以程序内部的逻辑结构为基础的设计测试用例的技术,是一系列测试过程的总称。本任务就是学习几种常用的逻辑覆盖法。

知识链接

逻辑覆盖细分可以有很多种,由于篇幅关系,本书只学习以下六种常用逻辑覆盖方法:
- 语句覆盖
- 判定覆盖
- 条件覆盖
- 判定-条件覆盖
- 条件组合覆盖
- 路径覆盖

知识点 1　语句覆盖

语句覆盖(Statement Coverage)又称行覆盖、段覆盖或基本块覆盖,是最常见的覆盖方式。

语句覆盖的目的是测试程序中的代码是否被执行,它只测试代码中的执行语句。这里的执行语句不包括头文件、注释、空行等。

语句覆盖在多分支的程序中,只能覆盖某一条路径,使得该路径中的每一个语句至少被执行一次,但不会考虑各种分支组合情况。

示例代码如下:
```
IF x>0 AND y<0          //条件 1
    z=z-(x-y)
IF x>2 OR z>0           //条件 2
    z=z+(x+y)
```

在代码中,AND 表示逻辑运算 &&,OR 表示逻辑运算 ||。第 1~2 行代码表示如果 $x>0$ 成立并且 $y<0$ 成立,则执行 $z=z-(x-y)$ 语句;第 3~4 行代码表示如果 $x>2$ 成立或者 $z>0$

成立,则执行 z=z+(x+y)语句。

代码运行流程图如图 3-1 所示,a、b、c、d、e 表示程序执行分支。在语句覆盖测试用例中,程序中每个可执行语句要至少被执行一次。

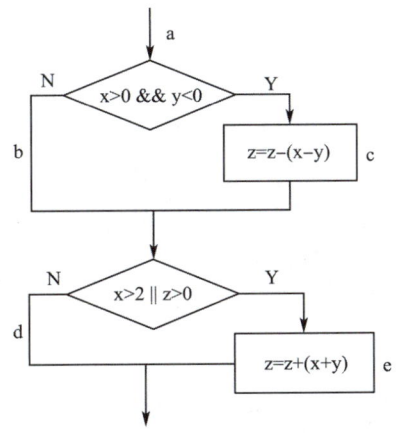

图 3-1　代码运行流程图

设计测试用例:Test1:x=1;y=-1;z=3。

执行测试用例,程序运行路径为 ace。可以看出程序中 ace 路径上的每个语句都能被执行。

但是语句覆盖对多分支的逻辑无法全面反映,仅仅执行一次不能进行全面覆盖,因此,语句覆盖是弱覆盖方法。

语句覆盖虽然可以测试语句是否被执行到,但无法测试程序中存在的逻辑错误。

例如,如果上述程序中的逻辑判断符号"AND"误写了"OR",使用测试用例 Test1 同样可以覆盖 ace 路径上的全部执行语句,但无法发现错误。同样,如果将 x>0 误写成 x>=0,使用同样的测试用例 Test1 也可以执行 ace 路径上的全部执行语句,但无法发现 x>=0 的错误。

语句覆盖无须详细考虑每个判断表达式,可以直观地从源程序中有效测试执行语句是否全部被覆盖。由于在设计程序时,语句之间存在许多内部逻辑关系,而语句覆盖不能发现其中存在的缺陷,因此语句覆盖并不能满足白盒测试的测试所有逻辑语句的基本需求。

知识点 2　判定覆盖

判定覆盖(Decision Coverage)又称为分支覆盖,其原则是设计足够多的测试用例,在测试过程中保证每个判定至少有一次为真值,有一次为假值。

判定覆盖的作用是使真假分支均被执行,虽然判定覆盖比语句覆盖测试能力强,但仍然具有和语句覆盖一样的单一性。

以上节的程序为例,设计判定覆盖测试用例,见表 3-2。

表 3-2　　　　　　　　　　　判定覆盖测试用例

测试用例	x	y	z	执行语句路径
test01	2	-1	-1	acd

(续表)

测试用例	x	y	z	执行语句路径
test02	−3	1	−1	abd
test03	3	−1	5	ace
test04	3	1	−1	abe

上述 4 个测试用例覆盖了 acd、abd、ace、abe 四条路径,使得每个判定语句的取值都满足了各有一次"真"与"假"。相比于语句覆盖,判定覆盖的覆盖范围更广泛。

(1)判定覆盖保证了每个判定至少有一次为真值,有一次为假值。

(2)判定覆盖并没有考虑到程序内部取值的情况。

(3)判定覆盖语句一般是由多个逻辑条件组成,如果仅仅判断测试程序执行的最终结果而忽略每个条件的取值,必然会遗漏部分测试路径,因此,判定覆盖也属于弱覆盖。

知识点 3　条件覆盖

条件覆盖(Condition Coverage)指的是设计足够多的测试用例,使判定语句中的每个逻辑条件取真值与取假值各至少出现一次。

例如,对于判定语句 if(a＞1 OR c＜0)中存在 a＞1、c＜0 两个逻辑条件,设计条件覆盖测试用例时,要保证 a＞1、c＜0 的"真""假"值各至少出现一次。

以前面程序为例,设计条件覆盖测试用例,在该程序中,有 2 个判定语句,每个判定语句有 2 个逻辑条件,共有 4 个逻辑条件,使用标识符标识各个逻辑条件取真值与取假值的情况,见表 3-3。

表 3-3　条件覆盖条件标记

条件 1	条件标记	条件 2	条件标记
x＞0	S1	x＞2	S3
x＜=0	−S1	x＜=2	−S3
y＜0	S2	z＞0	S4
y＞=0	−S2	z＜=0	−S4

使用 S1 标记 x＞0 取真值(x＞0 成立)的情况,−S1 标记 x＞=0 取假值(x＞0 不成立)的情况。同理,使用 S2、S3、S4 标记 y＜0、x＞2、z＞0 取真值,使用−S2、−S3、−S4 标记 y＜=0、x＞=2、z＞=0 取假值,最后得到执行条件判断语句的 8 种状态。

设计测试用例时,要保证每种状态都至少出现一次。测试用例的设计原则是尽量以最少的测试用例达到最大的覆盖率。因此可以优化设计测试用例,见表 3-4。

表 3-4　条件覆盖测试用例

测试用例	x	y	z	条件标记	执行路径
test01	3	1	5	S1　−S2　S3　S4	abe
test02	−3	1	−1	−S1　−S2　−S3　−S4	abd
test03	3	−1	1	S1　S2　S3　−S4	ace

从条件覆盖的测试用例可知，使用 3 个测试用例就达到了使每个逻辑条件取真值与取假值都至少出现了一次，但从测试用例的执行路径来看，条件分支覆盖的状态下仍旧不能满足判定覆盖，即没有覆盖 acd 路径。相比于语句覆盖与判定覆盖，条件覆盖达到了逻辑条件的最大覆盖率，但却不能保证判定覆盖，仍旧不能满足白盒测试覆盖所有分支的需求。

总的来说，语句覆盖能发现语句(主要是顺序语句)的错误，但是不能发现逻辑错误/条件错误(会遗漏部分测试路径)；分支/判定覆盖能发现逻辑错误，不能发现组合判断中的条件错误(会遗漏部分测试路径)；条件覆盖能发现条件错误，不能发现逻辑错误。因此，条件覆盖未必比判定覆盖好。

知识点 4　判定-条件覆盖

判定-条件覆盖(Condition/Decision Coverage)要求设计足够多的测试用例，使得判定语句中所有条件的可能取值至少出现一次，同时，所有判定语句的可能结果也至少出现一次。

例如，对于判定语句 if(a＞1 AND c＜1)，有 a＞1、c＜1 两个条件，则在设计测试用例时，要保证 a＞1、c＜1 两个条件取"真""假"值各至少一次；同时，判定语句 if(a＞1 AND c＜1)取"真""假"也各至少出现一次。

根据判定-条件覆盖原则，以前面程序为例设计判定-条件覆盖测试用例，见表 3-5。

表 3-5　　　　　　　　　　　　　判定-条件覆盖测试用例

测试用例	x	y	z	条件标记	条件 1	条件 2	执行路径
test01	3	1	5	S1　−S2　S3　S4	0	1	abe
test02	−3	1	−1	−S1　−S2　−S3　−S4	0	0	abd
test03	3	−1	1	S1　S2　S3　−S4	1	1	ace

在判定-条件覆盖中，3 个测试用例满足了所有条件可能取值各至少出现一次，以及所有判定语句可能结果也各至少出现一次的要求。

相比于条件覆盖、判定覆盖，判定-条件覆盖弥补了两者的不足之处，但是由于判定-条件覆盖没有考虑判定语句与条件判断的组合情况，其覆盖范围并没有比条件覆盖扩展，判定-条件覆盖也没有覆盖 acd 路径，因此判定-条件覆盖仍旧存在遗漏测试的情况。

知识点 5　条件组合覆盖

条件组合(Multiple Condition Coverage)指的是设计足够多的测试用例，使判定语句中每个条件的所有可能至少出现一次，并且每个判定语句本身的判定结果也至少出现一次。它与判定-条件覆盖的差别是，条件组合覆盖不是简单地要求每个条件都出现"真"与"假"两种结果，而是要求让这些结果的所有可能组合都至少出现一次。

以前面程序为例，该程序中共有四个条件：x＞0、y＜0、x＞2、z＞0，依然用 S1、S2、S3、S4 标记这四个条件成立，而−S1、−S2、−S3、−S4 标记这些条件不成立。

由于这四个条件都有取"真""假"两个值,因此所有条件结果的组合有 $2^4=16$ 种,见表 3-6。

表 3-6　　　　　　　　　　　　　条件组合覆盖条件组合

序号	组合	含义
1	S1　S2　S3　S4	x>0 成立,y<0 成立;x>2 成立,z>0 成立
2	－S1　S2　S3　S4	x>0 不成立,y<0 成立;x>2 成立,z>0 成立
3	S1　－S2　S3　S4	x>0 成立,y<0 不成立;x>2 成立,z>0 成立
4	S1　S2　－S3　S4	x>0 成立,y<0 成立;x>2 不成立,z>0 成立
5	S1　S2　S3　－S4	x>0 成立,y<0 成立;x>2 成立,z>0 不成立
6	－S1　－S2　S3　S4	x>0 不成立,y<0 不成立;x>2 成立,z>0 成立
7	－S1　S2　－S3　S4	x>0 不成立,y<0 成立;x>2 不成立,z>0 成立
8	－S1　S2　S3　－S4	x>0 不成立,y<0 成立;x>2 成立,z>0 不成立
9	S1　－S2　－S3　S4	x>0 成立,y<0 不成立;x>2 不成立,z>0 成立
10	S1　－S2　S3　－S4	x>0 成立,y<0 不成立;x>2 成立,z>0 不成立
11	S1　S2　－S3　－S4	x>0 成立,y<0 成立;x>2 不成立,z>0 不成立
12	－S1　－S2　－S3　S4	x>0 不成立,y<0 不成立;x>2 不成立,z>0 成立
13	－S1　－S2　S3　－S4	x>0 不成立,y<0 不成立;x>2 成立,z>0 不成立
14	S1　－S2　－S3　－S4	x>0 成立,y<0 不成立;x>2 不成立,z>0 不成立
15	－S1　S2　－S3　－S4	x>0 不成立,y<0 成立;x>2 不成立,z>0 不成立
16	－S1　－S2　－S3　－S4	x>0 不成立,y<0 不成立;x>2 不成立,z>0 不成立

经过分析可以发现,第 2、6、8、13 这 4 种情况是不存在的,这几种情况要求 x>0 不成立,x>2 成立,这两种结果相悖,因此最终表 3-6 的所有条件组合情况有 12 种。根据这 12 种情况设计测试用例,见表 3-7。

表 3-7　　　　　　　　　　　　　条件组合覆盖测试用例

序号	组合	测试用例			条件1	条件2	覆盖路径
		x	y	z			
test01	S1　S2　S3　S4	3	－1	5	1	1	ace
test02	S1　－S2　S3　S4	3	1	5	0	1	abe
test03	S1　S2　－S3　S4	1	－1	3	1	1	ace
test04	S1　S2　S3　－S4	3	－1	1	1	1	ace
test05	－S1　S2　－S3　S4	－5	－2	1	0	1	abe
test06	S1　－S2　－S3　S4	1	1	1	0	1	abe
test07	S1　S2　－S3　－S4	1	－1	1	1	0	acd
test08	S1　－S2　S3　S4	6	1	－2	0	1	abe
test09	－S1　－S2　－S3　S4	－1	1	1	0	1	abe
test10	S1　－S2　－S3　－S4	1	1	－2	0	0	abd
test11	－S1　S2　－S3　－S4	－2	－1	－3	0	0	abd
test12	－S1　－S2　－S3　－S4	－3	1	－1	0	0	abd

与判定-条件覆盖相比,条件组合覆盖包括了所有判定-条件覆盖,因此其覆盖范围更广。但是当程序中条件较多时,条件组合的数量会呈指数型增长,组合情况非常多,要设计的测试用例也会增加,这样反而会使测试效率降低。

知识点6 路径覆盖

路径覆盖是指选取足够多的测试数据,使程序的每条可能路径都至少执行一次(如果程序流程图中有环,则要求每个环至少经过一次)。路径覆盖要求设计足够多的测试用例,在白盒测试法中,覆盖率最高的就是路径覆盖,因为它可以覆盖程序中所有可能的路径。对于比较简单的程序来说,实现路径覆盖是可能的,但是如果程序中出现了多个判断和循环,可能的路径数目将会急剧增长,以致实现路径覆盖是几乎不可能的。

但是需要注意,即便对某个简短的程序段实现了路径覆盖测试,也不能保证程序源代码没有其他软件问题,所以其他的软件测试手段也是必要的。在实际测试中,不可能通过一个测试手段就可以实现测试目的,所有的测试手段都是相辅相成互相配合的。没有一个测试方法能够找到所有软件缺陷,只能说是尽可能多地查找软件缺陷。

以前面程序为例,该程序中共有四条路径:abd、abe、acd、ace。设计足够多的测试用例,实现路径覆盖。测试用例见表3-8。

表 3-8　　　　　　　　　　　路径覆盖测试用例

序号	x	y	z	路径
test01	0	−1	−1	abd
test02	3	1	1	abe
test03	3	−1	3	ace
test04	1	−1	2	acd

补充:覆盖率(度量)的概念。在实际测试工作中,往往会提及所有的测试覆盖率,这里的测试覆盖率主要指以下两种情况:被执行的语句数/所有可能的语句数;或者是被执行的路径数/所有可能的路径数。

根据以下代码,完成白盒测试的逻辑覆盖测试用例设计。

```
int Example(int x, int y)
{
    int magic = 0;
    if(x > 0 && y > 0)
    {
        magic = x + y + 10;          //语句块1
    }
    else
    {
```

```
        magic = x + y - 10;            //语句块 2
    }

    if(magic < 0)
    {
        magic = 0;                     //语句块 3
    }
    return magic;                      //语句块 4
}
```

解答：

(1) 根据源代码画出程序流程图，如图 3-2 所示。

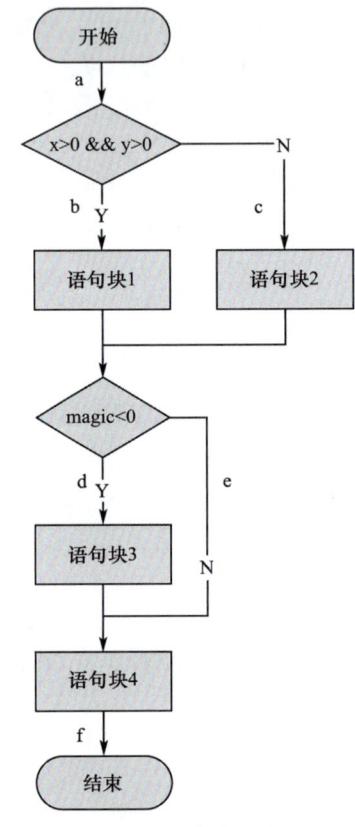

图 3-2　程序流程图

(2) 六种逻辑覆盖测试用例设计。

① 语句覆盖

设计足够多的测试用例，使得被测试程序中的每条可执行语句至少被执行一次。在本例中，可执行语句是指语句块 1 到语句块 4 中的语句。

测试用例：

数据	路径	语句块
{x=3, y=3}	a—b—e—f	1、4
{x=-3, y=0}	a—c—d—f	2、3、4

这样，通过两个测试用例即达到了语句覆盖的标准。当然，测试用例（测试用例组）并不是

唯一的。

②判断覆盖/分支覆盖

设计足够多的测试用例,使得被测试程序中的每个判断的"真""假"分支各至少被执行一次。在本例中共有两个判断 if(x>0 && y>0)(记为 P1)和 if(magic < 0)(记为 P2)。

测试用例:

数据	P1	P2	路径
{x=3, y=3}	T	F	a—b—e—f
{x=−3, y=0}	F	T	a—c—d—f

两个判断的取真、假分支都已经被执行过了,所以满足了判断覆盖的标准。

③条件覆盖

设计足够多的测试用例,使得被测试程序中的每个判断语句中的每个逻辑条件的可能值至少被满足一次。或者说是设计足够多的测试用例,使得被测试程序中的每个逻辑条件的可能值至少被满足一次。

在本例中有两个判断 if(x>0 && y>0)(记为 P1)和 if(magic < 0)(记为 P2),共计三个条件 x>0(记为 C1)、y>0(记为 C2)和 magic<0(记为 C3)。

测试用例:

数据	C1	C2	C3	P1	P2	路径
{x=3, y=3}	T	T	T	T	F	a—b—e—f
{x=−3, y=0}	F	F	F	F	T	a—c—d—f

三个条件的各种可能取值都满足了一次,因此,达到了 100%条件覆盖的标准。

④判定-条件覆盖(分支-条件覆盖)

设计足够多的测试用例,使得被测试程序中的每个判断本身的判定结果(真假)至少被满足一次;同时,每个逻辑条件的可能值也至少被满足一次。即同时满足 100%判定覆盖和 100%条件覆盖的标准。

测试用例:

数据	C1	C2	C3	P1	P2	路径
{x=3, y=3}	T	T	T	T	F	a—b—e—f
{x=−3, y=0}	F	F	F	F	T	a—c—d—f

所有条件的可能取值都被满足了一次,而且所有判断本身的判定结果也都被满足了一次。

⑤条件组合覆盖

设计足够多的测试用例,使得被测试程序中的每个判断的所有可能条件取值的组合至少被满足一次。

测试用例:

数据	C1	C2	C3	P1	P2	路径
{x=−3, y=0}	F	F	T	F	T	a—c—d—f
{x=−3, y=2}	F	T	T	F	T	a—c—d—f
{x=3, y=0}	T	F	T	F	T	a—c—d—f
{x=3, y=3}	T	T	T	T	F	a—b—e—f

C1 和 C2 处于同一判断语句中,它们的所有取值的组合都被满足了一次。

⑥路径覆盖

设计足够多的测试用例,使得被测试程序中的每条路径至少被覆盖一次。

测试用例：

数据	C1	C2	C3	P1	P2	路径
{x=3,y=5}	T	T	F	T	F	a—b—e—f
{x=0,y=2}	F	T	T	F	T	a—c—d—f
这条路径不可能						a—b—d—f
{x=-3,y=20}	F	T	F	F	F	a—c—e—f

所有可能的路径都被满足过一次。

任务 3.3　掌握基本路径测试法

任务描述　　在前面的逻辑覆盖法中最终都涉及测试用例的执行路径。那么是否可以根据流程图显示的路径直接设计测试用例呢？本任务就是学习基本路径测试法。

知识链接

 知识点 1　基本路径测试法的定义

基本路径测试法是在程序控制流图的基础上,通过分析控制构造的环路复杂性,导出基本可执行路径集合,从而设计测试用例的方法。设计出的测试用例要保证在测试中程序的每个可执行语句至少执行一次。

 知识点 2　基本路径测试法基本步骤

基本路径测试法是在控制流图的基础上,通过分析控制结构的环形复杂度,导出可执行路径的基本集,再从该基本集设计测试用例。基本路径测试法包括以下 4 个步骤：

(1)画出程序的控制流图。

控制流图的基本符号有两种：

①圆圈代表控制流图中的一个节点,表示一条或多条无分支的语句。

②箭头称为边或者连接,代表控制流线或弧。

在将程序流程图转换为控制流图时,需要注意两点:
- 在选择或多分支结构中,分支的汇聚处应有一个汇聚节点。
- 边和节点圈定的范围叫作区域。当对区域进行计数时,图形外的区域也应该记为一个区域。

(2)计算程序的环形复杂度 V(G),导出程序基本路径集中的独立路径条数,这是确定程序中每个可执行语句至少执行一次所必需的测试用例数目的上界。其中,环形复杂度计算方法如下:

①环形复杂度 V(G)等于控制流图中的区域数。
②环形复杂度 V(G)=E－N+2,其中 E 是控制流图中边的条数,N 是节点数。
③环形复杂度 V(G)=P+1,其中 P 为控制流图中判定节点的数目。
(3)导出基本路径集,确定程序的独立路径。
(4)根据(3)中的独立路径,设计测试用例的输入数据和预期输出。

基本路径
测试法实施

练一练:三角形判定问题

根据三角形三边的关系可将三角形分为 4 种类型:不构成三角形、一般三角形、等腰三角形、等边三角形。根据该原则实现一个判断三角形的程序。

程序代码:

```
1   INT A B C                              //三角形的三边
2   IF((A+B>C)&&.(A+C>B)&&.(B+C)>A)        //是否满足三角形成立条件
3       IF((A==B)&&.(B==C))                //等边三角形
4           等边三角形
5       ELSE IF((A==B)||(B==C)||(A==C))    //等腰三角形
6           等腰三角形
        ELSE                               //一般三角形
7           一般三角形
    ELSE
8       不是三角形
9   END
```

分析:

(1)根据程序代码得出如图 3-3 所示的程序流程图。

(2)对程序进行分析,得出程序控制流图,如图 3-4 所示。

图中数字是代码行号(这里没有将 ELSE 所在行标记,也可以每行都标记,这样程序控制流图中代表行号的数字会有不同,但是图不会有变化),当执行程序输入数据时,程序根据条件判断沿着不同的路径执行。

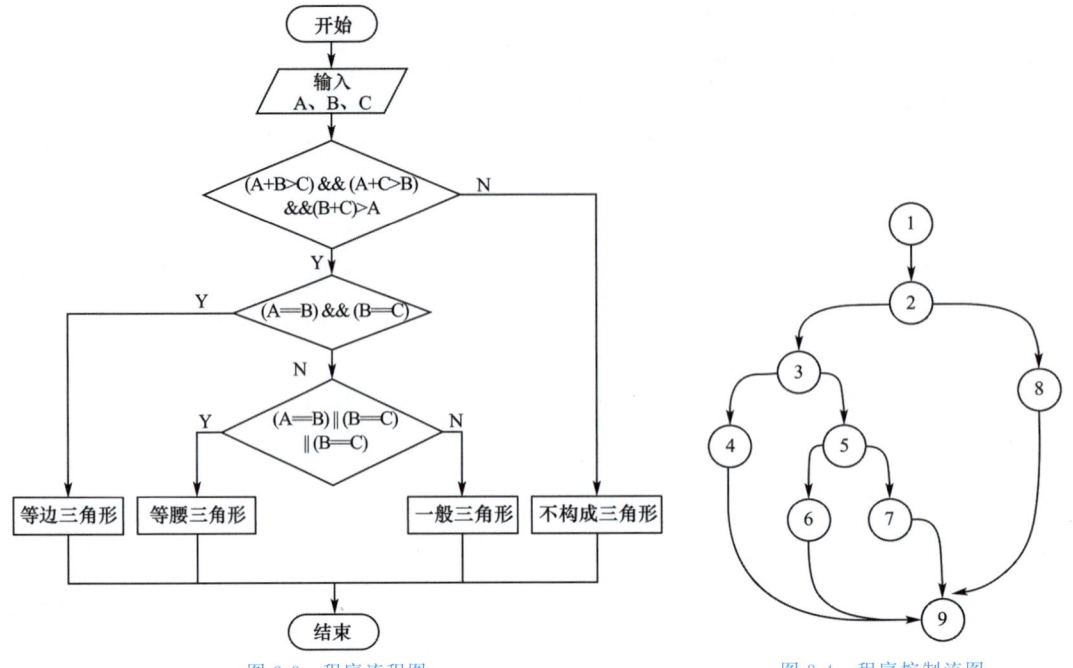

图 3-3　程序流程图　　　　图 3-4　程序控制流图

根据程序流程图和程序控制流图分析,计算环形复杂度 V(G):

① V(G)等于程序控制流图中的区域数,也就是程序控制流图将页面空间划分成几个区域,由图 3-3 可知,V(G)=4。

② V(G)=E－N+2,其中 E 是程序控制流图中边的条数,N 是节点数。由图 3-3 可知,V(G)=11－9+2=4。

③ V(G)=P+1,其中 P 为程序控制流图中判定节点的数目。由图 3-3 可知,图中有三个判定节点,即图 3-3 所示程序流程图中的菱形节点的个数,所以 V(G)=3+1=4。

根据已计算的环形复杂度的值,导出基本路径集,确定程序的独立路径有 4 个:

- 1→2→3→4→9
- 1→2→3→5→6→9
- 1→2→3→5→7→9
- 1→2→3→8→9

根据独立路径可设计 4 个测试用例,见表 3-8。

表 3-8　　　　　　　　　　三角形判断测试用例

编号	测试用例			路径	预期输出
	A	B	C		
test01	6	6	6	1→2→3→4→9	等边三角形
test02	6	6	8	1→2→3→5→6→9	等腰三角形
test03	3	4	5	1→2→3→5→7→9	一般三角形
test04	3	3	6	1→2→3→8→9	不构成三角形

任务 3.4　认识插桩法

任务描述　　程序插桩就是往被测试程序中插入测试代码以达到测试目的的方法,插入的测试代码被称为探针。根据测试代码插入的时间可以将插桩法分为目标代码插桩和源代码插桩。本任务就是熟悉和了解这两种方法。

知识点 1　目标代码插桩法

目标代码插桩是指向目标代码(二进制代码)插入测试代码,获取程序运行信息的测试方法,也称为动态程序分析方法。在进行目标代码插桩之前,测试人员要对目标代码逻辑结构进行分析,从而确认需要插桩的位置。

目标代码插桩对程序运行时的内存监控、指令跟踪、错误检测等有着重要意义。相比于逻辑覆盖法,目标代码插桩在测试过程中不需要代码重新编译或链接程序,并且目标代码的格式和具体的编程语言无关,主要和操作系统相关,因此目标代码插桩有着广泛的使用。

(1) 目标代码插桩原理

目标代码插桩法的原理是在程序运行平台和底层操作系统之间建立中间层,通过中间层检查执行程序、修改指令,开发人员、软件分析工程师等对运行的程序进行观察,判断程序是否被恶意攻击或者出现异常行为,从而提高程序的整体质量。

(2) 目标代码插桩执行模式

①即时模式(Just-In-Time):原始的二进制或可执行文件没有被修改或执行,将修改部分的二进制代码生成文件副本存储在新的内存区域中,在测试时仅执行修改部分的目标代码。

②解释模式(Interpretation Mode):在解释模式中目标代码被视为数据,测试人员插入的测试代码作为目标代码指令的解释语言,每执行一条目标代码指令,程序就会在测试代码中查找并执行相应的替代指令,测试通过替代指令的执行信息即可获取程序的运行信息。

③探测模式(Probe Mode):探测模式使用新指令覆盖旧指令进行测试,这种模式在某些体系结构(如 x86)中比较好用。

知识点 2　目标代码插桩工具

由于目标程序是可执行的二进制文件,人工插入代码是无法实现的,因此目标代码插桩一般通过相应的插桩工具实现,插桩工具提供的 API 可以为用户提供访问指令。

常见的目标代码插桩工具主要有以下两种。

(1)Pin-Dynamic Binary Instrumentation Tools(简称 Pin)

Pin 是由 Intel 公司开发的免费框架,可以用于二进制代码与源代码检测。Pin 支持 IA-32、x86-64、MIC 体系,可以在 Linux、Windows 和 Android 平台上运行。Pin 具有基本块分析器、缓存模拟器、指令跟踪生成器等模块,使用该工具可以创建程序分析工具、监视程序运行的状态信息等。Pin 非常稳定可靠,常用于大型程序测试,如 Office 办公软件、虚拟现实引擎等。

(2)DynamoRIO

DynamoRIO 是一个许可的动态二进制代码检测框架,作为应用程序和操作系统的中间平台,它可以在程序执行时实现程序任何部分的代码转换。DynamoRIO 支持 1A-32、AMD64、Arb64 体系,可以在 Linux、Windows 和 Android 平台上运行。DynamoRIO 包含内存调试工具、内存跟踪工具、指令跟踪工具等。DynamoRIO 通过代码重写的方式实现对目标程序的动态插桩。它能够在程序执行前,将一些特定的代码插入目标程序的二进制代码中。这些插入的代码通常用于记录和分析目标程序的执行过程,以便进行后续的分析和调试。在代码重写阶段,DynamoRIO 使用了一种称为"基于缓存的动态二进制翻译"的技术,能够将目标程序的二进制代码翻译成 DynamoRIO 的内部指令集,从而方便进行后续的分析和修改。DynamoRIO 还可以通过实时分析技术对目标程序进行监控和分析。

知识点 3　源代码插桩法

源代码插桩是指对源文件进行完整的词法、语法分析后,确认插桩的位置,植入探针代码。相比于目标代码插桩,源代码插桩具有针对性和精确性。源代码插桩模型如图 3-5 所示。

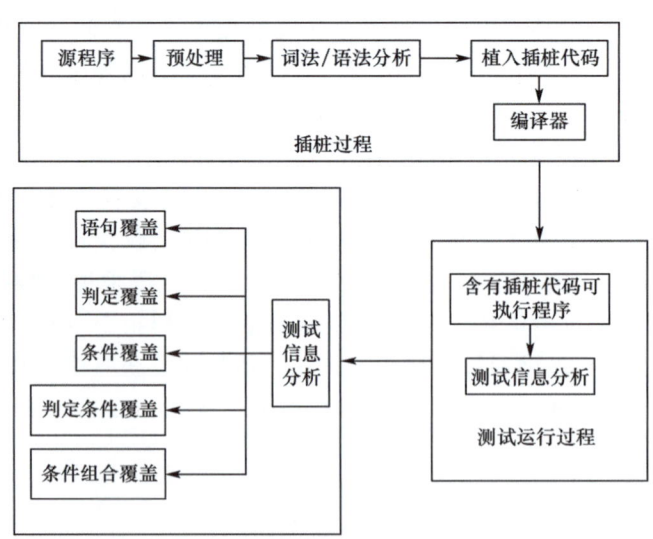

图 3-5　源代码插桩模型

相比于目标代码插桩,源代码插桩实现复杂程度低。源代码插桩是源代码级别的测试技术,探针代码程序具有较好的通用性,使用同一种编程语言编写的程序可以使用一个探针代码程序来完成测试。

程序插桩测试方法有效地提高了代码测试覆盖率,但是插桩测试方法会带来代码膨胀、执行效率低下和 Heisen Bugs。在一般情况下插桩后的代码膨胀率在 20%～40%,甚至达到 100%导致插桩测试失败。

补充:

Heisen Bugs 称为海森堡 Bug,是一种软件缺陷。这种缺陷的重现率很低,当人们试图研究时 Bug 会消失或改变行为。在实际开发软件测试中,这种缺陷也比较常见,测试人员测试到一个缺陷提交给开发人员,开发人员执行缺陷重现步骤却得不到报告的缺陷,缺陷已经消失或者出现了其他缺陷。

任务实施

熟悉并掌握目标代码插桩法的原理。

目标代码插桩法的原理是在程序运行平台和底层操作系统之间建立中间层,通过中间层检查执行程序、修改指令,开发人员、软件分析工程师等对运行的程序进行观察,判断程序是否被恶意攻击或者出现异常行为,从而提高程序的整体质量。

任务 3.5 了解静态测试和白盒测试策略

任务描述

最常见的静态测试是找出源代码的语法错误,这类测试可由编译器来完成。非语法方面的错误通过人工检测的方法来判断。常用的人工检测方法有代码检查法、静态结构分析等。本任务就是学习常见的静态测试方法,以及选择白盒测试方法的策略。

知识链接

知识点 1 代码检查法

代码检查法主要是通过桌面检查、代码审查和走查的方式,对以下内容进行检查:
(1)代码和设计的一致性。
(2)代码的可读性以及对软件设计标准的遵循情况。
(3)代码逻辑表达的正确性。
(4)代码结构的合理性。
(5)程序中不安全、不明确和模糊的部分。

(6)编程风格方面的问题等。

1. 桌面检查

主要是程序设计人员对源程序代码进行分析、检验,并补充相关的文档,发现程序中的错误。

代码检查项目通常有以下内容:

检查变量的交叉引用表;检查标号的交叉引用表;检查子程序、宏、函数;等价性检查;常量检查;设计标准检查;风格检查;比较控制流;选择、激活路径;对照程序的规格说明。

2. 代码审查

一般是指由程序设计人员和测试人员组成的审查小组,通过阅读和讨论,对程序进行静态分析的过程。

在会前,应当准备一份常见的错误清单,即检查表。

3. 走查

一般由程序设计人员和测试人员组成审查小组,通过逻辑运行程序,来发现问题。

走查前,应准备好需求描述文档、程序设计文档、程序的源代码清单、代码编码标准和代码缺陷检查表。比较耗时,可发现30%~70%的逻辑设计和编码缺陷。

在实际工作中,评审大部分情况都是同行评审。

一般情况下,文档审查和代码审查通过检查文档发现缺陷,作者不可以做主持人。代码检查单、审查报告和发现问题列表均有跟踪记录,比较严格,主要采取互查的形式;代码走查由作者主持会议,采用情景演示方式并由同行评审,更像一种交流,根据实际情况准备文档和记录。

知识点 2　静态结构分析法

在静态结构分析中,测试人员通过使用测试工具分析程序源代码的系统结构、数据结构、数据接口、内部控制逻辑等,生成函数调用关系图、模块控制流程图、内部文件调用关系图等各种图形、图表,清晰地标识整个软件的组成结构。

通常采用以下几种方法进行源程序的静态分析:

(1)通过生成各种图表,来帮助对源程序的静态分析。例如,引用表有标号交叉引用表、变量交叉引用表、子程序(宏、函数)引用表、等价表、常量表等;关系图、控制流图有函数调用关系图、模块控制流程图等。

(2)静态错误分析:主要用于确定源程序中是否存在某类错误或者"危险"结构,常用方法有类型和单位分析、引用分析、表达式分析、接口分析等。

知识点 3　白盒测试策略

在测试中,应尽量先用工具进行静态结构分析。

测试中要采取先静态后动态的组合方式:先进行静态结构分析、代码检查和静态质量度量,再进行覆盖率测试。

将静态分析的结果作为引导,通过代码检查和动态测试的方式对静态分析结果进一步确认,使测试工作更为有效。

覆盖率测试是白盒测试的重点,一般可使用基本路径测试法达到语句覆盖标准。对于软件的重点模块,应使用多种覆盖率标准衡量代码的覆盖率。

在不同的测试阶段,测试的侧重点不同:在单元测试阶段,以代码检查、逻辑覆盖为主;在集成测试阶段,需要增加静态结构分析、静态质量度量;在系统测试阶段,应根据黑盒测试的结果,采取相应的白盒测试。

任务实施

实际工作中如何选择白盒测试的方法。
根据白盒测试策略,结合工作需求选择对应的白盒测试方法。

同步练习

1. 在白盒测试用例设计中,有语句覆盖、分支覆盖、条件覆盖、路径覆盖等,其中(　　)是最强的覆盖准则。

   A. 语句覆盖　　　　B. 条件覆盖　　　　C. 判定覆盖　　　　D. 路径覆盖

2. 阅读下面这段程序,使用逻辑覆盖法进行测试,请问哪一组关于(a,b,c)的输入值可以达到条件覆盖?(　　)

```
int func(int a,b,c)
{   int k=1;
    if ( (a>0) || (b<0) || (a+c>0) )   k=k+a;
    else   k=k+b;
    if (c>0)   k=k+c;
    return k;
}
```

   A. (a,b,c) = (3,6,1)、(−4,−5,7)　　　B. (a,b,c) = (2,5,8)、(−4,−9,−5)
   C. (a,b,c) = (6,8,−2)、(1,5,4)　　　D. (a,b,c) = (4,9,−2)、(−4,8,3)

3. 阅读下面这段程序,使用逻辑覆盖法进行测试,请问哪一组关于(a,b,c)的输入值可以达到判定覆盖?(　　)

```
int func(int a,b,c)
{   int k=1;
    if ( (a>0) && (b<0) && (a+c>0) )   k=k+a;
    else   k=k+b;
    if (c>0)   k=k+c;
    return k;
}
```

   A. (a,b,c) = (3,6,1)、(−4,−5,7)　　　B. (a,b,c) = (2,5,8)、(−4,−9,−5)
   C. (a,b,c) = (6,8,−2)、(1,5,4)　　　D. (a,b,c) = (4,−9,−2)、(−4,8,3)

4. 阅读下面这段程序,使用逻辑覆盖法进行测试,请问哪一组关于(a,b,c)的输入值可以达到判定条件覆盖?(　　)

```
int func(int a,b,c)
{   int k=1;
    if ( (a>0) || (b<0) || (a+c>0) )   k=k+a;
    else   k=k+b;
    if (c>0)   k=k+c;
    return k;
}
```

A.(a,b,c) = (3,6,1)、(−4,−5,7)　　B.(a,b,c) = (2,−5,8)、(−4,9,−5)

C.(a,b,c) = (6,8,−2)、(1,5,4)　　D.(a,b,c) = (4,9,−2)、(−4,8,3)

5.下面是一段插入排序的程序,将 R[k+1]插入 R[1…k]的适当位置。

```
R[0] = R[k+1];
j = k;
while(R[j] > R[0])
{
    R[j+1] = R[j];
    j−−;
}
R[j+1] = R[0];
```

用路径覆盖方法为其设计足够的测试用例(while 循环次数为 0、1、2 次)。

项目 4 性能测试

知识目标

1. 掌握 LoadRunner 环境的搭建。
2. 掌握 LoadRunner 的使用。
3. 掌握 JMeter 的安装和使用。
4. 掌握一种或者两种性能测试工具的使用。

技能目标

1. 会搭建性能测试环境。
2. 会使用至少一种性能测试工具实现性能测试需求。

素质目标

1. 培养学生探索学习新工具的能力。
2. 培养学生理论联系实际的学习能力。
3. 培养学生科学、严谨的态度。

任务 4.1　搭建性能测试环境

任务描述

性能测试是软件测试的一个重要方面,但"工欲善其事,必先利其器",所以本任务主要对性能测试环境的搭建进行讲解。

知识链接

知识点 1　JDK 环境安装

JDK环境安装

如果机器已安装 JDK 环境,此步骤可以忽略。

下载后双击安装文件，进入 JDK 安装向导，如图 4-1 所示，单击"下一步"按钮。

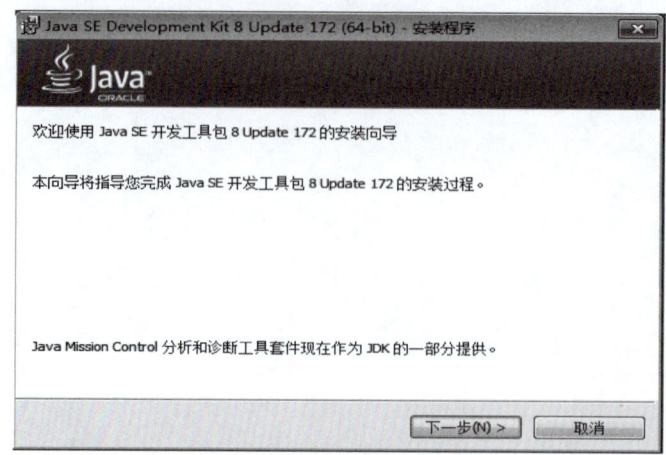

图 4-1　JDK 安装向导开始

根据实际需要，可以更改 JDK 安装目录，设置安装目录后，如图 4-2 所示，单击"下一步"按钮。

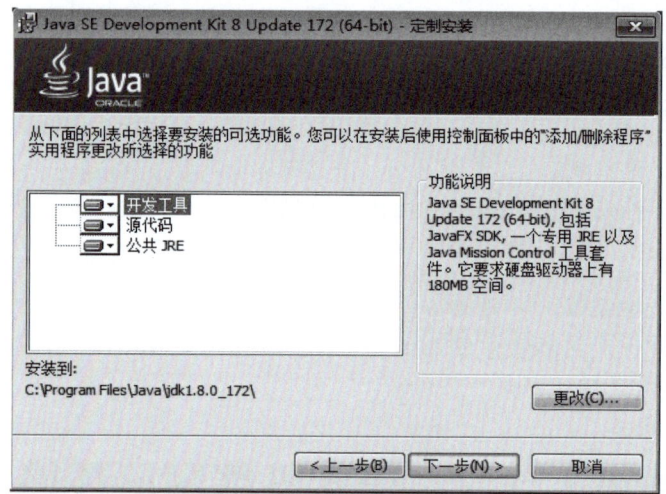

图 4-2　设置 JDK 安装目录

JDK 开始自动安装，如图 4-3 所示。

图 4-3　JDK 自动安装

安装 JRE 时也可以修改安装目录，如图 4-4 所示。若不需要更改目录，直接单击"下一步"按钮。

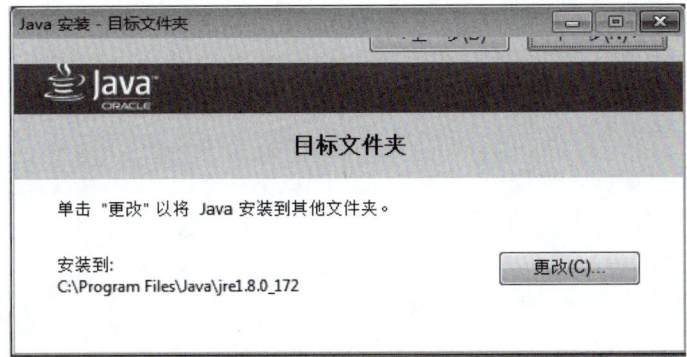

图 4-4　设置 JRE 安装目录

安装进度显示如图 4-5 所示。

图 4-5　JRE 安装进度

JDK 安装完成，如图 4-6 所示。单击"关闭"按钮，关闭安装窗口。

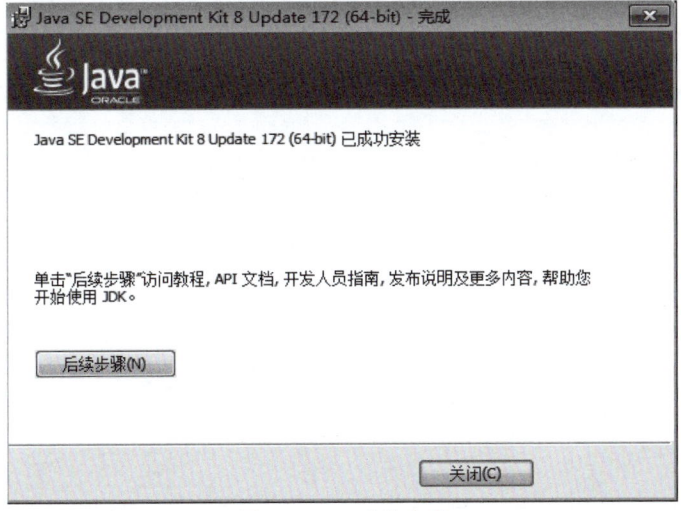

图 4-6　JDK 安装完成

安装完成后打开 cmd，输入命令"java -version"，如图 4-7 所示，代表 JDK 安装成功。

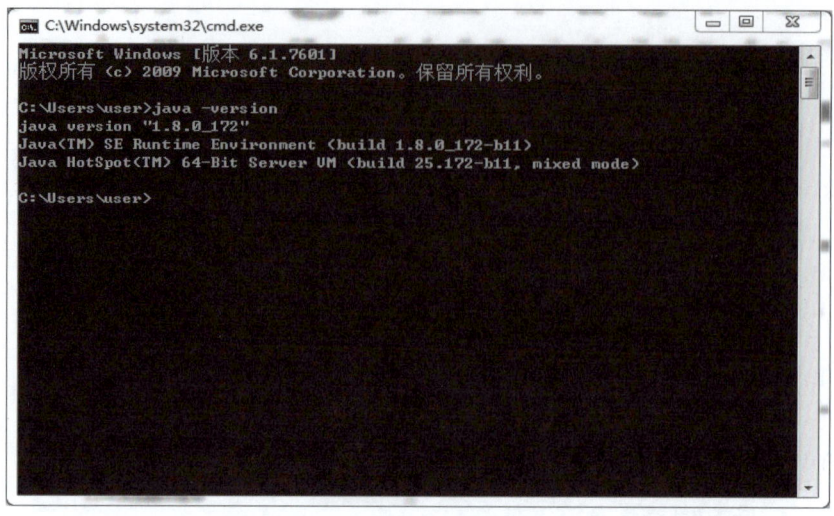

图 4-7　确认 JDK 安装成功

如果 cmd 命令没有出现如图 4-7 所示信息，可以用以下方法配置系统环境变量：计算机→属性→高级系统设置→高级→环境变量，打开"环境变量"对话框，如图 4-8 所示。

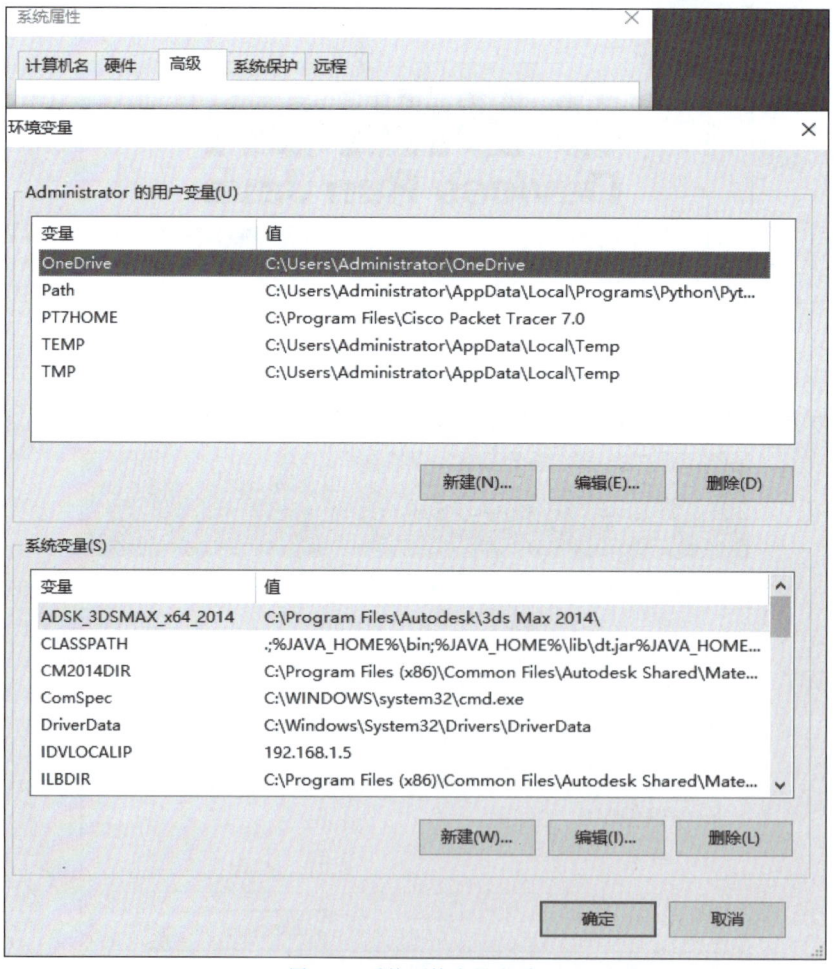

图 4-8　系统环境变量查看

在"系统变量"区域块中单击"新建"按钮,添加 JAVA_HOME 变量,"变量值"填写 JDK 的安装目录,如图 4-9 所示。

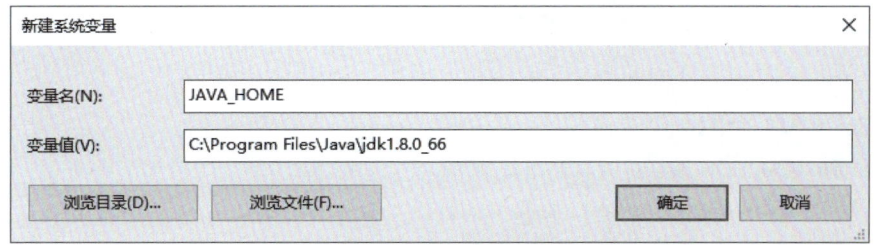

图 4-9 新建系统变量 JAVA_HOME

在"系统变量"区域块中寻找 Path 变量,单击"编辑"按钮,如图 4-10 所示,在变量值最后输入"%JAVA_HOME%\bin;%JAVA_HOME%\jre\bin"。

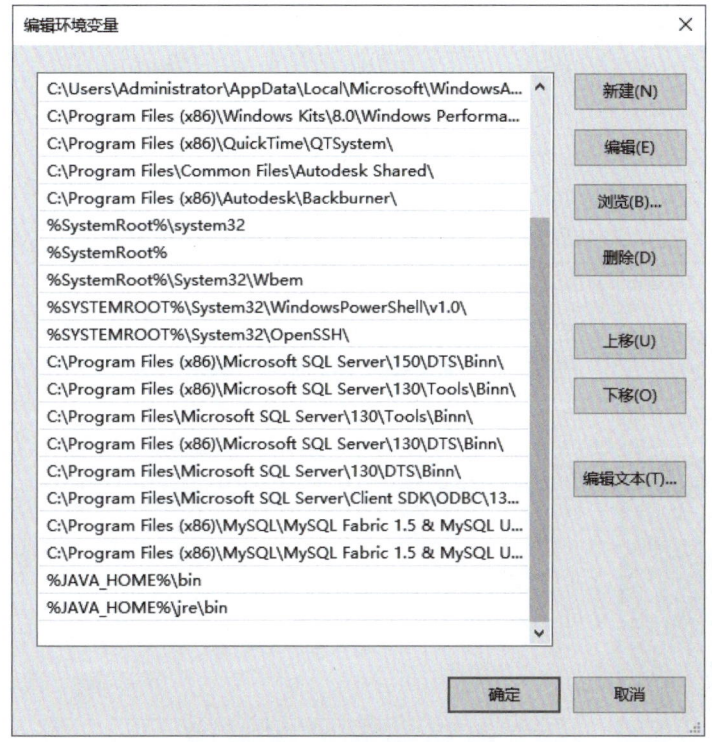

图 4-10 编辑环境变量 Path

在"系统变量"区域块中单击"新建"按钮添加 CLASSPATH 变量,如图 4-11 所示,"变量值"填写".;%JAVA_HOME%\bin;%JAVA_HOME%\lib\dt.jar%JAVA_HOME%\lib\tools.jar"。

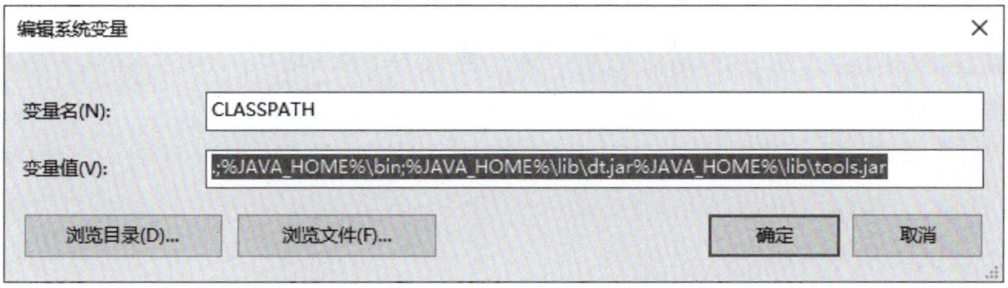

图 4-11 新建环境变量 CLASSPATH

环境变量配置完成后,在 cmd 中输入"java -version",验证 JDK 是否安装成功。

知识点 2　LoadRunner 安装

LoadRunner 12.55安装

以 LoadRunner 12.55 版本安装包为例,安装 LoadRunner。

安装注意事项如下：

(1)安装前,关闭所有的杀毒软件和防火墙。

(2)若以前安装过 LoadRunner,需将其卸载。

(3)安装路径不要带中文字符。

(4)LoadRunner 12.55 已经不再支持 Windows XP 系统,浏览器建议使用 IE 10 以上版本。

启动安装包,如图 4-12 所示。

名称	修改日期	类型	大小
HPE LoadRunner 12.55 Community E...	2017/8/28 23:26	应用程序	1,382,298...

图 4-12　HPE LoadRunner 12.55 安装包

鼠标右击 HPE LoadRunner 12.55 Community Edition.exe 安装程序,选择"以管理员身份运行",弹出如图 4-13 所示窗口,选择文件存放地址,可选择默认路径,单击"Install"按钮。

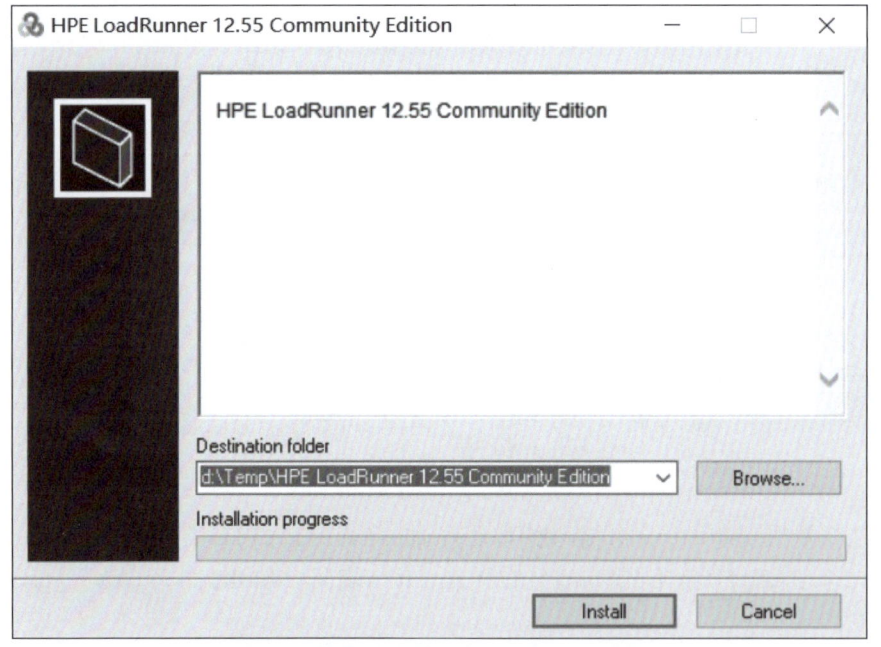

图 4-13　HPE LoadRunner 12.55 解压安装

若安装过程中被电脑安装的杀毒软件拦截,均选择允许操作。一般建议在安装之前关闭杀毒软件和防火墙。

安装向导会验证电脑是否含有软件安装运行的必备组件,缺少组件时,会弹出窗口显示需安装的组件。单击"确定"按钮将自动安装所需组件,必须先安装这些必备组件才能安装 HPE LoadRunner,如图 4-14 所示。

必备组件安装完成后,会弹出 HPE LoadRunner 安装向导窗口,如图 4-15 所示。选择要安装的产品,这里选择 LoadRunner,单击"下一步"按钮。

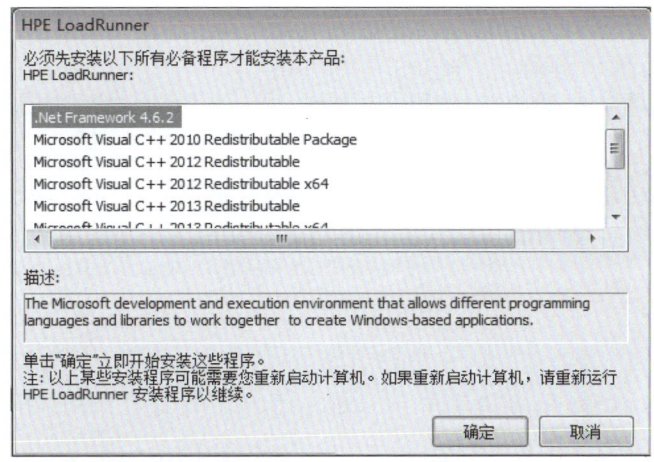

图 4-14　HPE LoadRunner 12.55 安装必备组件

图 4-15　HPE LoadRunner 12.55 安装向导

在"最终用户许可协议"对话框中,勾选"我接受许可协议中的条款(A)",其他项可选,如图 4-16 所示,单击"下一步"按钮。

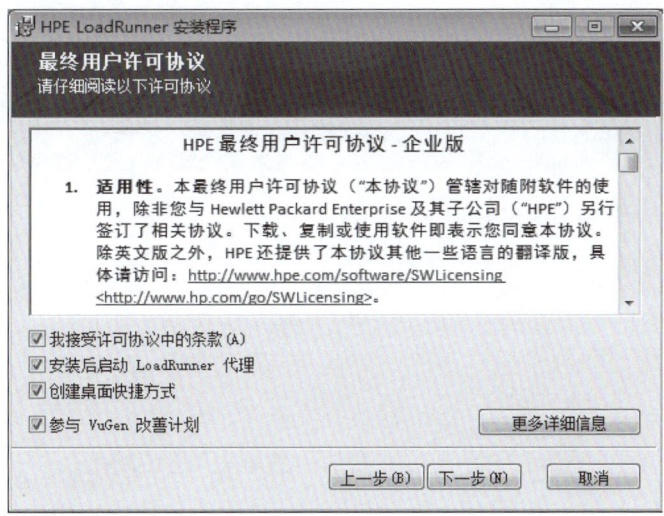

图 4-16　HPE LoadRunner 12.55 安装协议勾选

勾选协议后，会弹出安装的目标文件夹，如图4-17所示，选择安装路径。安装路径不能含有中文字符，单击"下一步"按钮。

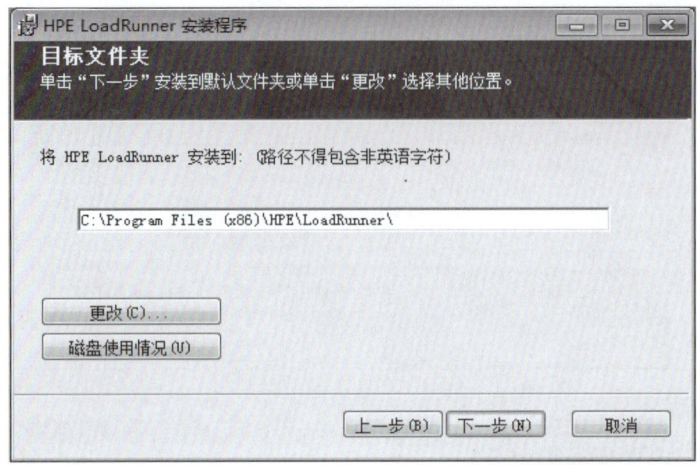

图4-17　HPE LoadRunner 12.55 安装路径选择

已准备好安装 HPE LoadRunner，如图4-18所示，单击"安装"按钮将进行程序的安装。

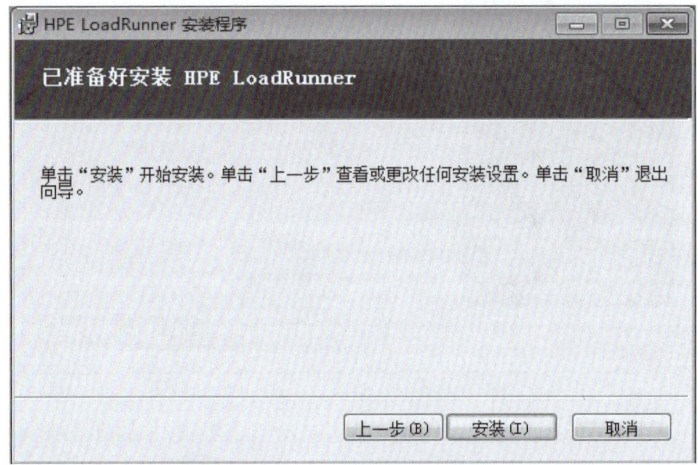

图4-18　HPE LoadRunner 12.55 安装

正在安装 HPE LoadRunner，如图4-19所示。

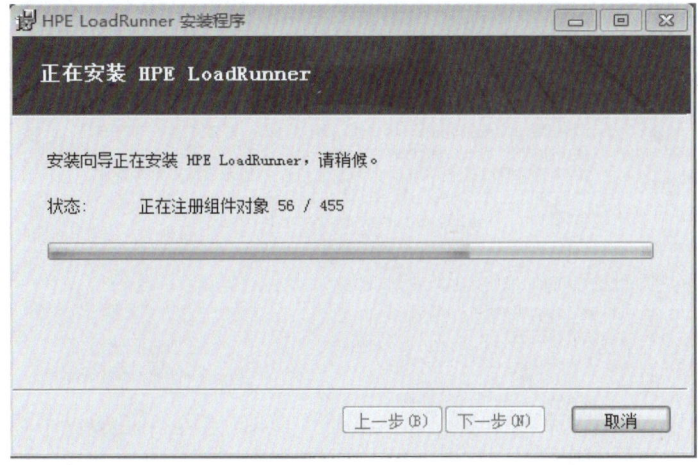

图4-19　HPE LoadRunner 12.55 安装进度

等待程序安装，这个过程需要几分钟，然后弹出"HPE 身份验证设置"界面，如图 4-20 所示。若无指定 LoadRunner 代理使用的证书，则去掉勾选，单击"下一步"按钮。

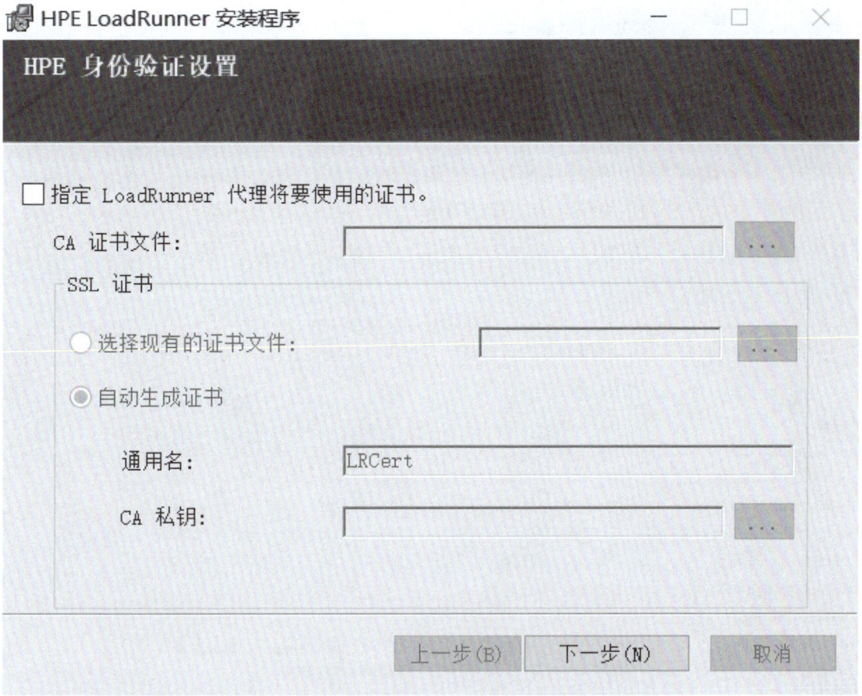

图 4-20　HPE LoadRunner 12.55 身份验证设置

HPE LoadRunner 安装完成，如图 4-21 所示，单击"完成"按钮，关闭安装弹窗。"HPE Network Virtualization"可以根据需要选择是否安装。

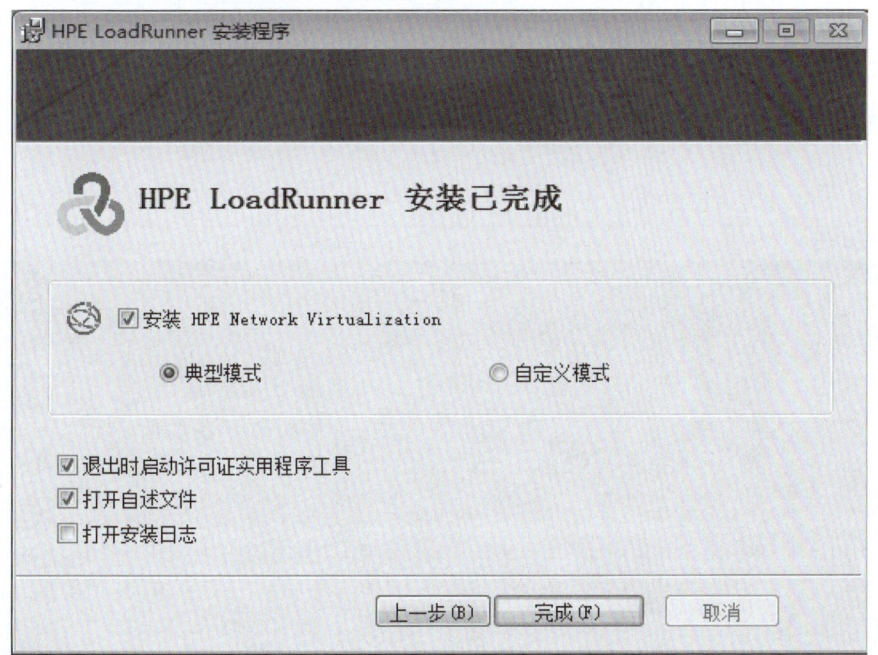

图 4-21　HPE LoadRunner 12.55 安装完成

注意： 安装过程中建议关闭防火墙和杀毒软件，同时要求具有 Microsoft .NET Framework，没有的话联网情况会自动下载安装。

知识点 3　JMeter 的安装

JMeter 的安装前提是已安装好 JDK，且目前 JMeter 5 以上的版本需要 JDK 版本至少是 JDK 8 及以上。此处不再重复 JDK 的安装过程，直接安装 JMeter 即可。

下载地址：http://jmeter.apache.org/download_jmeter.cgi

历史版本：https://archive.apache.org/dist/jmeter/binaries/

从官网上下载 JMeter 压缩包后，解压到任意位置，一般建议在根目录下，如图 4-22 所示。本书使用的是 5.4.1 版本。

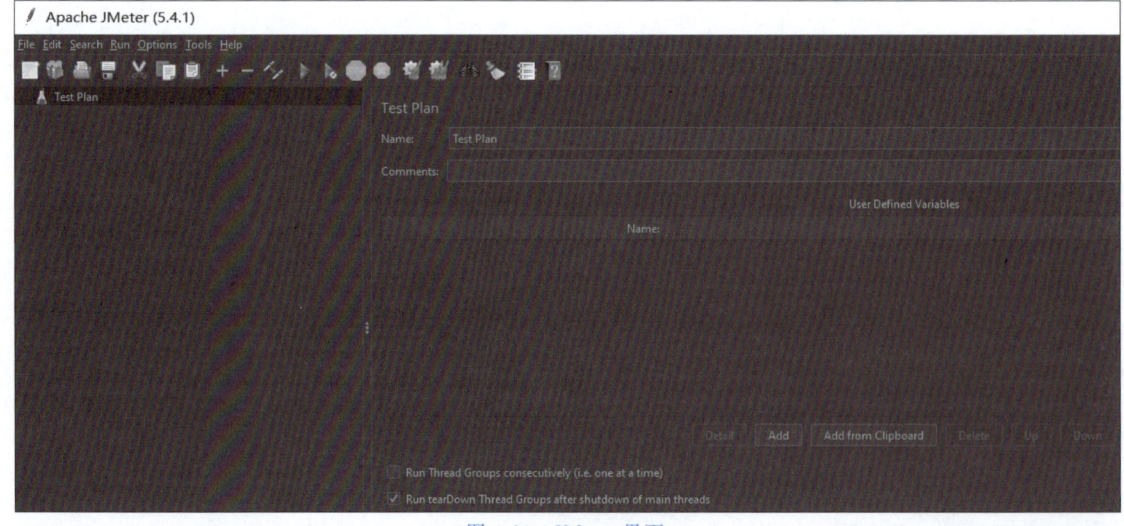

图 4-22　JMeter 解压安装完成

双击 bin 目录下面的 jmeter.bat，即可启动 JMeter，如图 4-23 所示。

图 4-23　JMeter 界面

默认的文字语言是英文,这里可以根据个人习惯修改为中文。一般将语言修改为中文有两种方式:一个是临时性的修改,如图 4-24 所示,当关闭 JMeter 窗口后再次打开,仍然显示为英文;一个是永久性的修改,如图 4-25 所示,打开配置文件 jmeter.properties,修改对应行代码 language=zh_CN 即可,将前面的注释符号"♯"删除,如图 4-26 所示,此后任何时候打开 JMeter 都显示为中文。

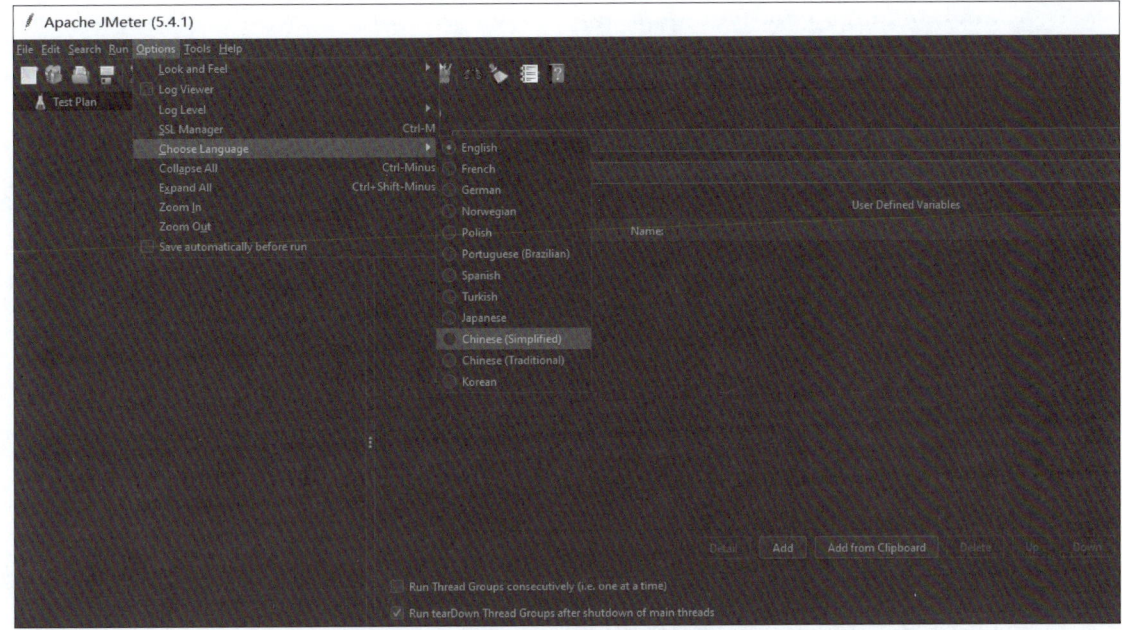

图 4-24　JMeter 语言临时修改为中文

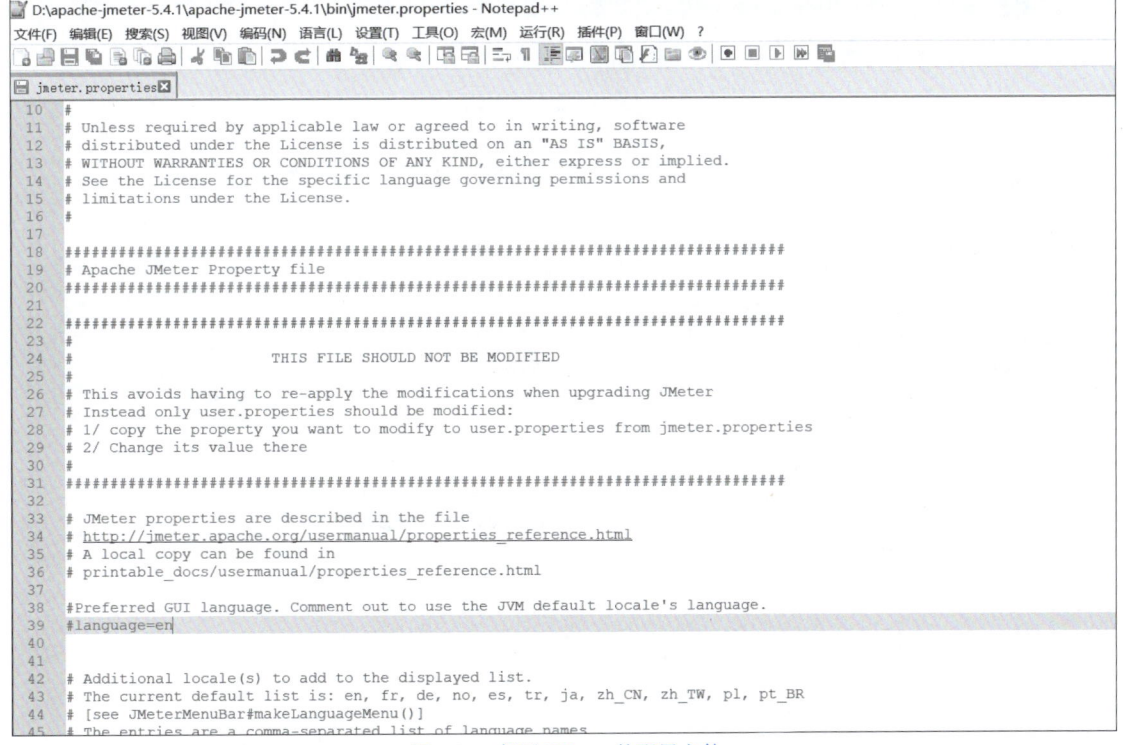

图 4-25　打开 JMeter 的配置文件

图 4-26　JMeter 语言永久修改为中文

注意：在 JMeter 使用时，有可能需要手动导入证书，也就是将安装目录 bin 下的 Certmgr.msc 添加到"受信任的证书机构证书导入"。

知识点 4　Badboy 安装

Badboy安装

下载对应安装包，直接安装即可，具体过程如图 4-27～图 4-30 所示。本书使用的版本是 2.2。Badboy 一般用于录制脚本，常用于导出脚本到 JMeter。

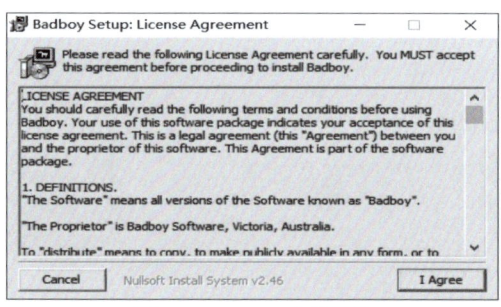

图 4-27　Badboy 安装开始　　　　　图 4-28　Badboy 安装地址选择

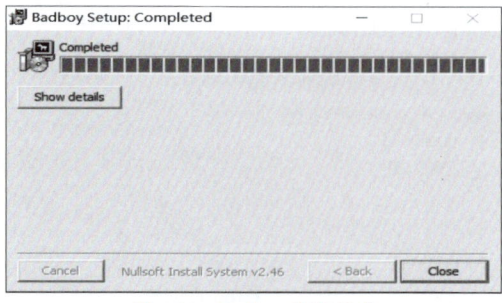

图 4-29　Badboy 安装完成

性能测试 项目 4

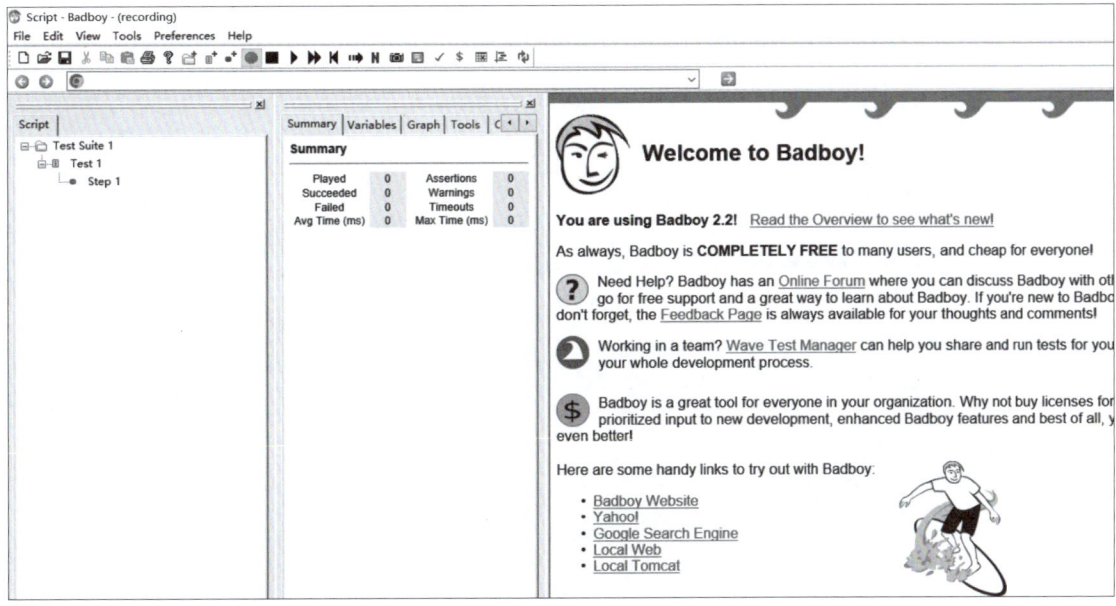

图 4-30　Badboy 界面

 **任务实施**

参考前面内容完成 LoadRunner、JMeter、Badboy 的安装。

任务 4.2　部署测试系统

部署
测试系统

任务描述　　性能测试环境搭建完成后,需要有测试对象。HPE LoadRunner 12 之后不再提供测试系统,所以需要自行安装 HP 提供的 WebTours 订票系统。本任务就是对 WebTours 订票系统的安装进行讲解。

 知识链接

 知识点　WebTours 订票系统安装

WebTours 订票系统有很多种安装方式,本书选择使用先安装 ActivePerl,然后直接使用 WebTours 快速安装包应用。

81

具体安装过程如下：

（1）安装 ActivePerl

本书安装的是 ActivePerl 5.10.1 版本，也可以安装其他版本。ActivePerl 安装开始如图 4-31 所示。

图 4-31　ActivePerl 安装开始

安装开始后，单击"Next"按钮进入协议选择界面，选择接受协议，如图 4-32 所示。

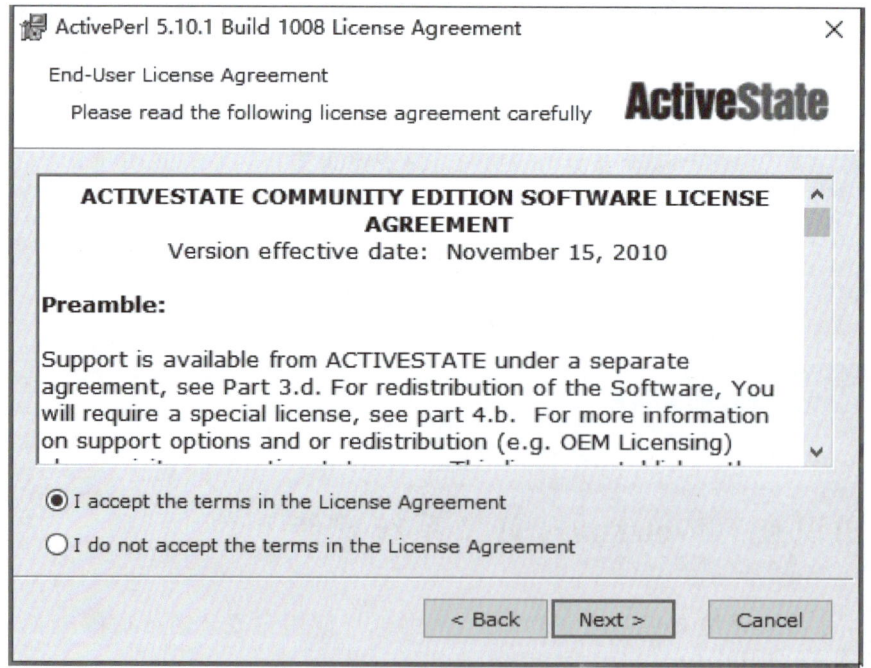

图 4-32　ActivePerl 协议选择

协议选择后,单击"Next"按钮进入安装路径选择界面,如图4-33所示。安装路径可以自定义,也可以使用默认路径。一般建议路径中不要带中文字符并最好放在根目录下。

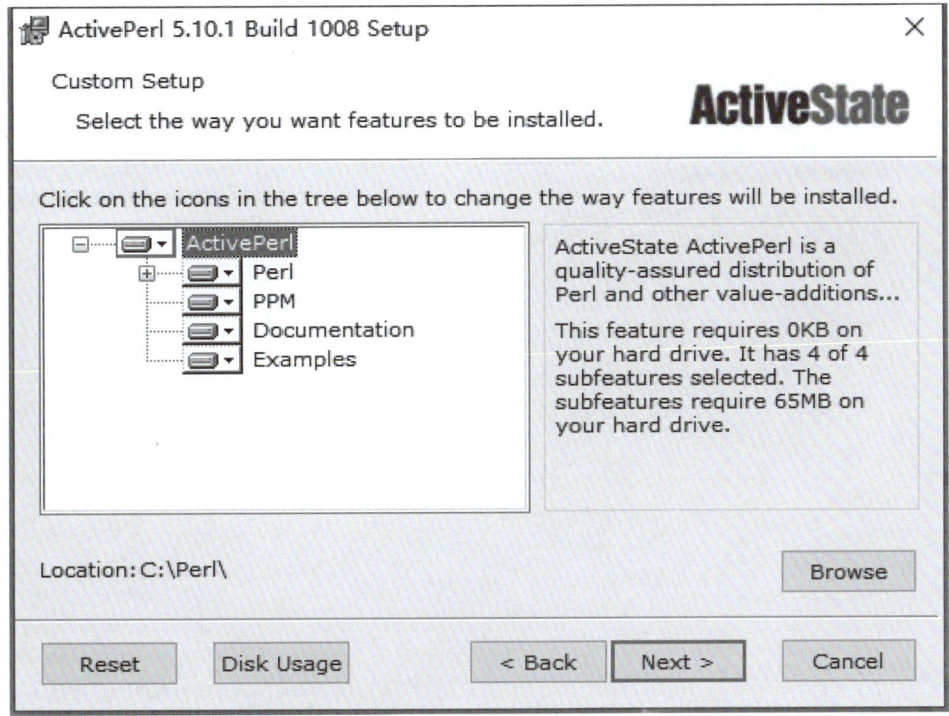

图4-33 ActivePerl安装路径选择

安装路径选择后,单击"Next"按钮进入安装界面。这里需要将ActivePerl路径加入环境变量中,所以如图4-34所示,勾选对应选项即可。

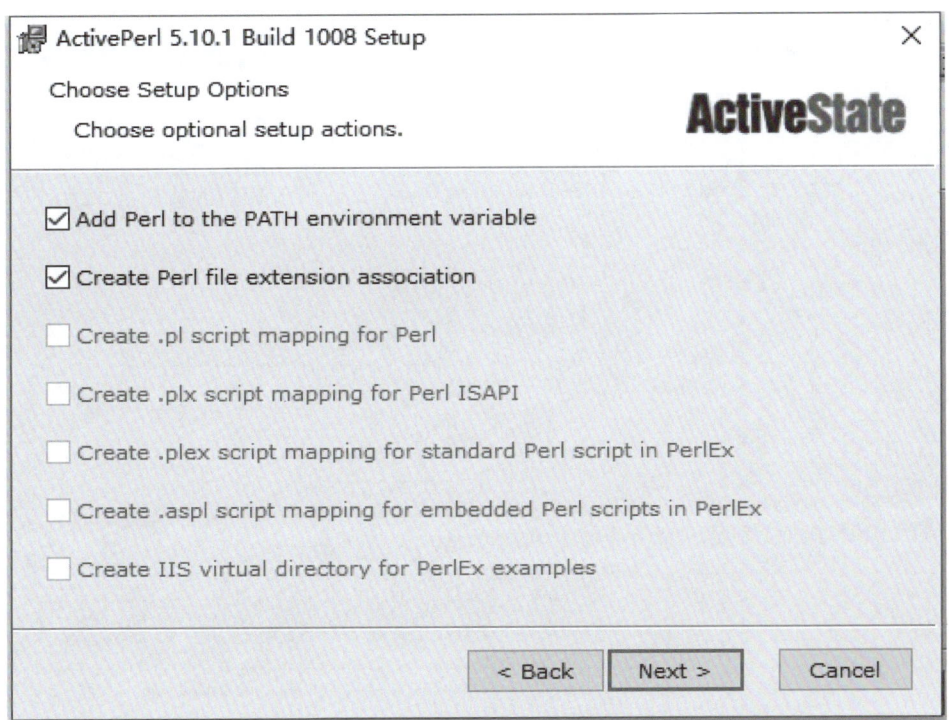

图4-34 ActivePerl安装选项

83

单击"Next"按钮,进入如图4-35所示界面。然后单击"Install"按钮进入如图4-36所示的安装过程,这个过程需要几分钟时间。最后进入如图4-37所示完成安装界面。

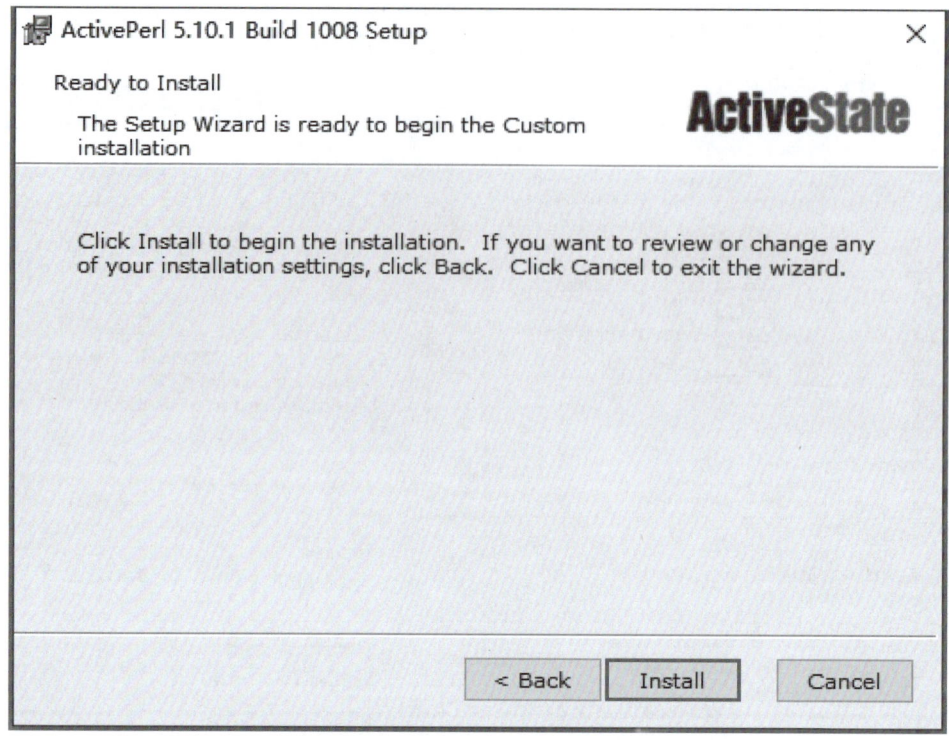

图 4-35　ActivePerl 安装确认

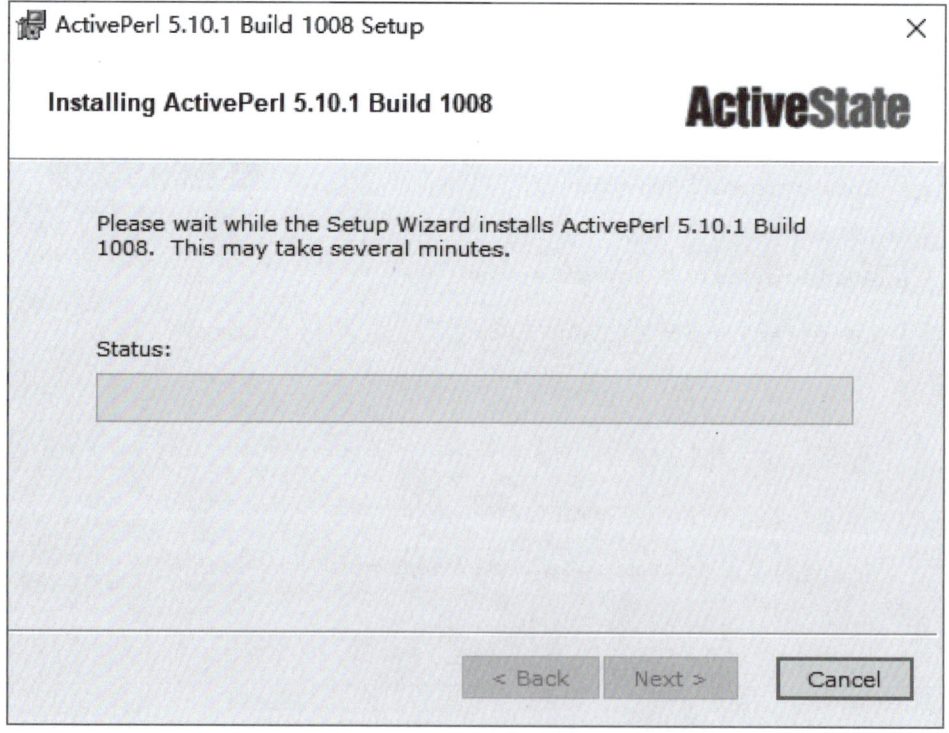

图 4-36　ActivePerl 安装过程

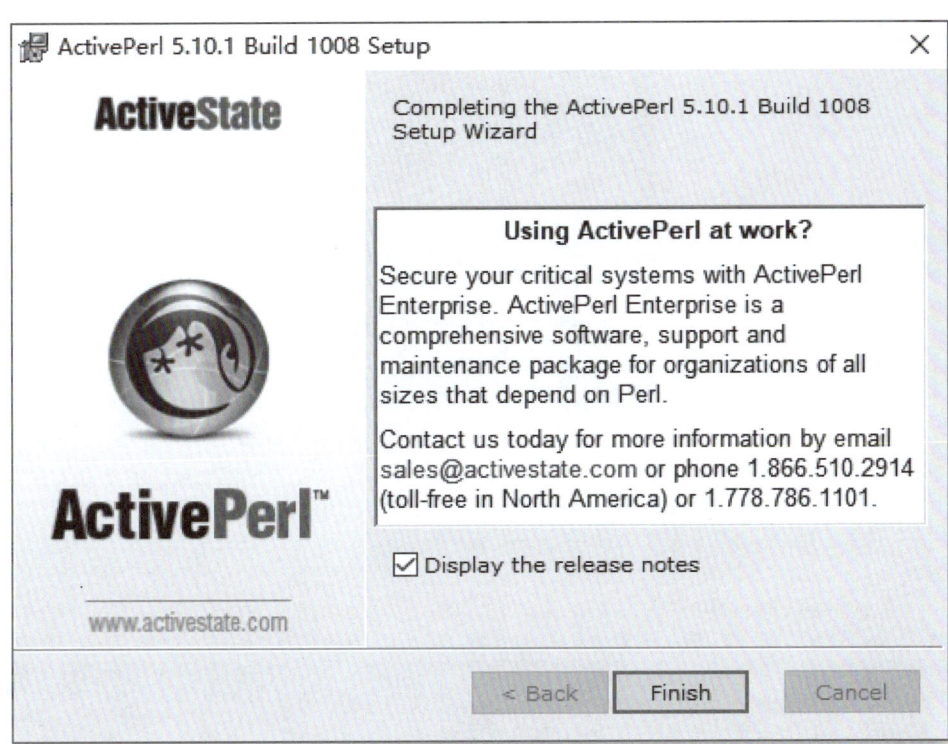

图 4-37　ActivePerl 安装完成

(2) 安装 WebTours 应用

将解压好的 WebTours 文件夹复制到计算机中某一个磁盘下，这里建议放在根目录下。之后双击 WebTours 文件夹中绿色的 X 图标的 xigui32.exe，即可启动 WebTours 的应用服务器，如图 4-38 所示。

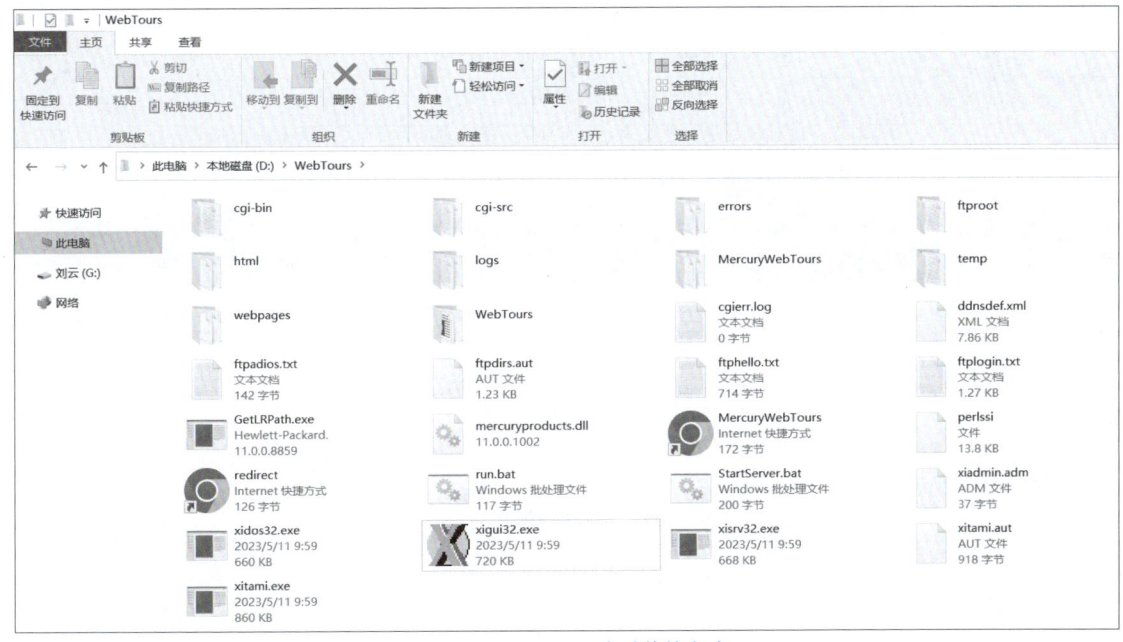

图 4-38　WebTours 启动快捷方式

85

之后,可以在任务栏右下角看到一个图标,如图 4-39 所示。

图 4-39　WebTours 启动图标

打开浏览器,输入 WebTours 的网址,如图 4-40 所示。单击"sign up now"链接注册一个网站用户,如图 4-41 所示。

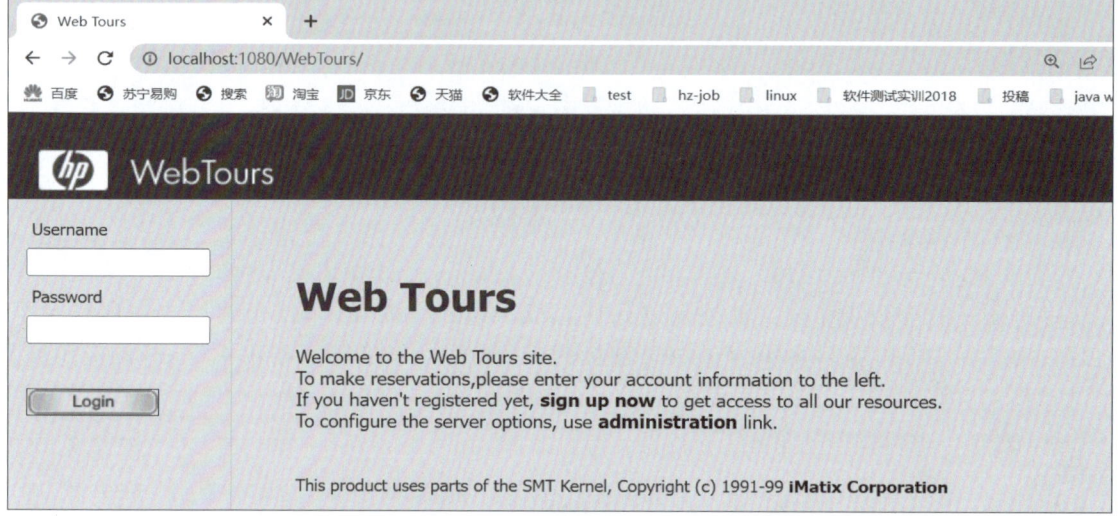

图 4-40　WebTours 网站首页

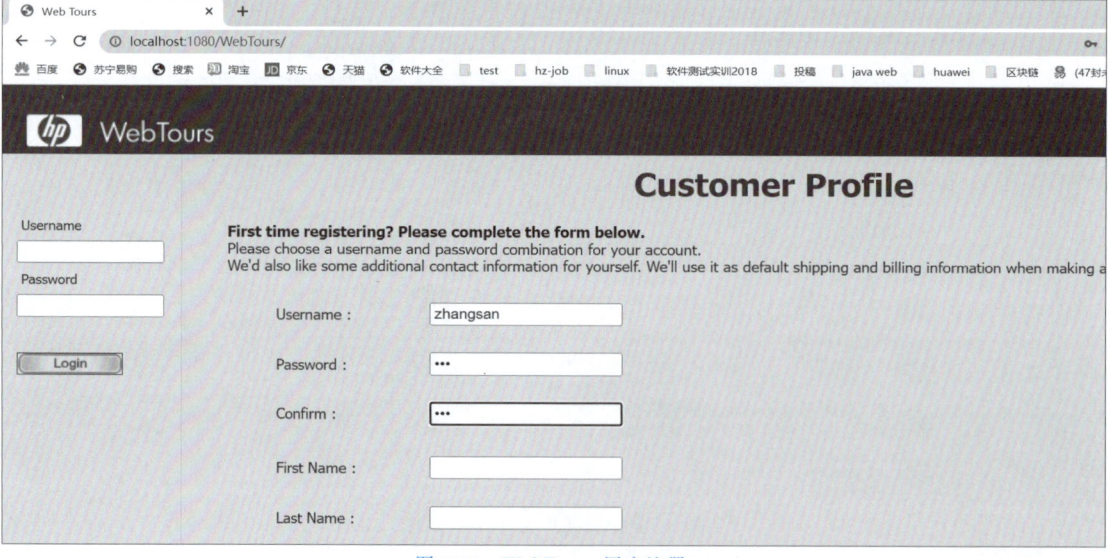

图 4-41　WebTours 用户注册

注意：WebTours系统这里不做功能性测试，只作为性能测试应用，所以不考虑其功能的严谨性问题。注册成功，如图4-42所示。这里也可以不注册新用户，选择使用网站提供的两个用户，分别是joe(密码young)和jojo(密码bean)。

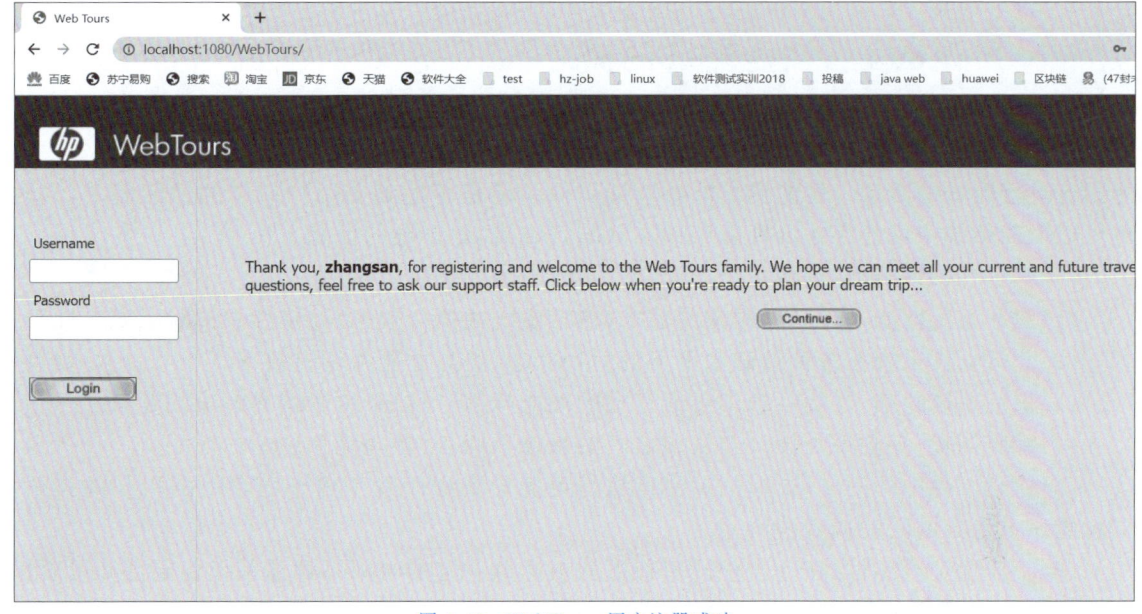

图4-42　WebTours用户注册成功

注意：WebTours网站默认使用的端口号为1080。如果在启动过程中出现闪退现象，可能是端口被占用，可以将占用端口的进程结束。可以使用以下命令查找占用1080端口的进程，然后在任务管理器中，找到对应PID的进程并关闭即可。

cmd＞netstat -ano | findstr "1080"

参考前面步骤在个人电脑上安装订票测试系统。

任务4.3　认识性能测试

任务描述

本任务是对性能测试基础知识的介绍。

知识链接

知识点1　性能测试的概念

所谓性能测试就是通过性能测试工具模拟正常、峰值及异常负载状态下对系统的各项性能指标进行测试的活动。性能测试能够验证软件系统是否达到了用户期望的性能需求,同时也可以发现系统中可能存在的性能瓶颈及缺陷,从而优化系统的性能。

性能测试的目的包括以下几个方面:

(1)验证系统性能是否满足预期的需求,包括系统的执行效率、稳定性、可靠性、安全性等。

(2)分析软件系统在各种负载水平下的运行状态,提高性能并调整效率。

(3)识别系统缺陷,寻找系统中可能存在的性能问题,定位系统瓶颈并解决问题。

(4)系统调优,探测系统设计与资源之间的最佳平衡,改善并优化系统的性能。

(5)检测软件中的问题,长时间的测试执行可能导致程序发生由于内存泄漏引起的失败,提示程序中隐含的问题或者冲突。

(6)验证稳定可靠性,在一个生产负荷下执行测试一定的时间是评估系统稳定性和可靠性是否满足要求的唯一方法。

知识点2　性能测试需求分析

性能测试和功能测试一样,需求分析是测试工作开展的基础。如果连性能测试的需求都没有梳理清楚,那么后面的性能测试很可能要多走弯路或者无效,同时需求分析的质量也会影响到性能测试的结果。

通过性能需求分析需要得出以下结论或目标:

- 明确性能测试的必要性和目的。
- 明确被测试系统的架构、平台、协议等相关技术信息。
- 明确被测试系统的基本业务、关键业务、用户行为等。
- 明确性能测试点。
- 明确被测试系统未来的业务拓展规划以及性能需求。
- 明确性能测试策略。
- 明确性能测试的指标。

然后,针对需求分析目标,主要从以下几个方面开展工作:

(1)系统信息调研

对被测试系统进行需求分析,了解系统类型,包括系统的基本特性、系统类型等;还需要了解被测试系统的业务信息、系统架构、技术信息、历史运行情况和数据规模等信息。从而为后面的性能分析和调优提供依据。

(2)业务信息调研

主要是对业务系统的基本业务功能、关键业务逻辑处理、交易量信息和业务目标等信息调研,包括业务流程、交易数据、单个交易处理量、总交易量以及系统目前的生产业务量和用户数、预期业务目标等。调研对象主要是系统的关键用户。

(3)性能需求评估

在实施性能测试之前,需要对被测试系统进行相应的评估,主要目的是明确是否需要做性能测试。如果确定需要做性能测试,需要进一步确定性能测试点和指标,明确测试范围、性能指标以及测试是否通过的标准。性能指标也会根据情况评估,要求被测试系统能满足将来一定时间段的业务压力。

判断是否进行性能测试主要从以下两个方面进行思考:

①业务角度。系统是公司内部使用还是对外使用;系统使用的人数是多少,如果使用人数很少,无论系统多大,设计多么复杂,并发性的性能测试都是没必要的,前期可以不做。当然,除非在功能测试阶段发现非常明显的性能问题,用户体验较差的,此时可进行性能测试来排查问题。

②系统角度。系统角度可以从以下几个方面进行分析:

a. 系统架构。如果系统采用的是老的系统架构,也就是说是公司自己原本的统一架构,只是在此框架上增加一些应用,其实是没有必要进行性能测试的。因为公司已有的系统架构肯定是经过验证的。如果一个系统采用的是一种新的架构,则可以考虑进行性能测试。

b. 数据库要求。很多情况下,性能测试是大数据量的并发访问、修改数据库,瓶颈在于连接数据库池的数量,而非数据库本身的负载、吞吐能力,这时可以结合 DBA 的建议来决定是否进行性能测试。

c. 系统特殊要求。

- 从实时性角度来分析,某些系统对响应时间要求比较高。例如,证券、金融系统,系统响应的快慢直接影响客户的收益,这种情况就有必要进行并发测试。在大并发量的场景下,查看这个功能的响应时间。

- 从大数据量上传和下载角度分析,某些系统经常需要进行较大数据量的上传和下载操作,虽然此种操作使用的人数不会太多,但是也有必要进行性能测试,确定系统能处理的最大容量,如果超过这个容量,系统就需要进行相关控制,避免由于人工误操作导致系统内存溢出或崩溃。

(4)确定性能测试点

如果一个系统确定要进行性能测试,那么可以从以下几个方面分析确定被测试系统的性能测试点:

①关键业务。确定被测试项目是否属于关键业务,有哪些主要的业务逻辑点,特别是跟交易相关的功能点,例如转账、扣款等接口。如果项目(或功能点)不属于关键业务(或关键业务点),则可考虑作为后续计划,不作为本次测试内容。

②日请求量。确定被测试项目各功能点的日请求量(可以统计不同时间粒度下的请求量,如小时、日、周、月),如果日请求量很高,系统压力很大,而且又是关键业务,该项目需要进行性能测试,而且是关键业务点,可以被确定为性能点。

③逻辑复杂度。判定被测试项目各功能点的逻辑复杂度,如果一个主要业务的日请求量不高,但是逻辑很复杂,则也需要进行性能测试,原因是在分布式方式的调用中,某一个环节响

应较慢,就会影响到其他环节,造成雪崩效应。

④运营推广活动。根据运营的推广计划来判定待测试系统未来的压力,未雨绸缪、防患于未然、降低运营风险是性能测试的主要目标。被测试系统的性能不仅能满足当前压力,更需要满足未来一定时间段内的压力。因此,事先了解运营推广计划,对性能点的制定有很大的作用,例如,运营计划做活动,要求系统每天能支撑多少 PV、多少 UV,或者一个季度后需要能支撑多大的访问量等。当新项目(或功能点)属于运营重点推广计划范畴之内,则该项目(或功能点)也需要进行性能测试。

以上四点是相辅相成、环环相扣的。在实际工作中应该具体问题具体分析。例如,当一个功能点不满足以上四点,但属于资源高消耗,也可列入性能测试点行列。

(5)确定性能指标

性能需求分析一个很重要的目标就是确定后期性能分析用到的性能指标。性能指标有很多,可以根据具体项目选取和设定,而具体的指标值则需要根据业务特点进行设定。

针对整体的需求分析,需要测试人员掌握性能测试的方法、常用指标、应用领域等知识,综合考虑测试流程。

知识点 3　常用性能测试方法

常用性能测试方法

1. 负载测试

负载测试方法在被测试系统上不断增加压力,直到性能指标超过预定指标或者某种资源使用已经达到饱和状态。负载测试方法可以找到系统的处理极限,为系统调优提供数据,有时也称为可置性测试。该方法具有以下几个特点:

(1)这种性能测试方法的主要目的是找到系统处理能力的极限。负载测试方法通过"检测—加压—性能指标超过预期"的手段,找到系统处理能力的极限,该极限一般会用"在给定条件最多允许 100 个并发用户访问"或是"在给定条件下最多能够在 1 小时内处理 3 000 笔业务"这样的描述来体现。而预期的性能指标一般会被定义为"响应时间不超过 10 s""服务器平均 CPU 利用率低于 65%"等指标。

(2)这种性能测试方法需要在给定的测试环境下进行,通常也需要考虑被测试系统的业务量和典型场景,使得测试结果具有业务上的意义。负载测试方法由于涉及预定性能指标等需要进行比较的数据,也必须在给定的测试环境下进行。另外,负载测试方法在"加压"时,必须选择典型场景,在增加压力时保证这种压力具有业务上的意义。

(3)这种性能测试方法一般用来了解系统的性能容量,或是配合性能调优来使用。负载测试方法可以用来了解系统的性能容量(系统在保证一定响应时间的情况下能够允许多少并发用户的访问),或是用来配合性能调优,以比较调优前后的性能差异。

2. 压力测试(强度测试)

压力测试方法测试系统在一定饱和状态下(如 CPU、内存等在饱和使用情况下),系统能够处理的会话能力,以及系统是否出现错误。该方法具有以下几个特点:

(1)这种性能测试的方法主要目的是检查系统处于压力情况下应用的性能表现。压力测试方法通过增加访问压力(如增加并发的用户数量等),使应用系统的资源使用保持在一定的水平,这种测试方法的主要目的是检验此时的应用表现,重点在于有无出错信息产生、系统对应用的响应时间等。

(2)这种性能测试一般通过模拟负载等方法,使得系统的资源使用达到较高的水平。一般情况下,会把压力设定为"CPU使用率达到75%以上、内存使用率达到70%以上"这样的描述,依此测试系统的响应时间、系统有无产生错误。除CPU和内存使用率的设定外,JVM的可用内存、数据库的连接数、数据库服务器CPU利用率等都可以作为压力的依据。

(3)这种性能测试方法一般用于测试系统的稳定性。用压力测试的方法考查系统的稳定性是出于这样的考虑:如果一个系统能够在压力环境下稳定运行一段时间,那么该系统在通常的运行条件下应该可以达到令人满意的稳定程度。在压力测试中,会考查系统在压力下是否会出现错误,测试中是否有内存泄漏等问题。

3. 并发测试

并发测试方法通过模拟用户的并发访问,测试多用户并发访问同一个应用、同一个模块或者数据记录时是否存在死锁或者其他性能问题。该方法具有以下几个特点:

(1)这种性能测试方法的主要目的是发现系统中可能隐藏的并发访问时的问题。并发测试方法是通过并发手段发现系统中存在问题的最常用方法。例如,应用在实验室测试时一切正常,但一旦交付给用户,在用户量增大以后,就可能会出现各种莫名其妙的问题。解决这类问题的方法之一是在实验室进行仔细的并发模拟测试。

(2)这种性能测试方法主要关注系统可能存在的并发问题。例如,系统中的内存泄漏、线程资源争用等。并发测试在测试过程中主要关注系统中的内存泄漏、线程死锁等问题。

(3)这种性能测试方法可以在开发的各个阶段使用,需要相关测试工具的配合和支持。并发测试可以针对整个系统进行,也可以仅仅为验证某种架构或是设计的合理性来进行,因此其可以在开发的各个阶段使用。一般来说,并发测试除需要性能测试工具进行并发负载的产生外,还需要一些其他工具进行代码级别的检查和定位。

4. 可靠性测试

可靠性测试方法通过给系统加载一定的业务压力(如资源使用率为70%~90%),让应用持续运行一段时间,测试系统在这种条件下能否稳定运行。这里的可靠性测试仅仅是让软件在大压力环境下运行较长时间,从而估算系统是否能在平均压力下持续正常工作。该方法具有以下几个特点:

(1)这种性能测试方法的主要目的是验证系统是否支持长期稳定地运行。从直观上来说,在较大的压力下进行一个较长时间的测试,如果系统在测试中不出现问题或是不好的征兆,基本上就可以说明系统具备长期稳定运行的条件。

(2)这种性能测试方法需要在压力下持续运行一段时间。既然是稳定性测试,那就至少需要让系统在压力下运行一段时间。这段时间的具体数值需要根据系统的稳定性要求确定。对一般的非关键大型应用来说,让系统处于可能的峰值压力下,进行2~3天的稳定性测试即可。

(3)测试过程中需要关注系统的运行状况。在运行过程中,一般需要关注系统的内存使用状况、系统的其他资源使用以及系统响应时间有无明显变化。如果测试过程中发现,随着时间的推移,响应时间有明显的变化,或是系统资源使用率有明显波动,都可能是系统不稳定的征兆,需要重点关注。

除了以上几种常用的性能测试方法,在实际工作中也会考虑配置测试和容量测试等其他性能测试方法。这里不再赘述,稍做了解即可。

配置测试是指调整软件系统的软硬件环境,测试各种环境对系统性能的影响,从而找到系统各项资源的最优分配原则。

容量测试是指在一定的软硬件及网络环境下,测试系统所能支持的最大用户数、最大存储量等。容量测试通常与数据库、系统资源(如 CPU、内存、磁盘等)有关,用于规划将来需求增长时(如用户增长、业务量增加等),对数据库和系统资源的优化。

知识点 4　性能测试指标

1. 响应时间(Response Time)

响应时间指系统对用户请求做出响应所需要的时间。这个时间是指用户从软件客户端发出请求到用户接收到返回数据的整个过程所需要的时间,包括各种中间件(如服务器、数据库等)的处理时间。

响应时间越短,表明软件的响应速度越快,性能越好。但是响应时间需要与用户的具体需求相结合。例如,火车订票查询功能响应时间一般 2 s 内就可以完成,而在网站下载电影时,几分钟完成下载的网站就已经很快了。

2. 吞吐量(Throughput)

吞吐量是指单位时间内系统能够完成的工作量,其衡量的是软件系统服务器的处理能力。吞吐量的度量单位可以是请求数/秒、页面数/秒、访问人数/天、处理业务数/小时等。

吞吐量是软件系统衡量自身负载能力的一个很重要的指标,吞吐量越大,系统单位时间内处理的数据就越多,系统的负载能力就越强。

3. 并发用户数

并发用户数是指同一时间请求和访问的用户数量。

并发用户数量越大,对系统的性能影响越大,并发用户数量较大可能会导致系统响应变慢、系统不稳定等。软件系统在设计时必须考虑并发访问的情况,测试工程师在进行性能测试时也必须进行并发访问的测试。

4. TPS

TPS 是指系统每秒钟能够处理的事务和交易的数量,是衡量系统处理能力的重要指标。

5. 点击率

点击率是指用户每秒向 Web 服务器提交的 HTTP 请求数,这个指标是 Web 应用特有的一个性能指标,通过点击率可以评估用户产生的负载量,并且可以判断系统是否稳定。点击率只是一个参考指标,帮助衡量 Web 服务器的性能。

6. 资源利用率

资源利用率是指软件对系统资源的使用情况,包括 CPU 使用率、内存利用率、磁盘利用率等,资源利用率是分析软件性能瓶颈的重要参数。

通常需要关注的服务器资源如下:

(1)CPU 使用率:指用户进程与系统进程消耗的 CPU 百分比,长时间消耗的情况下,一般可接受上限不超过 85%。

(2)内存利用率:内存利用率=(1−空闲内存/总内存大小)×100%,一般至少有 10%可用内存,内存使用率可接受上限为85%。

(3)磁盘 I/O:磁盘主要用于存取数据,因此当说到 I/O 操作时,就会存在两种相对应的操作,存数据时对应的是写 I/O 操作,取数据时对应的是读 I/O 操作,一般使用%Disk Time(磁盘用于读写操作所占用的时间百分比)度量磁盘读写性能。

(4)网络带宽:一般使用计数器 Bytes Total/sec 来度量,表示发送和接收字节的速率,包括帧字符在内。判断网络连接速度是否为瓶颈,可以将该计数器的值和目前网络的带宽进行比较。

知识点 5　性能测试流程

理解性能
测试流程

性能测试与功能测试的基本流程类似,基本流程如图 4-43 所示。

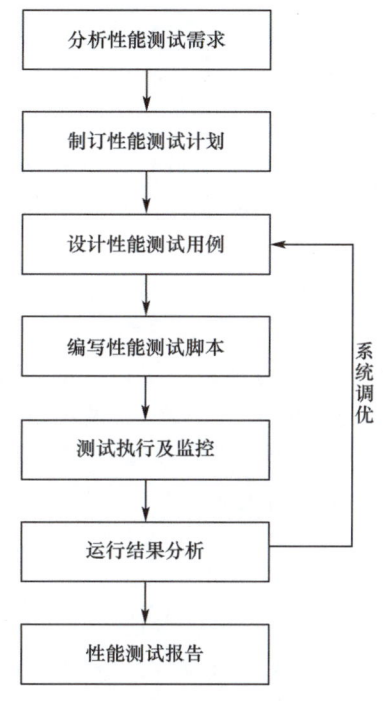

图 4-43　性能测试基本流程

1. 分析性能测试需求

在需求分析阶段,测试人员需要与项目相关的人员进行沟通,收集各种项目资料,对系统进行分析,建立性能测试数据模型,并将其转化为可衡量的具体性能指标,确认测试的目标。所以性能测试需求分析过程是繁杂的,需要测试人员有深厚的性能理论知识,除此之外还需要懂一些数学建模的知识来帮助测试人员建立性能测试模型。具体需求目标在前面已说明,这里不再重复。

2. 制订性能测试计划

根据性能测试需求分析,制订相应的测试计划,主要考虑以下几个方面:

(1)确定测试范围:明确哪些对象是需要进行性能测试的,哪些对象不需要测试的。

(2)制定测试方法策略:根据测试需求的特点,选择相应的性能测试方法,并制订具体的测试计划。

(3)测试环境准备

①系统运行环境:通常就是测试环境,有时需求比较多,做性能测试担心把环境搞垮了影响其他的功能测试,可能需要重新搭建一套专门用来做性能测试的环境。

②执行机环境:用来生成负载的执行机,通常需要在物理机上运行,而物理机又是稀缺资源,所以每次做性能测试都需要提前准备好执行机环境。

③性能工具准备

a.负载工具:根据需求分析和系统特点选择合适的负载工具,如 LoadRunner 和 JMeter 等。

b.监控工具:准备性能测试时的服务器资源、JVM、数据库监控工具,以便进行后续的性能测试分析与调优。

3. 设计性能测试用例

根据性能需求分析来设计符合用户使用习惯的场景,场景设计的好坏直接影响到性能测试的效果。

4. 编写性能测试脚本

如果性能测试工具不能满足被测系统的要求或只能满足部分要求时,需要测试人员自己开发脚本配合工具进行性能测试。

同时,还需要准备测试数据,包括但不限于负载测试数据、DB 数据量大小以及其他 DBA 建议的数据等。尤其需要注意的是遇到关联系统较多的情况时,逻辑复杂的业务可能同时涉及多张表,此时准备的数据需要考虑更多业务。

5. 测试执行及监控

(1)人工边执行边分析

通常做性能测试都是人工执行并随时观察系统运行的情况、资源的使用率等指标。性能测试的吸引力之一就在于它的不可预知性。当我们在做性能测试时遇到跟预期不符的情况很正常,这时需要冷静地分析。但这个过程可能会很漫长,需要不断地调整系统配置或程序代码来定位问题,耗时耗人力。特别是在当前敏捷开发模式比较流行的大环境下,版本发布非常频繁且版本周期短(通常1~2周一个版本),没有那么长的时间来做性能测试。

(2)无人值守执行性能测试

无人值守是最理想化的目标,目前我们也朝着这个方向努力。无人值守不是说没有人力介入,而是把人为的分析和执行过程分离,执行过程只是机器服从指令的运行而已。通常测试环境在白天比较繁忙,出现性能问题及定位难度较大且会影响功能测试。所以性能测试最好在晚上或周末进行,相对较安静的条件有利于测试结果的稳定性。这种方法也相对比较适合敏捷的模式,不需要人工一直守着,只需要在拿到结果后进行分析即可。同时,这种方式对测试人员能力的要求比较高,需要我们能进行自动化地收集各种监控数据、生成报表便于后续分析。

6. 运行结果分析

运行结果分析是一个比较复杂的问题,这里只需知道有这个步骤即可。

7. 性能测试报告

性能测试报告是性能测试的里程碑,通过报告能展示出性能测试的最终成果,展示系统性能是否符合需求,是否有性能隐患。性能测试报告中需要阐明性能测试目标、性能测试环境、性能测试数据构造规则、性能测试策略、性能测试结果、性能测试调优说明、性能测试过程中遇到的问题和解决办法等。

性能测试工程师完成该次性能测试后,需要将测试结果进行备案,并作为下次性能测试的基线标准,具体包括性能测试结果数据、性能测试瓶颈和调优方案等。同时需要将测试过程中遇到的问题,包括代码瓶颈、配置项问题、数据问题和沟通问题,以及解决办法或解决方案,进行知识沉淀。

 任务实施

参考前面内容熟悉常见的性能测试指标。

任务 4.4 使用 LoadRunner 中的 VuGen

任务描述　LoadRunner 是最常用的性能测试工具之一。LoadRunner 主要可以实现脚本的录制、场景设计和测试报告获取。本任务主要讲解如何使用 LoadRunner 工具 VuGen 录制脚本。

 知识链接

 ### 知识点 1　VuGen(Virtual User Generator)的使用

LoadRunner 是通过多个虚拟用户在系统中同时工作或访问系统的环境来进行性能测试的。虚拟用户进行的操作通常被记录在虚拟用户脚本中,而 VuGen 就是用于创建虚拟用户脚本的工具,因此也称为虚拟用户脚本生成器。

在创建脚本时,VuGen 会生成多个函数用于记录虚拟用户所执行的操作,并将这些函数插入 VuGen 编辑器生成基本的虚拟用户脚本,这个创建脚本的过程也叫作录制脚本。

VuGen 会监控上述操作,并以代码的形式将这几个操作记录下来,生成一个 VBScript 脚本文件。当执行该脚本文件时,可以自动执行上述操作,即自动执行查询操作。

在录制期间,VuGen 会监控虚拟用户的行为,并跟踪用户发送到服务器的所有请求以及从服务器接收到的所有应答。

1. VuGen 常用函数方法

(1)web_url()和 web_link()页面访问型函数,实现 HTTP 请求的 GET 方法。

①web_url()模拟用户的请求。

②web_link()模拟单击超链接的操作;如果链接不存在,则返回 not found。

两者的区别如下:

- web_url()只需要在 url 地址后填入请求的地址即可,没有任何请求之间的关系。
- web_url("响应后显示的名字",url="访问的地址",[设置参数]LAST);web_link("在

测试结果会显示的名字","Text＝ 需要单击的超链接的名称(也就是链接地址)",LAST)。

(2)web_submit_form()和 web_submit_data()提交数据,实现 HTTP 请求中的 POST 方法。自动检测页面中的 form 表单,将对应的 ITEMDATA 内容通过 POST 方式提交。

web_submit_form()自动检测当前页面是否存在 form 表单,然后将后面的 ITEMDATA 数据进行传送;当页面有多个表单时无法录制到 web_submit_form()函数,LR 会自动使用 web_submit_data()替代,web_submit_data()函数无需前面页面支持。

```
web_submit_form("名字",ITEMDATA,"Name＝username","Value＝"jojo",ENDTIEM… LAST)
web_submit_data("名字","Action ＝ 请求地址","Method ＝ 请求方式","RecContentType＝网页编码","Refererer＝"…","Mode ＝ HTML",ITEMDATA,… ,LAST)
```

(3)lr_think_time(＜单位:秒＞)思考时间,相当于 sleep()。

(4)lr_start_transaction(＜事务名称＞)和 lr_end_transaction(＜事务名称＞,LR_AUTO):事务的开始和结束函数。

(5)lr_save_string()将一个字符串保存为一个参数,示例如下:

```
lr_save_string("test loadrunner","str");
```

相当于 Java 中为定义的变量赋值,string str＝"test loadrunner"。

lr_eval_string()可以从参数中取得对应的值,并转化为字符串 String 类型。

(6)lr_log_message()函数将消息发送到 Vuser 或代理日志文件(取决于应用程序),而不是发送到输出窗口。通过向日志文件发送错误消息或其他信息性消息,可以将该函数用于调试。可通过设置日志的级别来输出不同的消息。

```
//向日志文件中输出信息
lr_log_message("当前变量值:%s", lr_eval_string("{A}"));
```

lr_output_message()将带有脚本部分的行号的消息发送到输出窗口和日志文件。

```
//向 output 中输出信息
lr_output_message("当前页面参数的值是:%s", lr_eval_string("{A}"));return 0;
```

lr_error_message()将错误消息发送到输出窗口和 Vuser 日志文件。要发送不是特定错误消息的特殊通知时可使用此方法。

2. 脚本录制

单击菜单 File→New Script and Solution,弹出"Create a New Script"创建新脚本对话框,如图 4-44 所示。

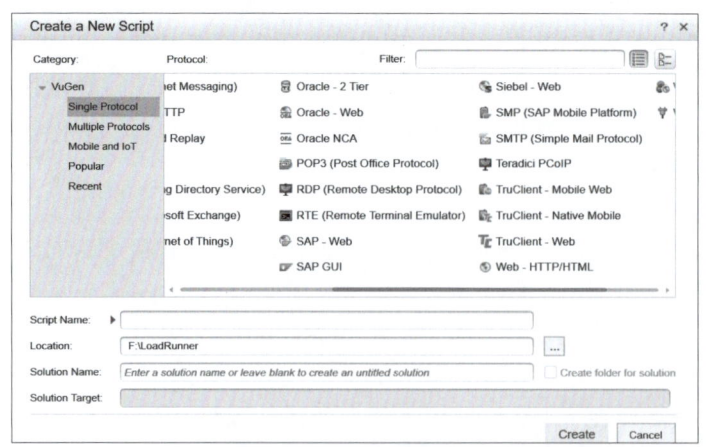

图 4-44　创建新脚本

Category：协议种类。
Protocol：协议列表。
Script Name：脚本名称。
Location：脚本存放位置。
Solution Name：方案名称。
Solution Target：方案存放路径。

选择正确的协议，输入脚本名称、脚本存放位置、方案名称，单击"Create"按钮，创建脚本成功，进入 VuGen 编辑页面，如图 4-45 所示。

图 4-45　创建新脚本成功

单击菜单 Record→Record，或者使用快捷键【Ctrl＋R】，弹出"Start Recording"对话框，如图 4-46 所示。

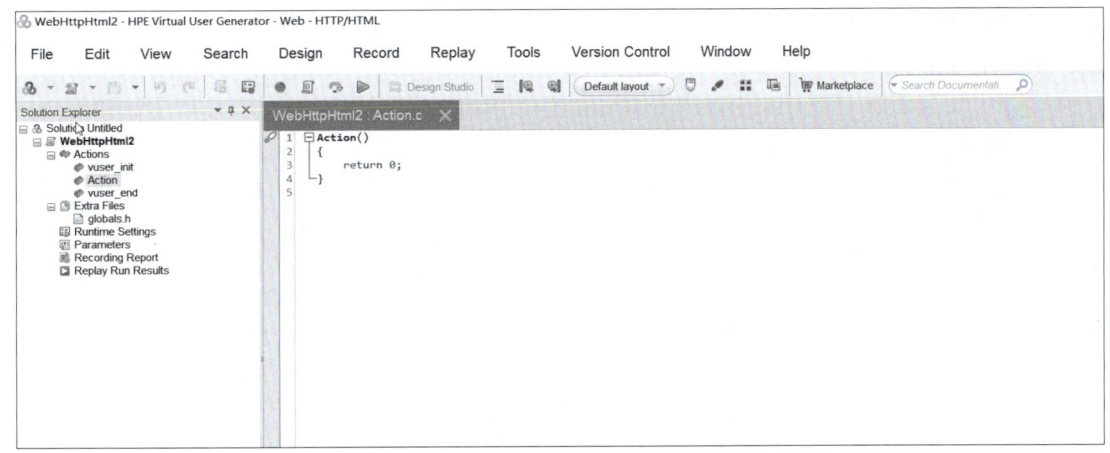

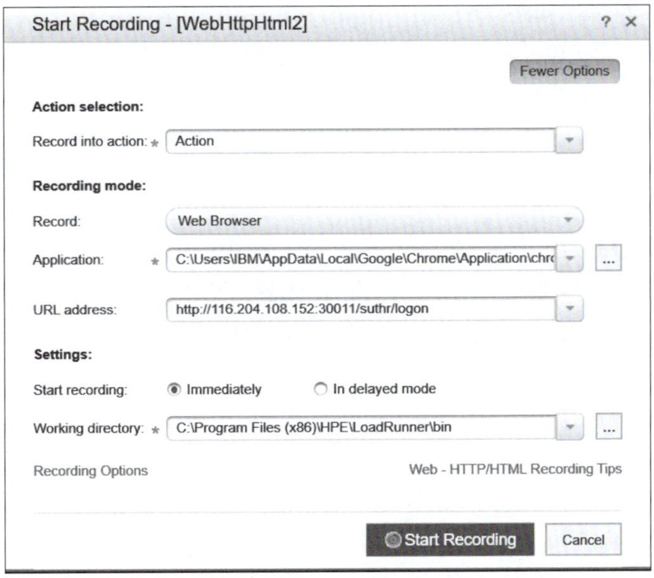

图 4-46　开始录制对话框

- Record into action（录制到操作）：选择录制的脚本所存放的 Action。
- Record（录制）：选择录制脚本所用方式。这里有多种选择，录制网站选择"Web Browser"（浏览器），也可以选择 Windows 应用或者远程代理方式。录制方法根据需求选择即可。

- Application(应用程序):和录制选项联动,根据选择的录制方式,显示该方式下可选的应用程序。
- URL address(URL 地址):录制脚本网址。
- Start recording(开始录制):选择开始录制时机,可以 Immediately(立即开始)录制,也可以 In delayed mode(延时开始)录制。
- Working directory(工作目录):LoadRunner 工作目录。
- Recording Options(录制选项):单击"Recording Options",弹出"Recording Options"对话框,选择 General→Recording 选项,选择"HTML-based scrip"单选按钮,单击"HTML Advanced"按钮,如图 4-47 所示,选择"A script containing explicit URLs only(e.g. web_url, web_submit_data)"单选按钮。

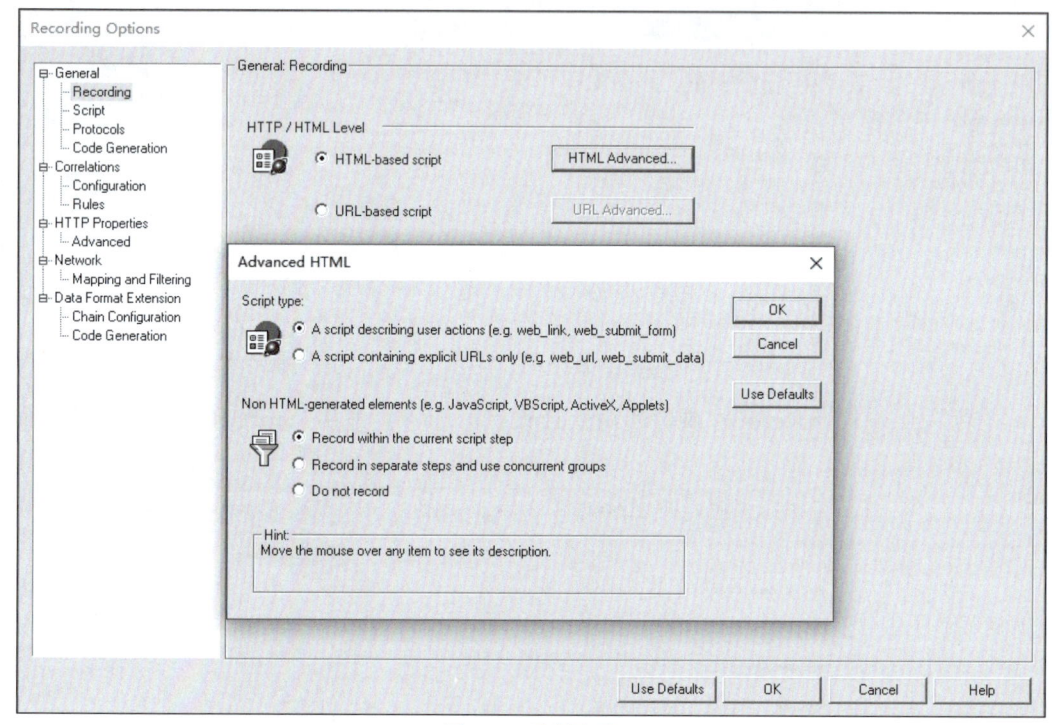

图 4-47　录制选项

录制选项 Recording 标签页中默认情况下选择 HTML-based Script,说明脚本中采用 HTML 页面的形式表示,这种方式的脚本容易理解,便于维护,推荐使用。

HTML-based Script 和 URL-based Script 的区别如下:

HTML-based Script 是 LoadRunner 的默认模式,也就是通常说的高层次模式,一般优先选择这种模式。这种模式将每个页面录制形成一条语句,对 LoadRunner 来说,在该模式下,访问一个页面,首先会与服务器之间建立一个连接获取页面的内容,然后从页面中分解得到其他元素(Component),最后建几个连接分别获取相应的元素。

这种模式把类属一个页面的请求放在一个函数中,为每个用户请求生成单独的函数,即一个用户操作(可能包含多个请求)会生成一个函数。这种模式录制出来的脚本比较简洁直观,易于理解维护。

URL-based Script 即通常说的低层次录制模式。这种模式指导 VuGen 录制来自 Server 的所有请求资源。它自动将每一个 HTTP 资源录制为 URL 的步骤。这种录制模式甚至抓取非HTML应用程序,如applets和非浏览器的应用程序等。对LoadRunner来说,在该模式下,一条语句只建立一个连接到服务器。

这种录制模式会生成很多函数,它把客户端向服务器端发送的每一个请求都放在一个单独的函数中,即一个请求对应一个函数,页面和图片分别生成对应的函数。这种模式更接近请求——响应的本质。这种模式录制出来的脚本相对比较长,不利于阅读,好像将HTML模式中的一个函数拆分成很多独立的函数一样。但是这种脚本的可伸缩性更强,可以记录的用户操作信息更详细。

注意:如果在录制脚本后,回放脚本报错出现"如果提示报错ERROR 27979 request form not found",则将录制模式进行如下步骤的修改:

打开录制选项配置对话框进行设置,在"Recording Options"的"Internet Protocol"选项里的"Recording"中选择"Recording Level"为"HTML-based script",单击"HTML Advanced",选择"script Type"为"A script containing explicit",然后选择使用"URL-based script"模式来录制脚本。

选择哪种模式录制,可以参考以下原则:

(1)基于浏览器的应用程序推荐使用HTML-based Script。
(2)不是基于浏览器的应用程序推荐使用URL-based Script。
(3)如果基于浏览器的应用程序中包含JavaScript并且该脚本向服务器发送请求,则使用URL-based Script模式录制。
(4)基于浏览器的应用程序中使用HTTPS安全协议,使用URL-based Script模式录制。

另外,选择"HTTP Properties"→"Advanced"选项,勾选"Support charset"→"UTF-8",可以预防录制脚本中的中文乱码问题,如图4-48所示。

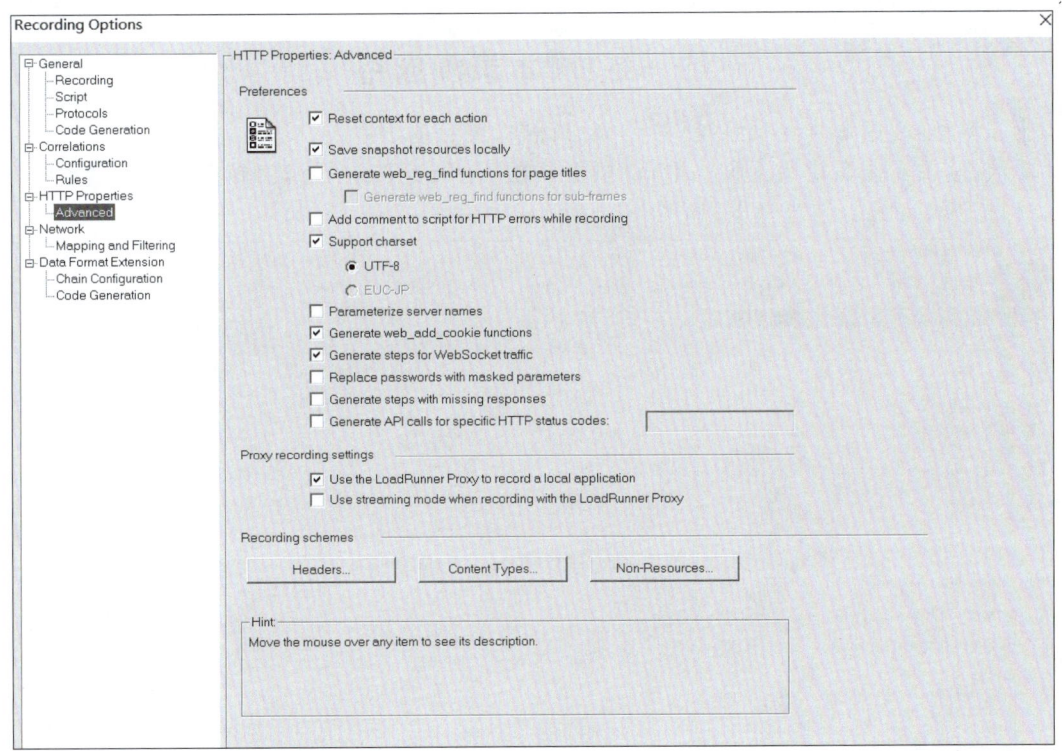

图4-48 中文设置

Recording Options 设置完成后返回"Start Recording"对话框。单击"Start Recording"按钮，弹出 Recording 工具栏。工具栏按钮依次为开始录制、停止录制、暂停录制、取消录制、脚本生成所在 Action、添加 Action、事务开始、事务结束、集合点、备注、文本检查点，如图 4-49 所示。

图 4-49　Recording 工具栏按钮

其中，文本检查点一般要求文字在当前页面中有一定代表性。常用函数有 web_reg_find()（目前用得比较多，在源码中查找）和 web_find()（在页面中查找）。一般在性能测试中，往往会直接在录制脚本过程中通过快捷键添加。

集合点使用函数 lr_renderzvous(<集合点名称>)，一般也是直接在录制脚本过程中添加比较多，而且集合点的添加要求只能是在 Action 动作中添加，不能在 init 或者 end 动作中添加。

VuGen 中的脚本分为三部分：vuser_init、vuser_end 和 Action。其中，vuser_init 和 user_end 都只能存在一个，不能再分割，而 Action 还可以分成多个部分。

注意： 在录制需要登录的系统时，我们把登录部分放到 vuser_init 中，把登录后的操作部分放到 Action 中，把注销关闭登录部分放到 vuser_end 中。如果需要在登录操作前设置集合点，那么登录操作也要放到 Action 中，因为 vuser_init 中不能添加集合点。在其他情况下，只要把操作部分放到 Action 中即可，在重复执行测试脚本时，vuser_init 和 vuser_end 中的内容只会执行一次，重复执行的只是 Action 中的部分。

VuGen
录制脚本

练一练：脚本录制应用

业务流程：使用账号登录系统，然后完成订票，最后退出系统。

要求：登录操作在初始化脚本中，订票操作在 Action 脚本中，退出操作在 end 脚本中。

(1) 打开 VuGen，创建脚本，如图 4-50 所示。

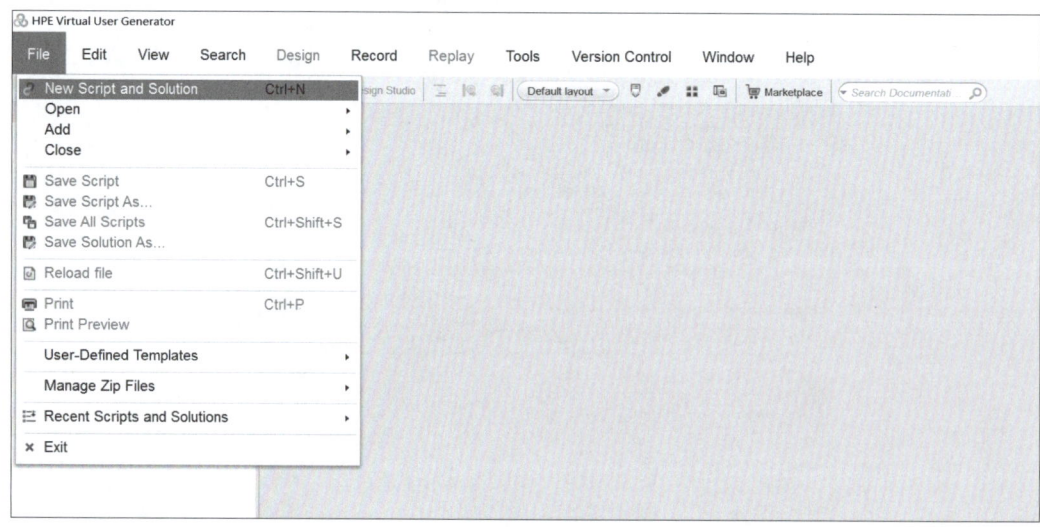

图 4-50　打开新建脚本页面

(2)新建测试脚本,设置脚本协议,这里选择单协议 HTTP/HTML 协议,如图 4-51 所示。

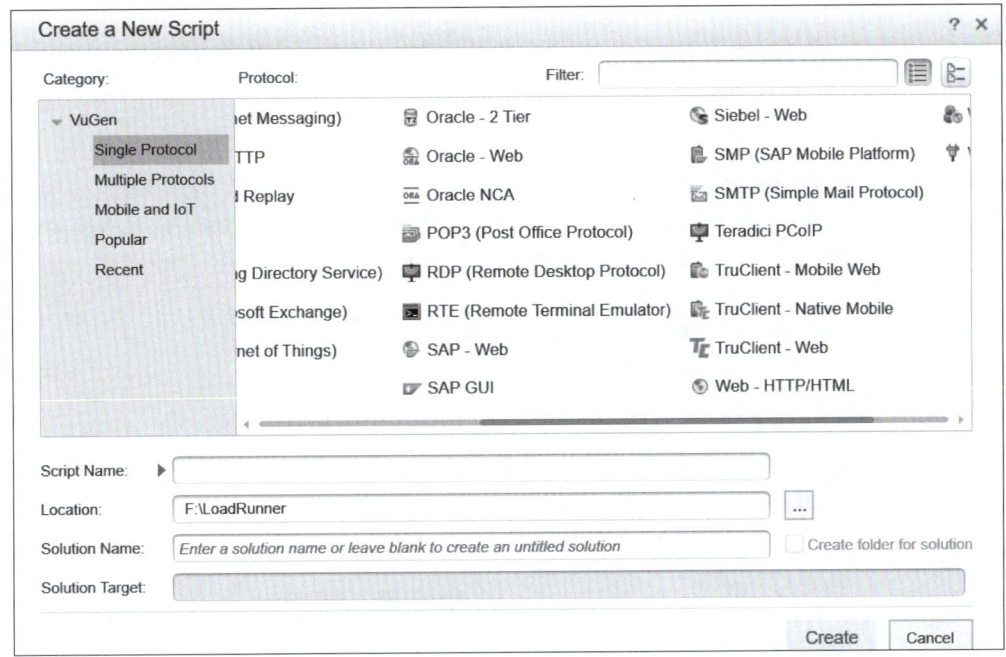

图 4-51　设置脚本协议

(3)在图 4-51 中,将脚本名称、存放位置设置好,解决方案和目标可以不设置。然后得到如图 4-52 所示页面。

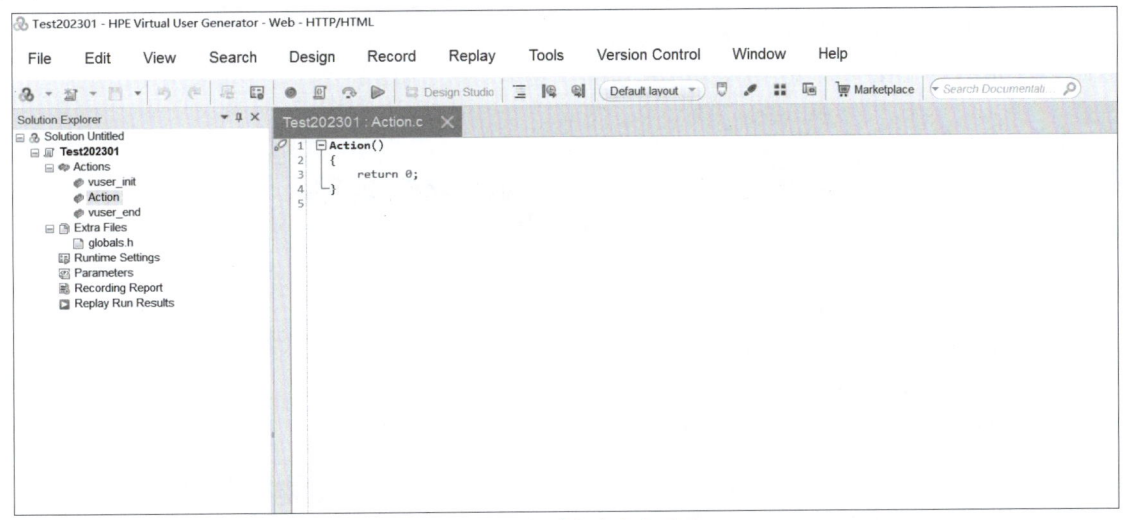

图 4-52　创建完成脚本页面

(4)根据题目要求,登录操作在初始化脚本中,订票操作在 Action 脚本中,退出操作在 end 脚本中。先打开左边菜单中的"vuser_init"页面,然后单击页面上的 ● 按钮或者使用快捷键【Ctrl+R】开始录制,得到如图 4-53 所示的录制脚本设置页面。

单击"Start Recording"按键后,弹出如图 4-54 所示页面。

图 4-54 中的图标从左往右依次表示为:录制、停止录制、暂停录制、取消录制、选择动作、添加动作、开始事务、结束事务、添加集合、添加提示信息和添加文本检查功能。

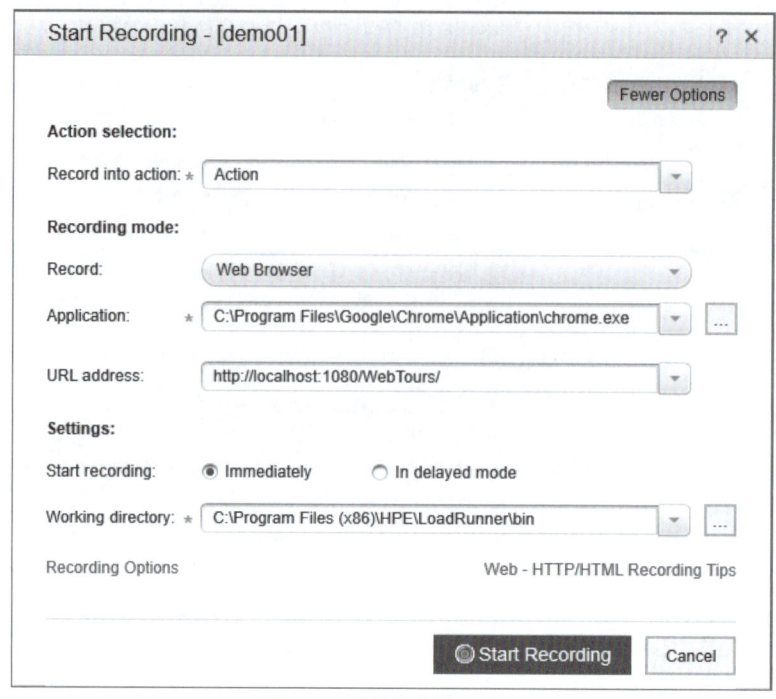

图 4-53　录制脚本设置页面

图 4-54　录制工具栏显示

在录制过程中,可以根据需要选择脚本录制在不同的动作中,也可以添加新的动作,如图 4-55 所示。

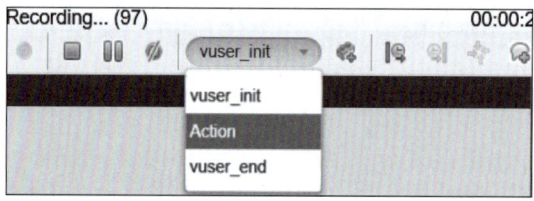

图 4-55　更新脚本录制所在动作

录制完成后,可以查看到一份录制报告,如图 4-56 所示。

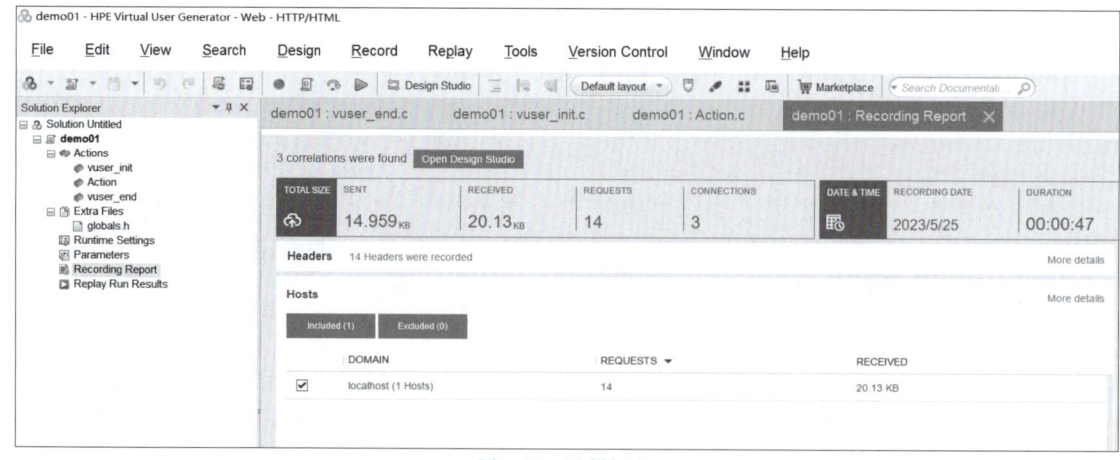

图 4-56　录制报告

录制脚本如下：

```
vuser_init()
{
    web_url("welcome.pl",
        "URL=http://localhost:1080/WebTours/welcome.pl?signOff=true",
        "Resource=0",
        "RecContentType=text/html",
        "Referer=http://localhost:1080/WebTours/",
        "Snapshot=t3.inf",
        "Mode=HTML",
        LAST);
    web_add_header("Origin",
        "http://localhost:1080");
    web_add_header("Sec-Fetch-User",
        "?1");
    web_submit_form("login.pl",
        "Snapshot=t4.inf",
        ITEMDATA,
        "Name=username", "Value=jojo", ENDITEM,
        "Name=password", "Value=bean", ENDITEM,
        LAST);
    return 0;
}
Action(){
    web_url("welcome.pl_2",
        "URL=http://localhost:1080/WebTours/welcome.pl?page=search",
        "Resource=0",
        "RecContentType=text/html",
        "Referer=http://localhost:1080/WebTours/nav.pl?page=menu&in=home",
        "Snapshot=t5.inf",
        "Mode=HTML",
        LAST);
    web_add_auto_header("Origin",
        "http://localhost:1080");
    lr_think_time(6);
    web_submit_form("reservations.pl",
        "Snapshot=t6.inf",
        ITEMDATA,
        "Name=depart", "Value=London", ENDITEM,
        "Name=departDate", "Value=05/26/2023", ENDITEM,
        "Name=arrive", "Value=Paris", ENDITEM,
        "Name=returnDate", "Value=05/27/2023", ENDITEM,
```

```
            "Name=numPassengers", "Value=1", ENDITEM,
            "Name=roundtrip", "Value=<OFF>", ENDITEM,
            "Name=seatPref", "Value=None", ENDITEM,
            "Name=seatType", "Value=Coach", ENDITEM,
            LAST);
    web_submit_form("reservations.pl_2",
            "Snapshot=t7.inf",
            ITEMDATA,
            "Name=outboundFlight", "Value=241;97;05/26/2023", ENDITEM,
            "Name=reserveFlights.x", "Value=73", ENDITEM,
            "Name=reserveFlights.y", "Value=11", ENDITEM,
            LAST);
    web_submit_form("reservations.pl_3",
            "Snapshot=t8.inf",
            ITEMDATA,
            "Name=firstName", "Value=Joseph", ENDITEM,
            "Name=lastName", "Value=Marshall", ENDITEM,
            "Name=address1", "Value=234 Willow Drive", ENDITEM,
            "Name=address2", "Value=San Jose/CA/94085", ENDITEM,
            "Name=pass1", "Value=Joseph Marshall", ENDITEM,
            "Name=creditCard", "Value=", ENDITEM,
            "Name=expDate", "Value=", ENDITEM,
            "Name=saveCC", "Value=<OFF>", ENDITEM,
            LAST);
    return 0;
}

vuser_end()
{
    web_url("welcome.pl_3",
            "URL=http://localhost:1080/WebTours/welcome.pl?signOff=1",
            "Resource=0",
            "RecContentType=text/html",
            "Referer=http://localhost:1080/WebTours/nav.pl?page=menu&in=flights",
            "Snapshot=t9.inf",
            "Mode=HTML",
            LAST);
    return 0;
}
```

录制结束后,也可以对录制脚本进行回放,验证脚本执行的正确性。这里可以通过回放监视器查看整个脚本执行过程,回放监视器在"Tools"菜单中选择,如图4-57所示。

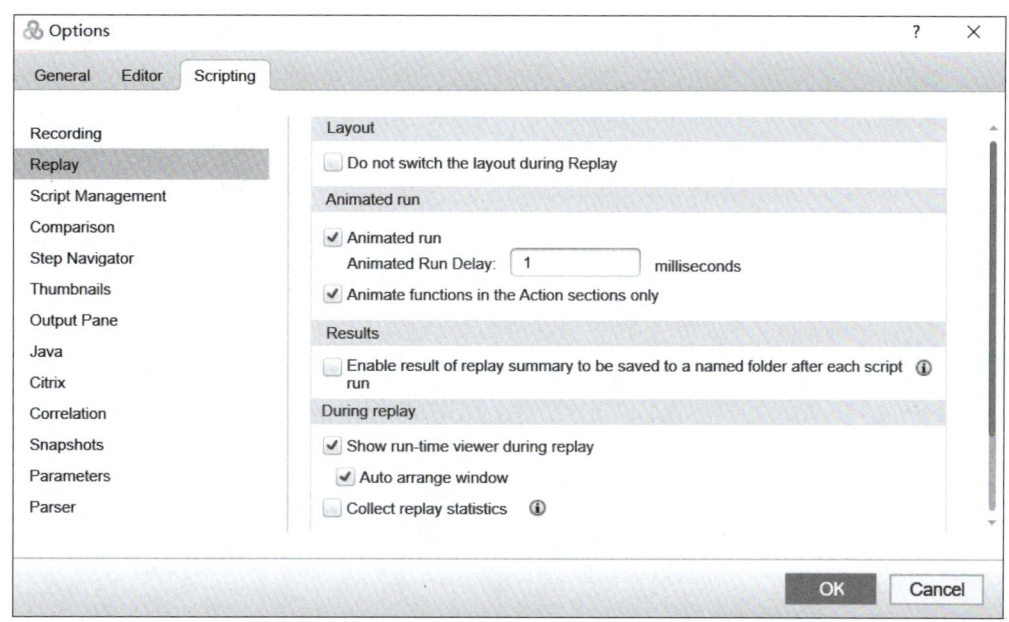

图 4-57 设置回放监视器

选择"Tools"→"Options"→"Scripting"→"Replay"→"During replay"下面的"Show runtime viewer during replay",然后单击"Replay"功能菜单或者按"F5"键后,可以得到如图 4-58 所示的回放监视器,回放刚刚脚本的录制执行过程。

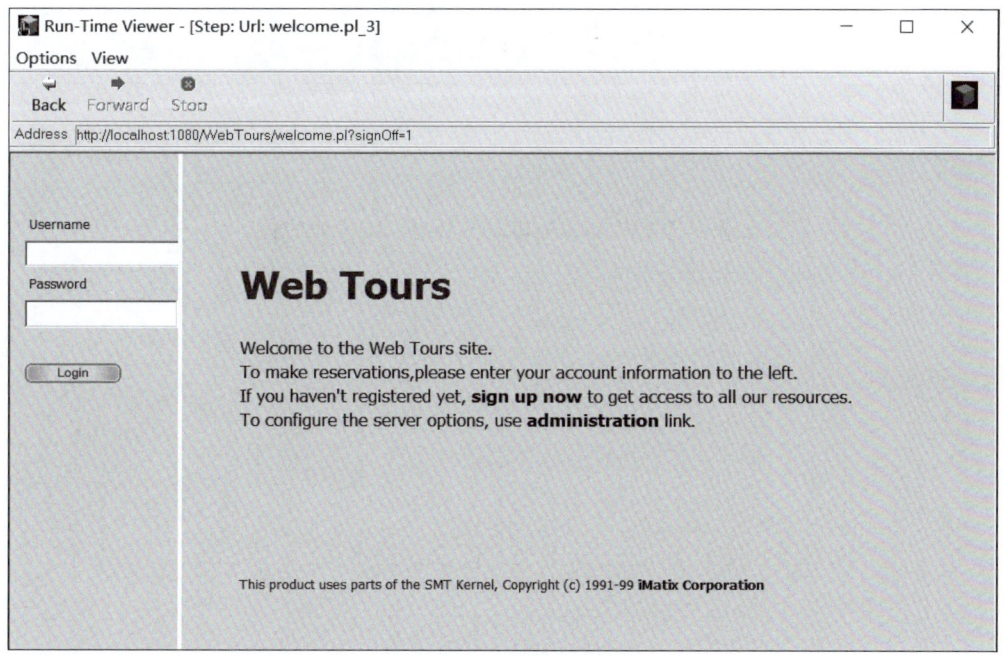

图 4-58 回放监视器

注意:

在使用 LoadRunner 12.55 录制脚本时,有可能出现脚本为空或者谷歌浏览器为空的情况,可以通过以下两种方式解决。

① 找到"Record"→"Recording Options"→"Http Properties"→"Advanced"→"Proxy recording Settings",勾选"Use LoadRunner Proxy to record a local application",如图 4-59 所

示。如果还不行,可以考虑在该页面左侧菜单中选择"Network"→"Mapping and Filtering"→"Capture level",选择"Socket lever and WinINet level data"如图 4-60 所示,并且单击"Options",设置 SSL 协议为 TLS 1.2,如图 4-61 所示。

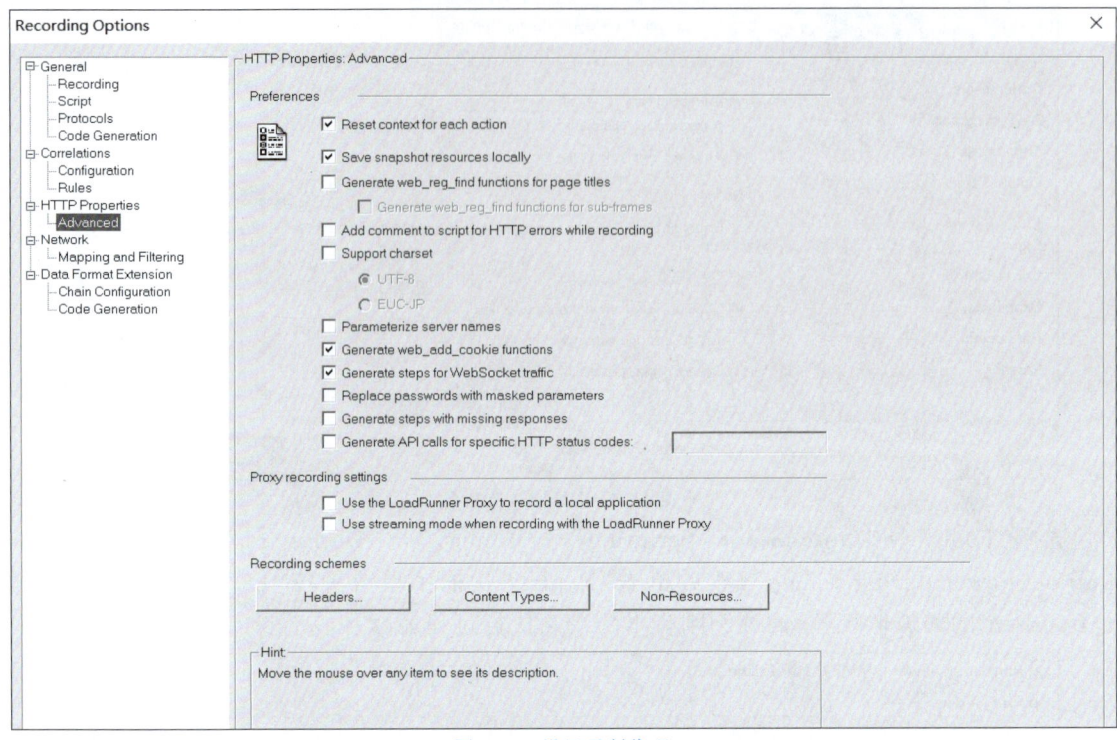

图 4-59　设置录制代理

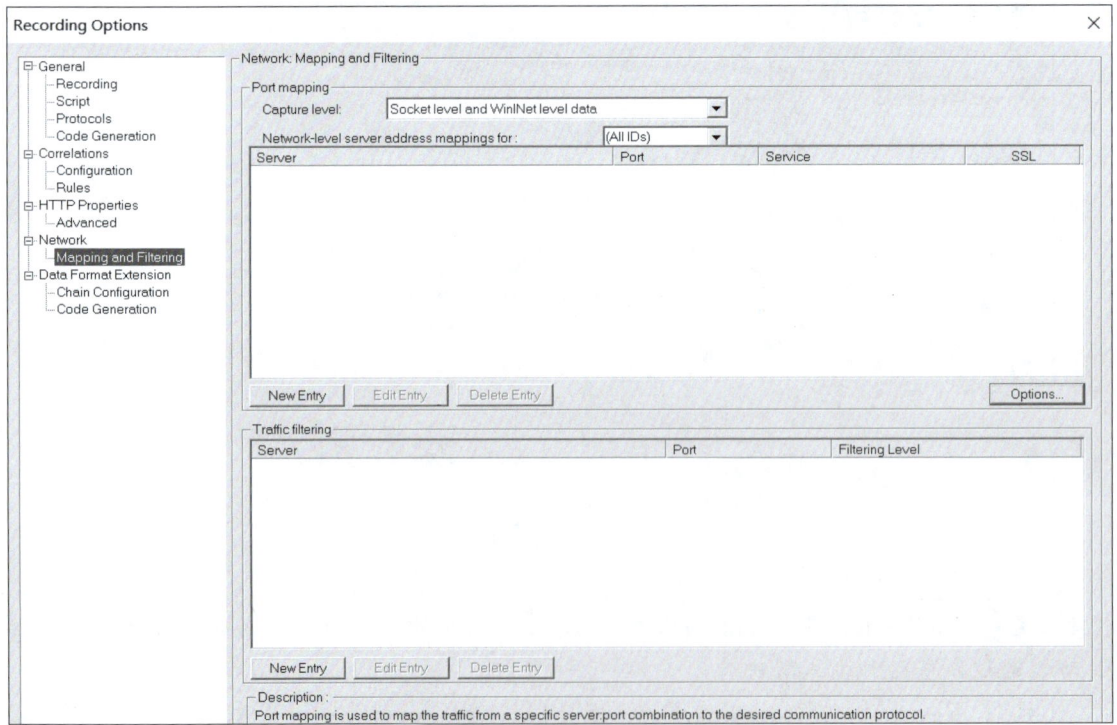

图 4-60　设置捕获级别

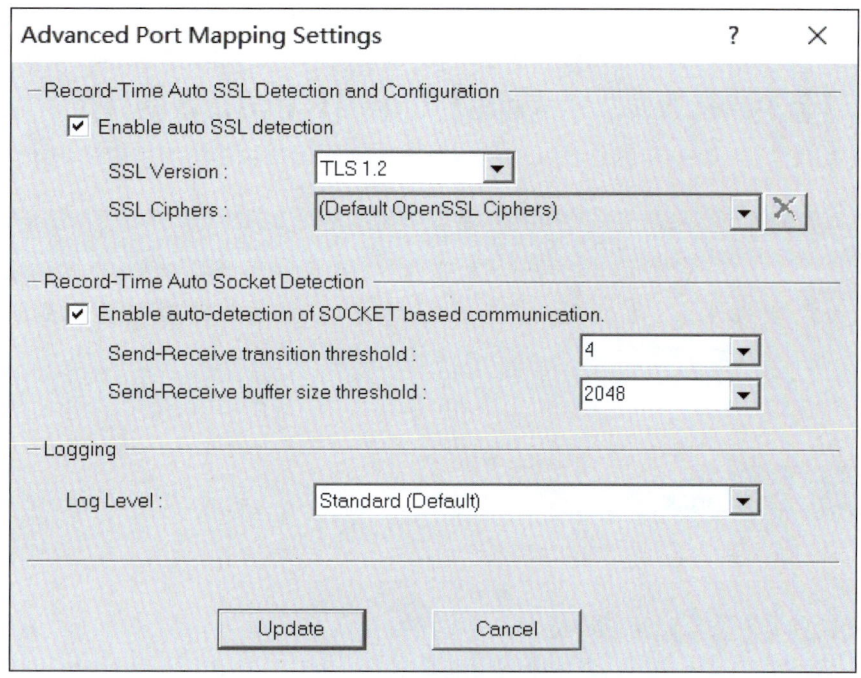

图 4-61　设置 SSL 协议版本

②如果按照第一种方法 LoadRunner 代理录制无法解决,可以直接使用 Fiddler 代理。这种方法能解决大部分 LoadRunner 出现的问题。

只需要打开 Fiddler 捕获页面,如图 4-62 所示,然后打开 LoadRunner 正常录制即可。这里不再赘述 Fiddler 安装,下载 Fiddler 解压即可使用。

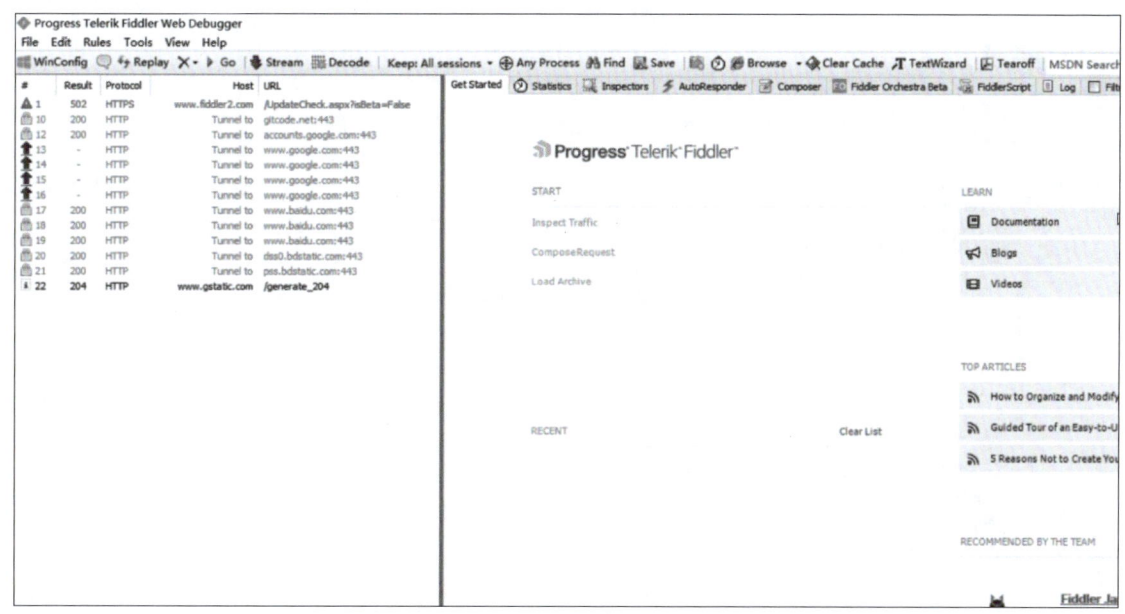

图 4-62　Fiddler 打开页面

任务 4.5　编辑 LoadRunner 脚本

任务描述　LoadRunner 实现脚本录制后，往往不能直接应用，常常需要进行参数化设置。本任务主要讲解如何实现参数化设置、迭代的设置，完成脚本的编辑。

知识链接

VuGen编辑
录制脚本01
（事务和迭代）

知识点　编辑脚本

（1）添加事务

方式1：录制脚本时，直接使用录制工具添加（针对录制之前已明确知道在何处新增事务）。

方式2：在录制好的脚本中，根据需求在对应位置手动编写事务代码。

方式3：在录制好的脚本中，使用可视化界面工具箱添加对应位置上的事务（在不记得脚本方法全称时较为方便）。如图4-63所示，单击菜单"View"→"Steps Toolbox"，在页面右侧可以看到。

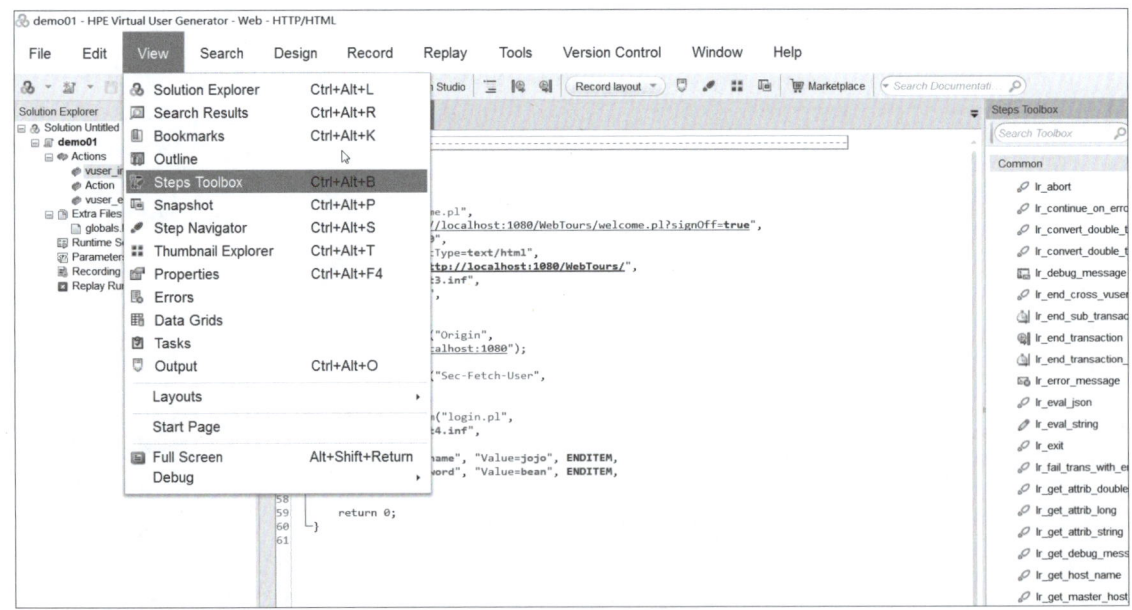

图 4-63　打开工具箱快捷方式步骤

注意事项：事务的插入应该在同一个 Action 中，不可以跨 Action 动作。

目前我们主要学习的是单一动作中添加单个事务。

(2) 迭代

脚本执行的迭代，只是 Action 动作的迭代，init 和 end 操作是只执行一次的。

如图 4-64 所示，可以设置迭代的次数。在左侧菜单中选择"Runtime Settings"，然后在右侧页面中设置迭代次数即可。此时默认迭代是按顺序进行的。

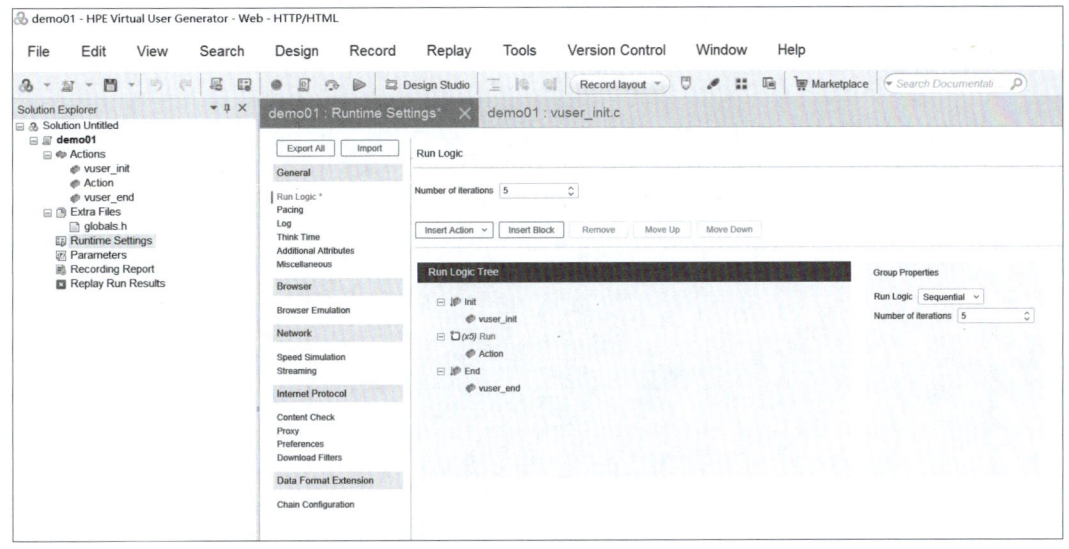

图 4-64　脚本迭代设置

(3) 参数化设置

脚本中设置参数的方法：在左侧菜单中选择"Parameters"，然后单击"New"按钮，打开如图 4-65 所示页面。新建参数时，可以修改参数名称，对应 File Path 中的文件名也会随之发生变化。

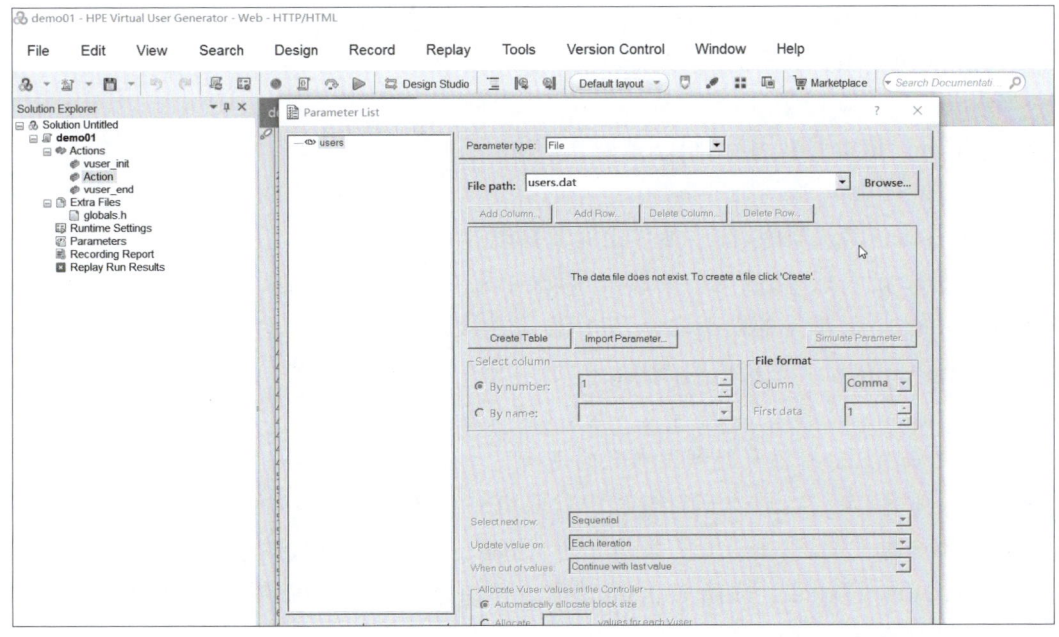

图 4-65　脚本参数化设置

第一次创建参数时,会提示创建表格,单击"Create Table"按钮可得到对应参数信息,如图 4-66 所示,然后可以对参数进行相应操作。

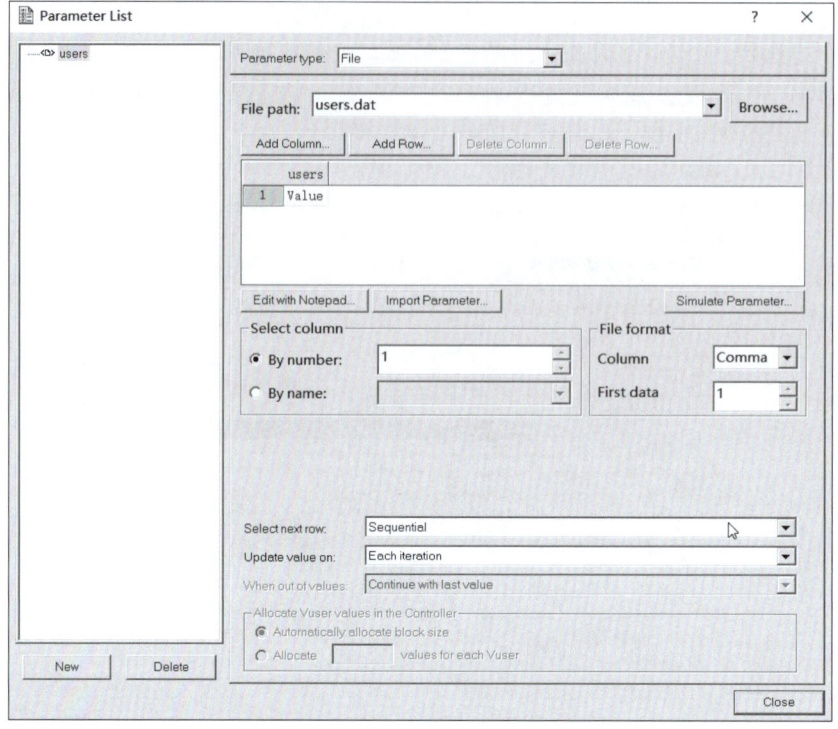

图 4-66　参数具体设置

①Add Column:添加列。

②Add Row:添加行。

③Edit Notepad:在记事本中编辑。

④Import Parameter:导入参数。

⑤Select column:执行选择列的顺序。

- By number:依据序号,默认从 1 开始。
- By name:依据参数名称,也就是列名。

⑥Select next row:选择行的顺序。

- Sequential:默认顺序,按照参数化的数据顺序,从上往下一个一个来取。
- Random:随机取,参数化中的数据,每次随机地从中抽取数据。
- Unique:唯一,唯一的向下取值,只能被用一次。

⑦Update value on:更新值的方式。

- Each iteration:默认,每次迭代时取值(最常用)。
- Each occurrence:每次遇到该参数时取值。
- Once:取值仅一次,脚本运行过程中只取值一次的意思是:一次选择,终身不变。第一次取值后就不会再改变了,不管是否发生了迭代,也不管迭代了多少次。

⑧When out of values:选择 Unique 才需要考虑这个选项,数据不足时处理情况,表示取值越界后的处理方式。

- Abort Vuser：放弃虚拟用户，不再取值。
- Continue in a cyclic manner：以循环的方式继续，当参数化文件中的值取完最后一个后，又从参数化文件的第一行开始取值。
- Continue with last value：当参数化文件中的值取完最后一个后，持续最后一个值。

先不考虑"When out of values"和"Allocate Vuser values in the Controller"，那就是有 9 种取值方式（以用户名参数 user 为例，其数据参数列表为：jojo、test01、test02、test03、test04、test05、test06、test07、test08、test09，迭代次数设置为 10 次）：

①Sequential＋Each Iteration

脚本会执行 10 次，每次迭代会按数据列表顺序取值，每一次迭代中出现的参数 user 的值是当前第一次参数替换的值。第 1 次迭代均为 jojo；第 2 次是 test01，以此类推。

②Sequential＋Each Occurrence

脚本执行 10 次，每次迭代中出现参数 user，顺序取值一次，第 1 次迭代中出现 3 次 user，则 user 取值为 jojo、test 01、test 02，等到取值到 test 09，下次会从第一个数顺序取值。

③Sequential＋Once

脚本执行 10 次，user 只取值一次，每次出现的 user 替换参数值都是 jojo。

④Random＋Each Iteration

脚本执行 10 次，数据表中的数据随机取。例如，第一次迭代取值 test 05，则这次迭代中出现参数 user 的地方用 test 05 替代。

⑤Random＋Each Occurrence

脚本执行 10 次，数据表中的数据随机取，迭代过程中只要出现参数 user 的地方就随机取值一次。第 1 次迭代出现 3 次 user，则随机取值可能为 test 07、jojo、test 04。

⑥Random＋Once

脚本执行 10，数据表中数据随机取值，参数 user 只取值一次，10 次迭代过程中出现参数 user 的地方都是用随机取值（如 test 06）替代。

⑦Unique＋Each Iteration

每个用户对应一次数据，当迭代次数超过用户数据量，根据设置情况处理，如图 4-67 所示。

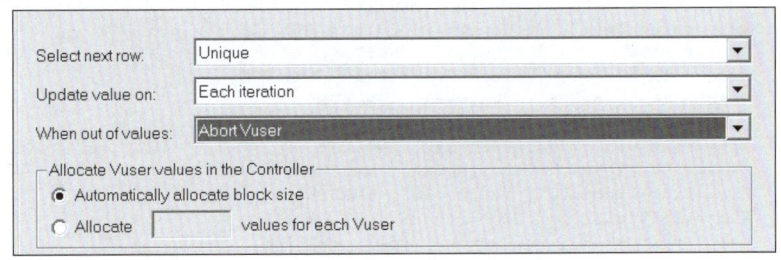

图 4-67　Unique＋Each Iteration 参数设置

每次迭代出现的参数 user 用当前取值替代。

⑧Unique＋Each Iteration

当前有 9 条数据，每出现一次参数 user，只能用一个数值替代。9 条数据取完之后根据设置超出值处理。每次迭代出现 3 次 user，则第 4 次迭代无数据可取，根据超出时的设置处理后面的情况。此方式只能由执行者决定每个 user 值分配块的大小，如图 4-68 所示。

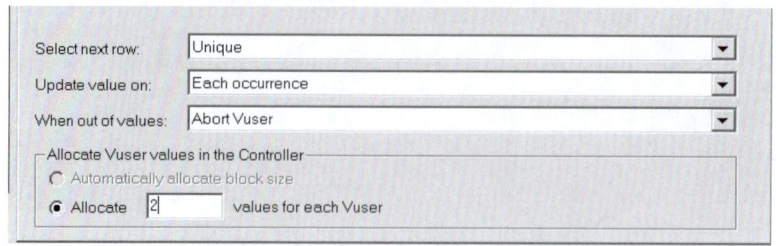

图 4-68　Unique＋Each Iteration 参数设置

⑨Unique＋Once

参数 user 只取值一次，所有的出现参数 user 都用 jojo 替换，当前脚本可执行 10 次，设置如图 4-69 所示。

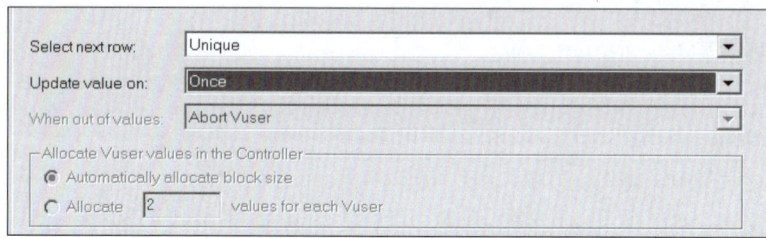

图 4-69　Unique＋Once 参数设置

VuGen编辑
录制脚本02
（一个参数）

1．一个参数的替换

在之前录制的脚本中，查看 Action 脚本。如图 4-70 所示，替换 depart 的 Value 值。

```
web_submit_data("reservations.pl",
    "Action=http://localhost:1080/WebTours/reservations.pl",
    "Method=POST",
    "TargetFrame=",
    "RecContentType=text/html",
    "Referer=http://localhost:1080/WebTours/reservations.pl?page=welcome",
    "Snapshot=t11.inf",
    "Mode=HTML",
    ITEMDATA,
    "Name=advanceDiscount", "Value=0", ENDITEM,
    "Name=depart", "Value=Paris", ENDITEM,
    "Name=departDate", "Value=05/26/2023", ENDITEM,
    "Name=arrive", "Value=London", ENDITEM,
    "Name=returnDate", "Value=05/27/2023", ENDITEM,
    "Name=numPassengers", "Value=1", ENDITEM,
    "Name=seatPref", "Value=None", ENDITEM,
    "Name=seatType", "Value=First", ENDITEM,
    "Name=findFlights.x", "Value=64", ENDITEM,
    "Name=findFlights.y", "Value=10", ENDITEM,
    "Name=.cgifields", "Value=roundtrip", ENDITEM,
    "Name=.cgifields", "Value=seatType", ENDITEM,
    "Name=.cgifields", "Value=seatPref", ENDITEM,
    LAST);
```

图 4-70　待替换参数代码

可以选中这个参数后右击，选择"Replace with Parameter"命令，如图 4-71 所示。

选择"Create New Parameter"命令打开如图 4-72 所示页面。

这里可以直接修改参数名称，然后单击"Properties"按钮进入参数设置页面，或者后期再选择参数化菜单进入参数设置页面，如图 4-73 所示。

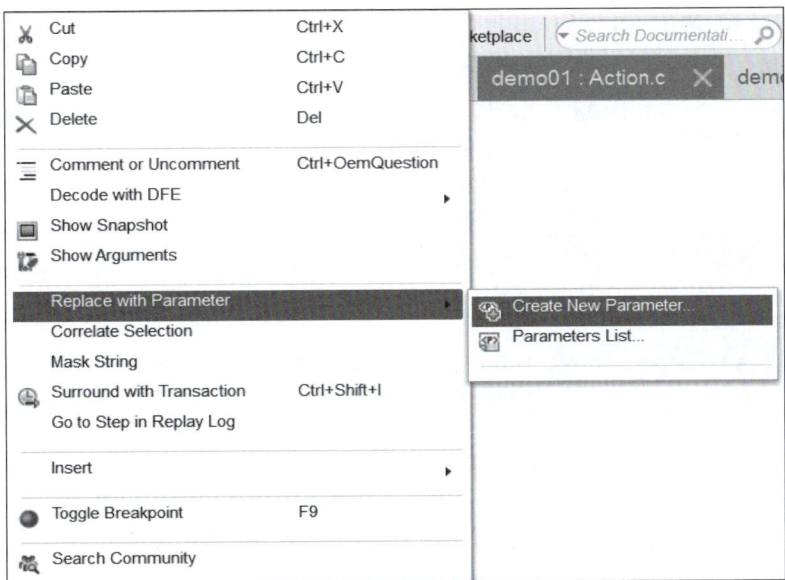

图 4-71　参数替换操作

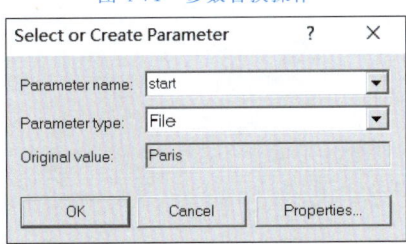

图 4-72　创建参数

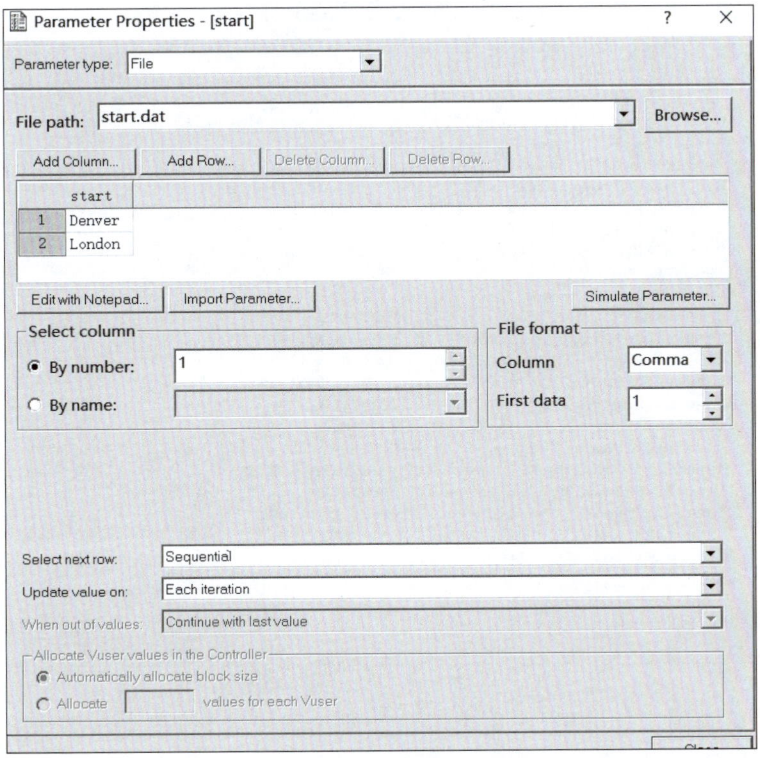

图 4-73　参数相关属性设置

这里设置参数有两个值,完成后,弹出如图 4-74 所示的参数替换确认的对话框。

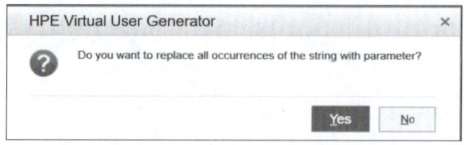

图 4-74　参数替换确认对话框

单击"Yes"按钮替换参数,然后选择左侧菜单"Runtime Settings",设置迭代次数为 2,如图 4-75 所示。

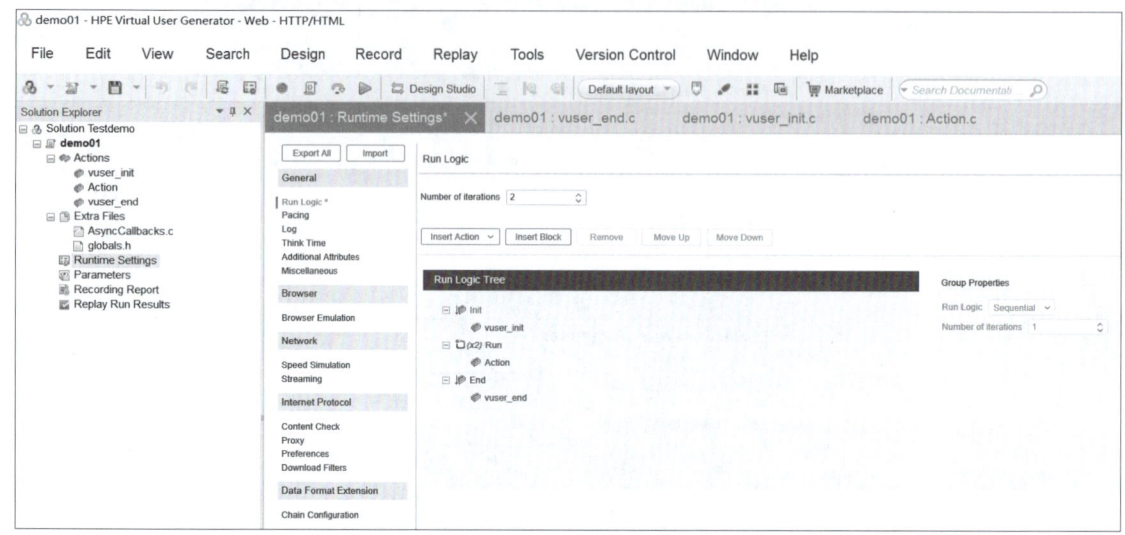

图 4-75　迭代次数参数设置

为了查看参数替换是否成功,可以在测试代码部分添加语句"lr_output_message(lr_eval_string("{start}"));",如图 4-76 所示。

```
web_submit_data("reservations.pl",
    "Action=http://localhost:1080/WebTours/reservations.pl",
    "Method=POST",
    "TargetFrame=",
    "RecContentType=text/html",
    "Referer=http://localhost:1080/WebTours/reservations.pl?page=welcome",
    "Snapshot=t11.inf",
    "Mode=HTML",
    ITEMDATA,
    "Name=advanceDiscount", "Value=0", ENDITEM,
    "Name=depart", "Value={start}", ENDITEM,
    "Name=departDate", "Value=05/26/2023", ENDITEM,
    "Name=arrive", "Value=London", ENDITEM,
    "Name=returnDate", "Value=05/27/2023", ENDITEM,
    "Name=numPassengers", "Value=1", ENDITEM,
    "Name=seatPref", "Value=None", ENDITEM,
    "Name=seatType", "Value=First", ENDITEM,
    "Name=findFlights.x", "Value=64", ENDITEM,
    "Name=findFlights.y", "Value=10", ENDITEM,
    "Name=.cgifields", "Value=roundtrip", ENDITEM,
    "Name=.cgifields", "Value=seatType", ENDITEM,
    "Name=.cgifields", "Value=seatPref", ENDITEM,
    LAST);

/* 查看参数替换效果 */
lr_output_message(lr_eval_string("{start}"));
```

图 4-76　添加代码测试参数替换结果

回放代码可以看到运行结果,这里表示参数化迭代成功,如图 4-77 所示。可以看到在第一次迭代得到值"Denver";第二次迭代得到值"London"。

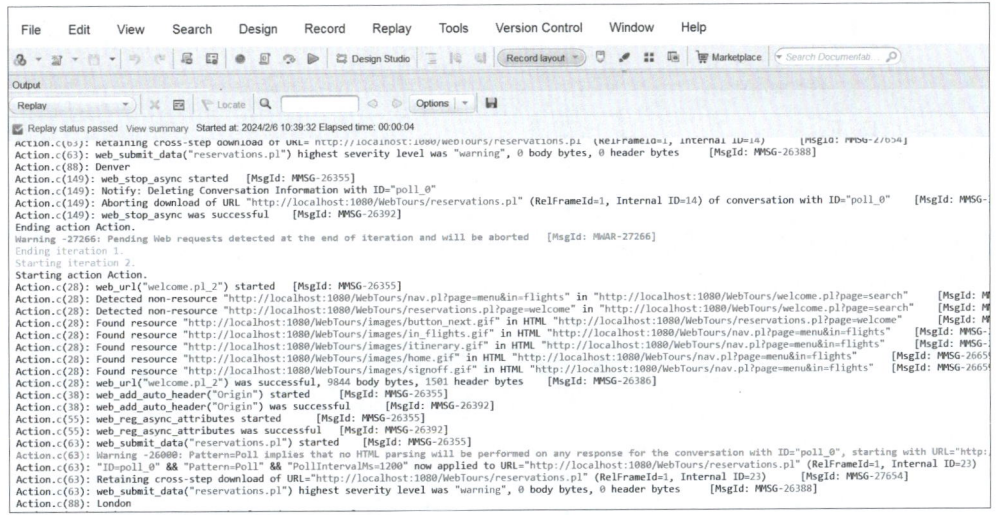

图 4-77 回放查看参数值

注意：如果脚本是在 fiddler 代理情况下录制完成，那么回放时需要设置：

Replay→RunTime Setting→Proxy，勾选 No Proxy。否则脚本回放会报错"Failed to connect to server"127.0.0.1:8888":[10061] Connection refused"。

2. 两个参数的替换

如果在登录操作中，迭代使用不同的用户名和密码，该如何设置？

这里因为要迭代用户名和密码实现登录操作，所以需要将登录操作录制到 Action 动作中，然后实现登录的迭代。

VuGen编辑
录制脚本03
（两个参数）

（1）录制脚本如下：

```
login()
{
    web_url("welcome.pl",
        "URL=http://localhost:1080/WebTours/welcome.pl?signOff=true",
        "TargetFrame=",
        "Resource=0",
        "RecContentType=text/html",
        "Referer=http://localhost:1080/WebTours/",
        "Snapshot=t1.inf",
        "Mode=HTML",
        LAST);
    web_add_header("Origin",
        "http://localhost:1080");
    web_add_header("Sec-Fetch-User",
        "? 1");
    lr_think_time(11);
    web_submit_data("login.pl",
        "Action=http://localhost:1080/WebTours/login.pl",
        "Method=POST",
        "TargetFrame=body",
        "RecContentType=text/html",
```

```
            "Referer=http://localhost:1080/WebTours/nav.pl? in=home",
            "Snapshot=t2.inf",
            "Mode=HTML",
            ITEMDATA,
            "Name=userSession", "Value=136494.457189145HAcAQDDpztVzzzzHtcVcfpzAVif", ENDITEM,
            "Name=username", "Value=joe", ENDITEM,
            "Name=password", "Value=young", ENDITEM,
            "Name=login.x", "Value=54", ENDITEM,
            "Name=login.y", "Value=7", ENDITEM,
            "Name=JSFormSubmit", "Value=off", ENDITEM,
            LAST);

        return 0;
}
```

(2)参数设置

首先设置用户名和密码的参数文件,其中包括两列,分别表示用户名和密码,如图 4-78 所示,并设置迭代更新值方式,选择列从第 1 列开始,并选择按顺序迭代更新参数值。

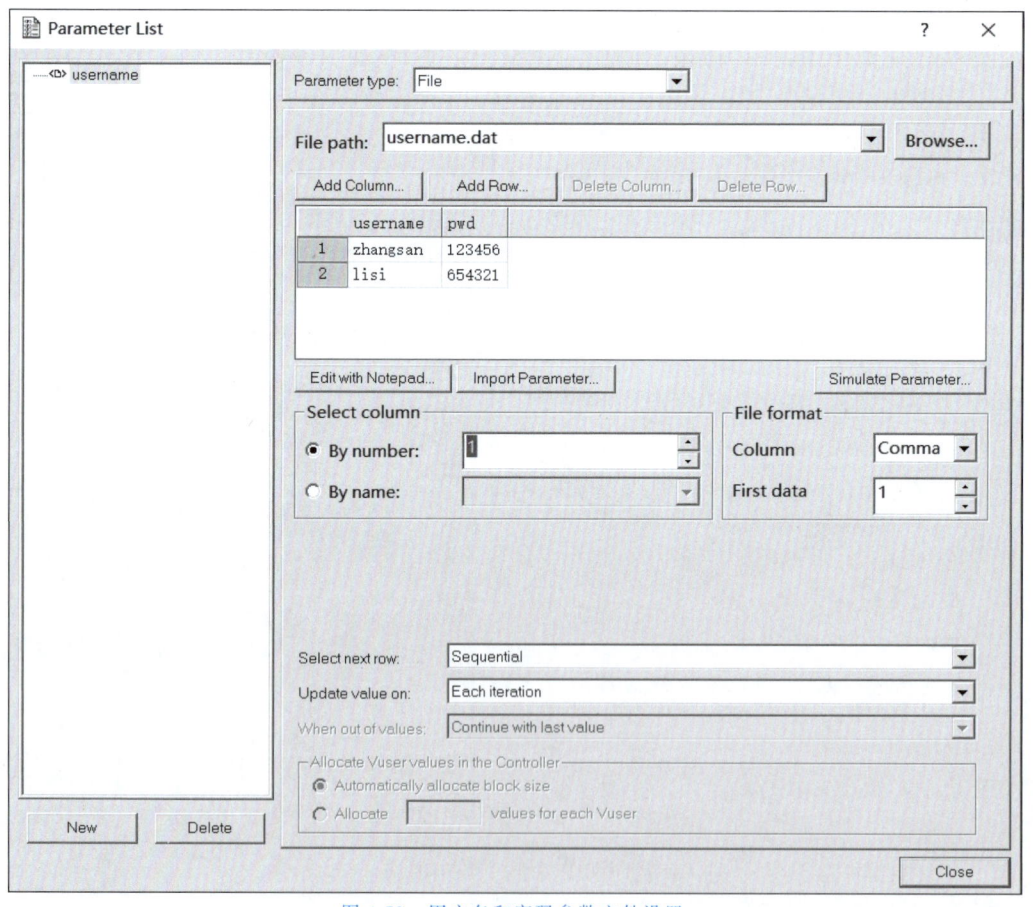

图 4-78　用户名和密码参数文件设置

然后定义并设置第二个参数 pass，该参数值也来源于刚才定义的 username.dat 文件。如图 4-79 所示，设置迭代更新值方式，选择列从第 2 列开始，并选择与 username 同步换行更新参数值"Same line as username"。

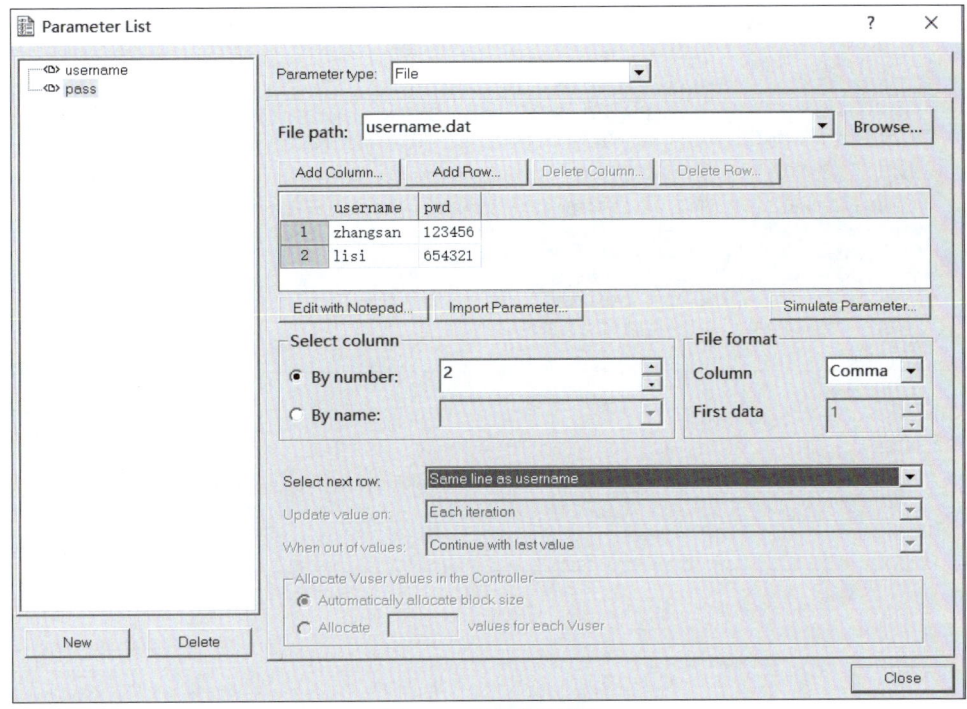

图 4-79　密码参数设置

（3）参数替换

进入脚本页面，然后选择要替换的用户名位置后右击，如图 4-80 所示，在弹出的菜单中选择"Replace with Parameter"后，将出现刚才定义好的参数名称，可以直接选择要替换的参数名称。

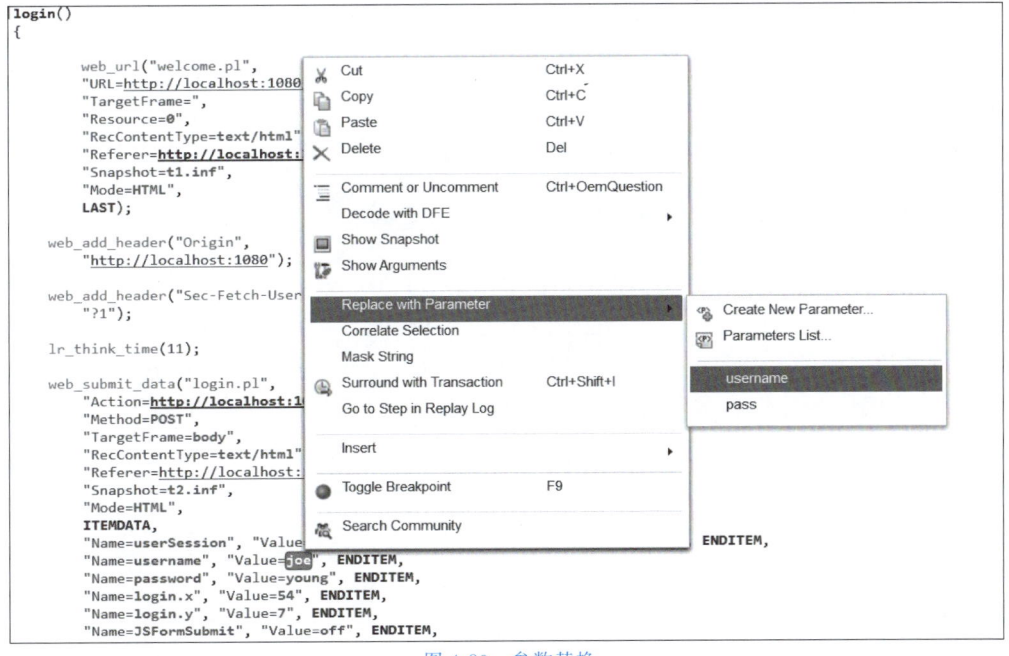

图 4-80　参数替换

根据实际情况，替换用户名和密码的参数值，然后得到如图 4-81 所示脚本。可以发现刚才的用户名和密码都替换为了参数获取值{username}和{pass}。

```
web_submit_data("login.pl",
    "Action=http://localhost:1080/WebTours/login.pl",
    "Method=POST",
    "TargetFrame=body",
    "RecContentType=text/html",
    "Referer=http://localhost:1080/WebTours/nav.pl?in=home",
    "Snapshot=t2.inf",
    "Mode=HTML",
    ITEMDATA,
    "Name=userSession", "Value=136494.457189145HAcAQDDpztVzzzzHtcVcfpzAVif", ENDITEM,
    "Name=username", "Value={username}", ENDITEM,
    "Name=password", "Value={pass}", ENDITEM,
    "Name=login.x", "Value=54", ENDITEM,
    "Name=login.y", "Value=7", ENDITEM,
    "Name=JSFormSubmit", "Value=off", ENDITEM,
    LAST);
```

图 4-81　参数替换完成

（4）设置迭代

这里设置迭代次数为 2。在窗口左侧菜单中选择"Runtime Settings"设置迭代次数，如图 4-82 所示。

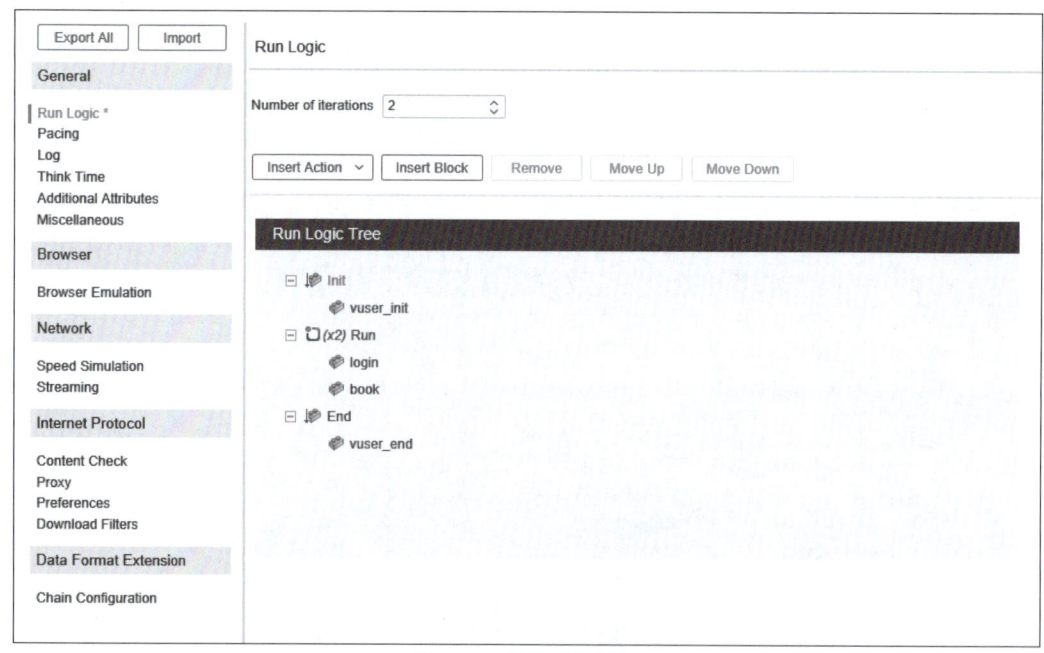

图 4-82　设置迭代次数

（5）添加测试代码并查看参数替换迭代结果

在 Action 脚本中，添加如下语句，查看参数化是否正确，如图 4-83 所示。

```
/*  查看参数迭代效果*/
lr_log_message("用户名是:     %s",lr_eval_string("{username}"));
lr_log_message("密码是:       %s",lr_eval_string("{pass}"));
```

图 4-83　测试代码

添加完测试代码后,选择回放脚本,可以在脚本回放视图中看到迭代运行结果,如图 4-84 所示。

```
Running Vuser...
Starting iteration 1.
Maximum number of concurrent connections per server: 6      [MsgId: MMSG-26989]
Starting action login.
login.c(4): web_url("welcome.pl") started    [MsgId: MMSG-26355]
login.c(4): Detected non-resource "http://localhost:1080/WebTours/nav.pl?in=home" in "http://localhos
login.c(4): Detected non-resource "http://localhost:1080/WebTours/home.html" in "http://localhost:108
login.c(4): Found resource "http://localhost:1080/WebTours/images/mer_login.gif" in HTML "http://loca
login.c(4): web_url("welcome.pl") was successful, 4022 body bytes, 906 header bytes    [MsgId: MMSG-
login.c(14): web_add_header("Origin") started    [MsgId: MMSG-26355]
login.c(14): web_add_header("Origin") was successful    [MsgId: MMSG-26392]
login.c(17): web_add_header("Sec-Fetch-User") started    [MsgId: MMSG-26355]
login.c(17): web_add_header("Sec-Fetch-User") was successful    [MsgId: MMSG-26392]
login.c(22): web_submit_data("login.pl") started    [MsgId: MMSG-26355]
login.c(22): web_submit_data("login.pl") was successful, 795 body bytes, 225 header bytes    [MsgId: M
用户名是:    zhangsan
密码是:      123456
Ending action login.
```

图 4-84　参数迭代运行结果

任务 4.6　使用 Controller

Controller
场景设计

任务描述　前面使用 VuGen 录制了一个预订机票的脚本,Controller 设计就是为了对录制编辑完成的脚本设计测试模拟环境,以便完成对性能测试有关指标的测试。本任务就是讲解如何使用 Controller 设计、执行场景的过程。

 知识链接

 知识点　Controller 使用

Controller 用于创建和控制 LoadRunner 场景,场景负责定义每次测试中发生的事件,包括模拟的用户数、用户执行的操作以及测试要监控的性能指标等。

1. 场景设计说明

双击打开 Controller 工具,之后 Controller 会弹出"New Scenario"对话框用于选择场景类型和脚本,如图 4-85 所示。

在图 4-85 所示界面中,有以下两种场景类型可以选择:

(1)Manual Scenario:手动场景,所有的选项都需要用户手动配置,比较灵活,但相对来说也比较复杂。默认的手动场景是为每个脚本分配固定数量的虚拟用户,但如果勾选了下面的复选框,则只有一个总的虚拟用户数量,按百分比模式在脚本之间分发虚拟用户。

119

（2）Goal-Oriented Scenario：基于目标的测试场景，在这个场景中，用户只需要输入期望达到的性能目标，LoadRunner 会自动设计场景完成测试。这种方式使用起来比较简单，但是灵活性较差。

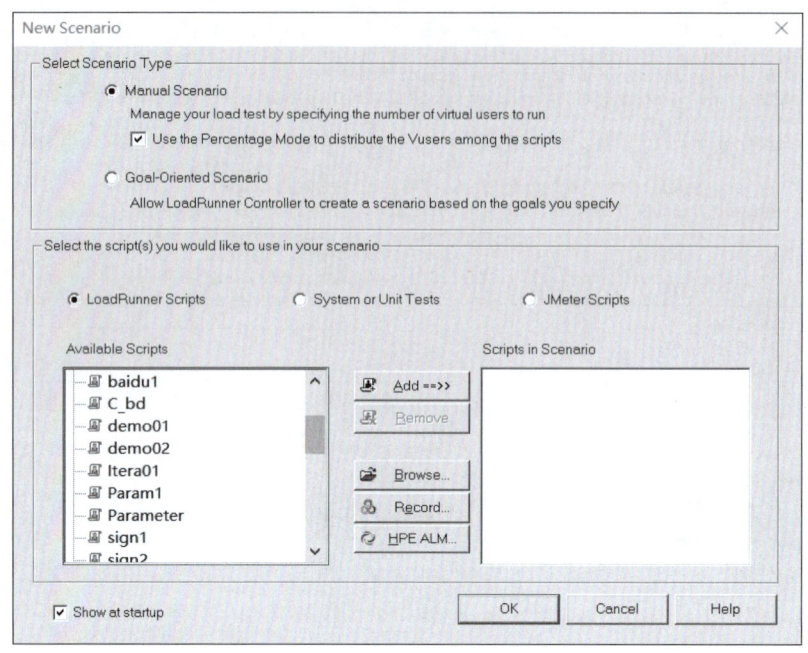

图 4-85　New Scenario 对话框

本次测试采取手动场景。选择好测试场景后，在"Available Scripts"中选择之前录制的脚本，单击"Add"按钮添加到场景中，然后单击"OK"按钮进入 Controller 主界面，如图 4-86 所示。

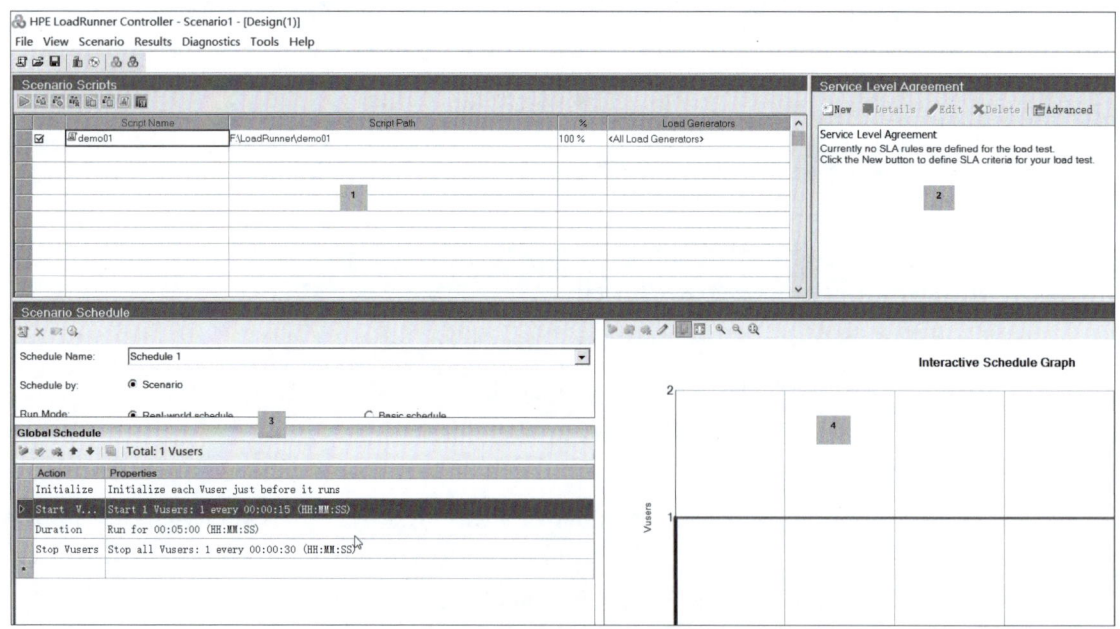

图 4-86　Controller 主界面

Controller 主界面可以分为以下 4 个部分：

第 1 部分：Scenario Scripts（场景脚本），在这里可以设置要运行的脚本，并按照百分比模式将虚拟用户分配给不同的脚本。

第 2 部分：Service Level Agreement（脚本协议），该部分用于展示服务所使用的一些协议。

第 3 部分：Scenario Schedule（场景设计），这一部分是场景的主要配置部分，虚拟用户的数量及工作方式等都要在这一部分进行设置。

第 4 部分：这一部分属于 Scenario Schedule，用于显示方案的总体设计情况。

在设计负载测试场景时，由于只运行 demo01 一个脚本，将所有虚拟用户都分配给该脚本，因此在 Scenario Scripts 配置中，demo01 脚本的虚拟用户百分比为 100%。

设置完场景脚本之后还需要设置虚拟用户数量及用户工作方式等，这些场景在第 3 部分的 Global Schedule 表格中进行设置。

图 4-86 所示的第 3 部分的第 1 行用于设置虚拟用户的初始化方式。选中第 1 行，单击"Edit Action"按钮会弹出"用户初始化方式"对话框，如图 4-87 所示。

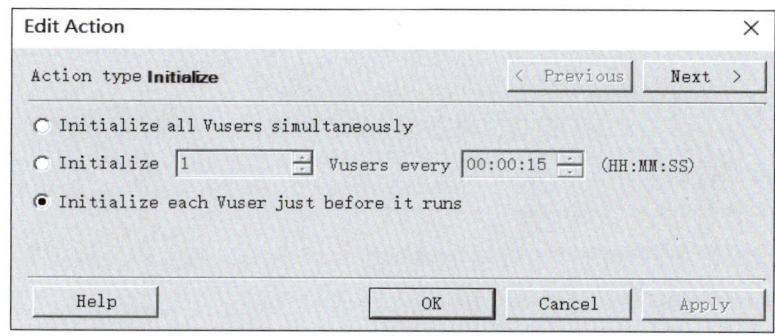

图 4-87　用户初始化方式对话框

在图 4-87 所示界面中，用户的初始化方式有以下 3 种：

（1）Initialize all Vusers simultaneously：同时初始化所有用户。

（2）Initialize * Vusers every *（HH:MM:SS）：按时间间隔初始化一定数量的用户。

（3）Initialize each Vuser just before it runs：一个用户一个用户地初始化。

在图 4-87 所示界面中勾选第 3 个单选按钮，即选择一个用户一个用户的初始化方式，然后单击"OK"按钮完成设置。

图 4-86 所示的第 3 部分的第 2 行用于设置虚拟用户数量及虚拟用户的启动方式。选中第 2 行，单击"Edit Action"按钮或者双击该行会弹出"启动虚拟用户"对话框；或者在图 4-87 所示界面中单击右上角的"Next"按钮，也会弹出"启动虚拟用户"对话框，如图 4-88 所示。

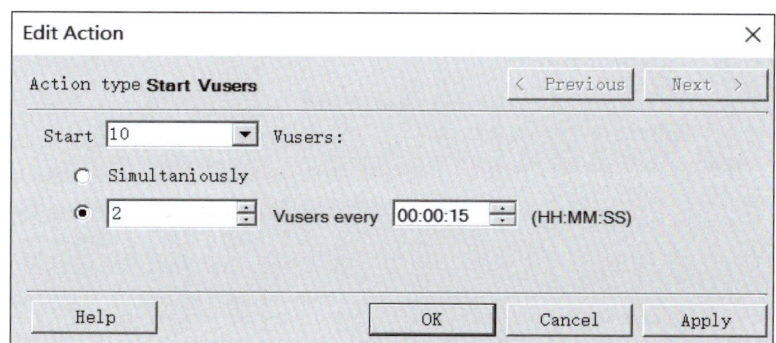

图 4-88　启动虚拟用户对话框

在图 4-88 所示界面中，我们设置了 10 个虚拟用户，用户的工作方式为每隔 15 秒启动两个用户工作,设置完成之后单击"OK"按钮。

图 4-86 所示的第 3 部分的第 3 行用于设置测试运行时间。选中第 3 行并双击,会弹出"运行时间设置"对话框,如图 4-89 所示。

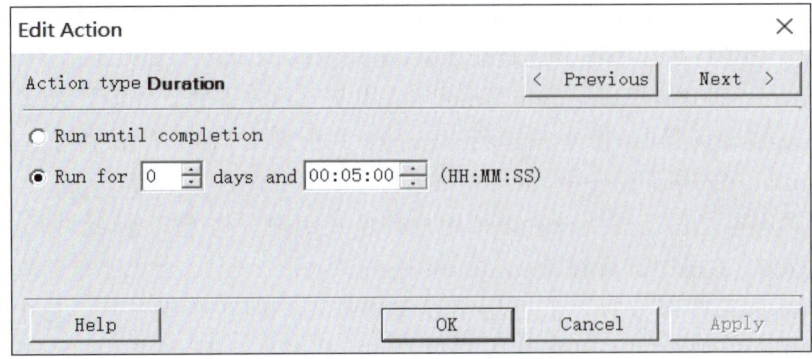

图 4-89　运行时间设置对话框

在图 4-89 所示界面中,测试的运行时间设置有以下两种方式:

(1)Run until completion:运行直到所有用户工作结束。

(2)Run for * days and *(HH:MM:SS):设定测试运行时间,如果到指定时间还有用户没有完成工作,依然停止测试。

这里设置运行时间为 5 分钟。

图 4-86 所示的第 3 部分的第 4 行用于设置停止虚拟用户的方式。选中第 4 行并双击,会弹出"停止虚拟用户"对话框,如图 4-90 所示。

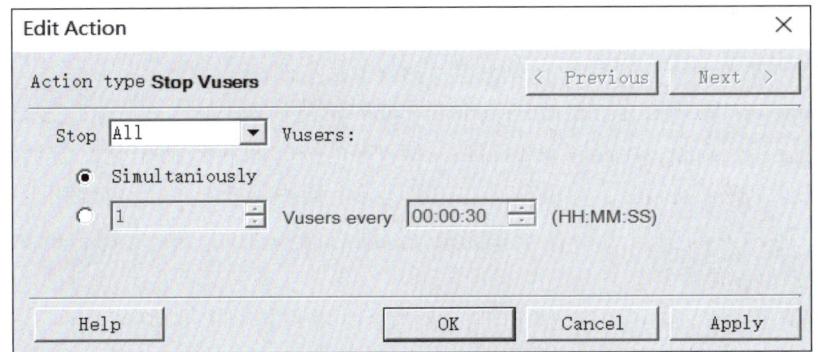

图 4-90　停止虚拟用户对话框

在图 4-90 所示界面中,我们设置所有虚拟用户同时停止工作,设置完成后单击"OK"按钮。设置完成之后,在第 4 部分的位置会显示整个负载场景设计方案,如图 4-91 所示。

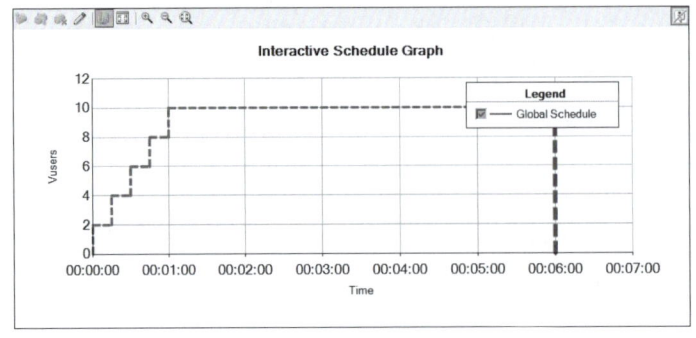

图 4-91　负载场景设计方案

注意：(1)测试结果保存路径

完成场景设置后，可以通过菜单栏中的"Result"→"Result Settings"命令设置测试结果的保存路径，如图4-92所示。

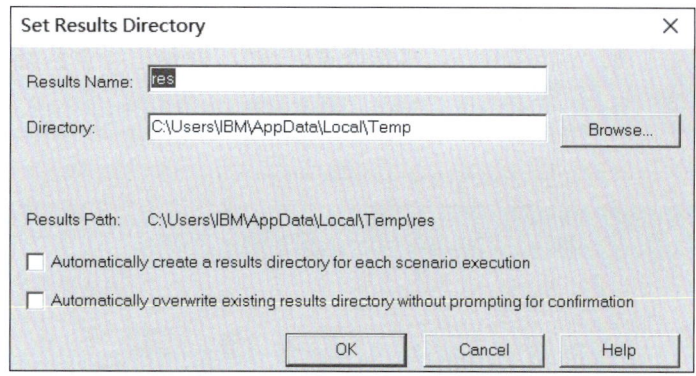

图4-92 测试结果保存路径设置

(2)策略设置

如果脚本中存在集合点，可以通过菜单栏中的"Scenario"→"Rendezvous"命令设置集合点执行策略，如图4-93所示。

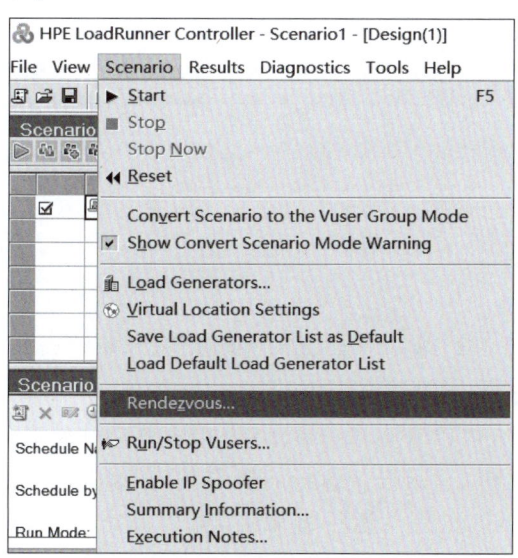

图4-93 集合点执行策略设置

一般要求在脚本中设置了集合点才可以设置，否则不可以设置。demo01中没有集合点，所以无法设置，"Rendezvous"显示为灰色。集合点策略主要有三种情况，如图4-94所示。

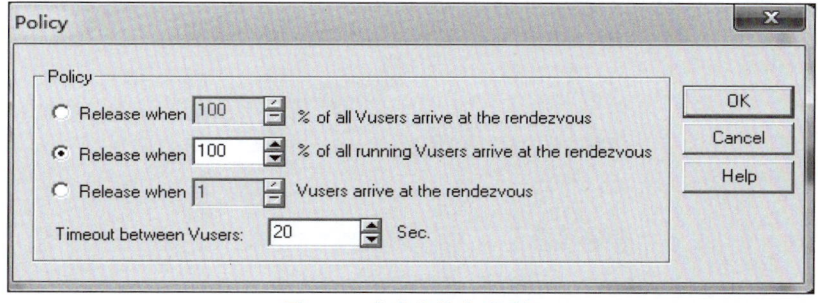

图4-94 集合点策略对话框

①Release when：当所有虚拟用户中的 x％ 到达集合点时释放，即仅当指定百分比的虚拟用户到达集合点时，才释放虚拟用户。

②Release when：当所有正在运行的虚拟用户中的 x％ 到达集合点时释放，即仅当场景中指定百分比的、正在运行的虚拟用户到达集合点时，才释放虚拟用户。

③Release when：当 x 个虚拟用户到达集合点时释放，即仅当指定数量的虚拟用户到达集合点时，才释放虚拟用户。

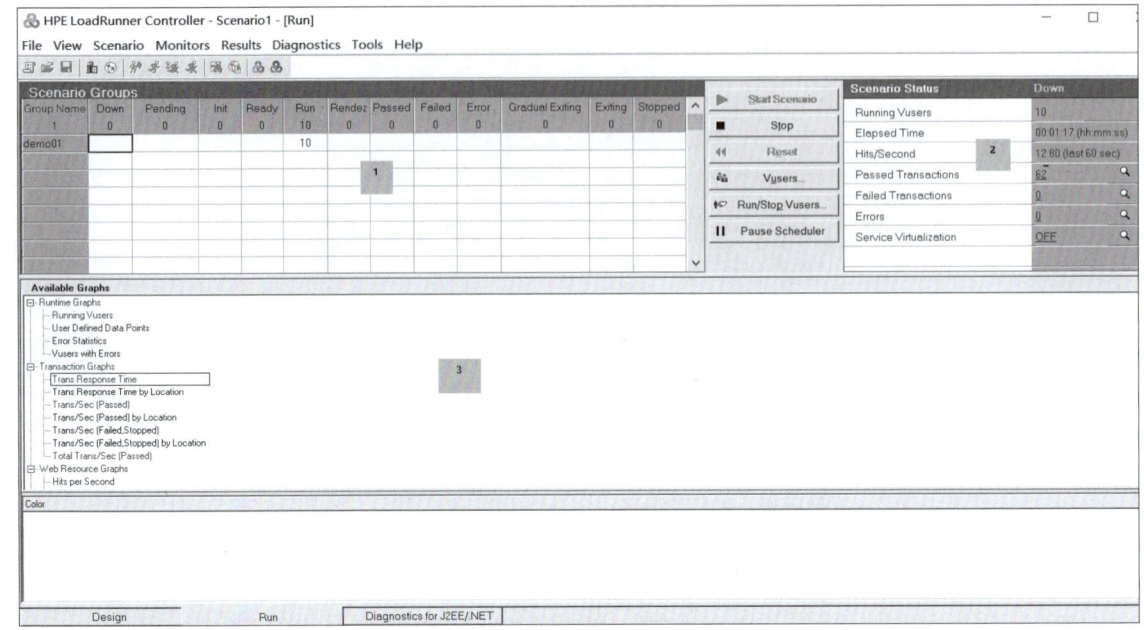

图 4-95　场景执行过程

2. 场景运行

设计好场景后，单击图 4-86 所示页面上的 ▶ 按钮开始执行场景，执行过程如图 4-95 所示。Controller 的场景执行界面可分为以下 3 部分：

第 1 部分：场景组，这里可以看到目前有 10 个用户已经开始运行。

第 2 部分：场景运行状态，显示场景执行的所有信息，包括执行的用户、监控的性能指标、测试运行时间、失败与错误信息等。运行结束后，可以单击运行状态后面的数字，查看具体信息。

第 3 部分：性能指标，这里显示本次测试要监控的性能指标的变化。由图 4-95 可以看出，只显示了监控指标，但是没有显示对应指标的变化。可以通过菜单栏中的"View"菜单查看可选的指标或者显示不同的指标变化，如图 4-96 所示。

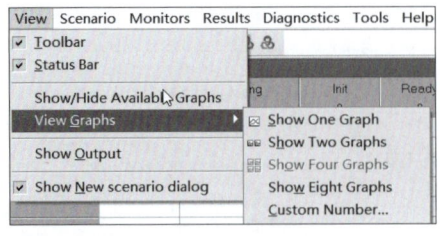

图 4-96　可视化指标设置

在设计场景时，设置了测试运行时间为 5 分钟，当运行了 5 分钟之后，测试就会停止，本次测试结果如图 4-97 所示。

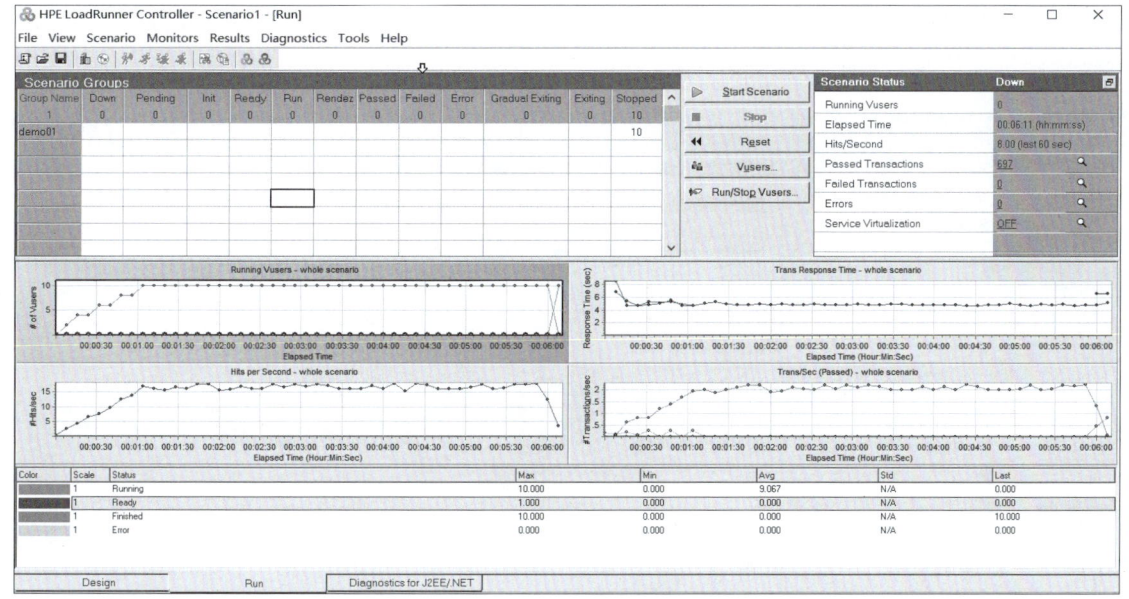

图 4-97　场景测试结果

任务实施

按照前面的操作步骤，实现场景的设计。

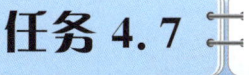　　　　　　**使用 Analysis**

使用 Analysis

任务描述　　前面使用 VuGen 录制了一个预订机票的脚本，通过 Controller 实现了场景设计和执行，并得到一份结果。本任务就是查看并分析负载测试结果，掌握 Analysis 工具的使用。

知识链接

知识点　使用 Analysis

Analysis 是 LoadRunner 的数据分析工具，可以收集性能测试中的各种数据，对其进行分析并生成图表和报告供测试人员查看。

分析报告可以直接通过 Controller 打开或者手动打开。在 Controller 中查看可以选择菜单栏"Results"→"Analyze result",或者进入之前 Controller 运行结果保存路径下找到相应报告并打开。当然最简单的就是在 Controller 执行完成后,单击"Yes"按钮,Analysis 会生成负载测试结果分析报告,如图 4-98 所示。

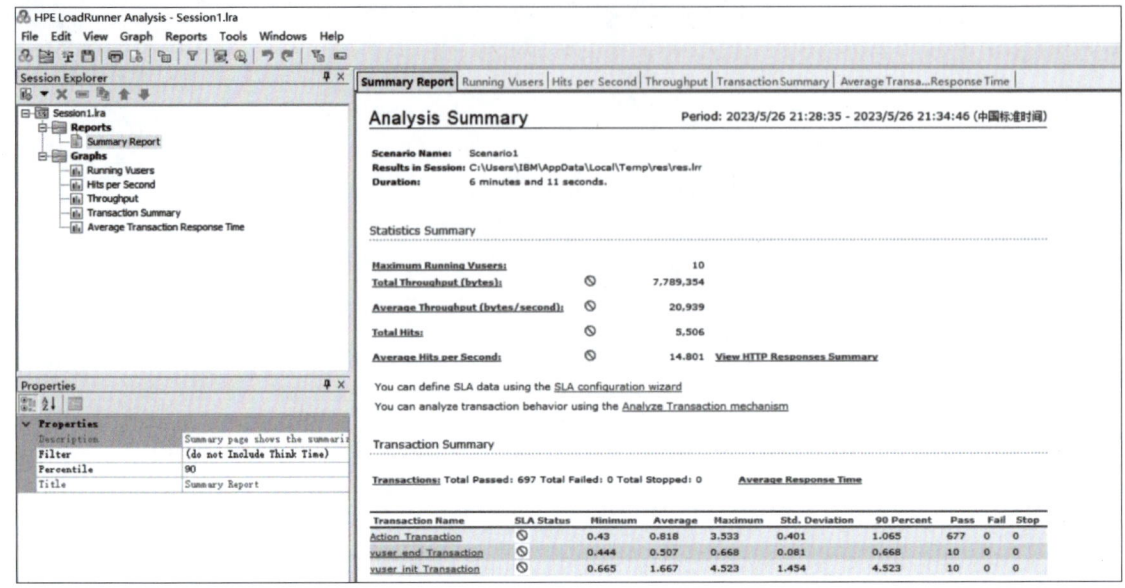

图 4-98　负载测试结果分析报告

图 4-98 所示的是一份总的结果分析报告,测试人员在这份报告中可以看到测试场景名称、文件来源、持续时间以及统计结果等信息。此外,还可以在左侧菜单栏的"Graphs"文件夹下选择单独查看某一项指标的结果分析报告。这些结果分析报告以图表的形式展示,更直观清晰。例如,查看 Running Vusers(并发用户数)的图表分析,如图 4-99 所示。

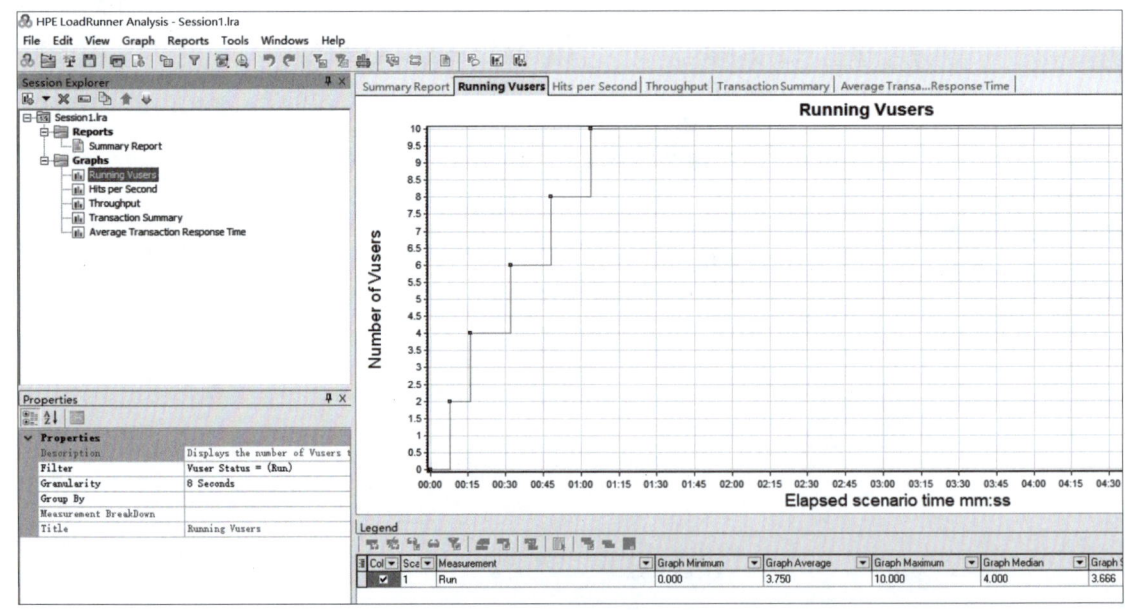

图 4-99　Running Vusers 图表分析

在图 4-99 中,Running Vusers 的横坐标为时间,纵坐标为用户数,由图表折线走向可以看出每隔 15 s 启动两个虚拟用户,在 60 s 处启动了 10 个虚拟用户,此后一直到测试结束,10 个虚拟用户一直并发执行,测试结束时,拆线垂直下降,表明 10 个虚拟用户是同时结束测试的,这与 Controller 中的场景设计一致,符合预期结果。

除此之外,测试人员还可以在图 4-99 中右击"Graphs"→"Add New Item"→"Add New Graph"添加新的图表,如图 4-100 所示。

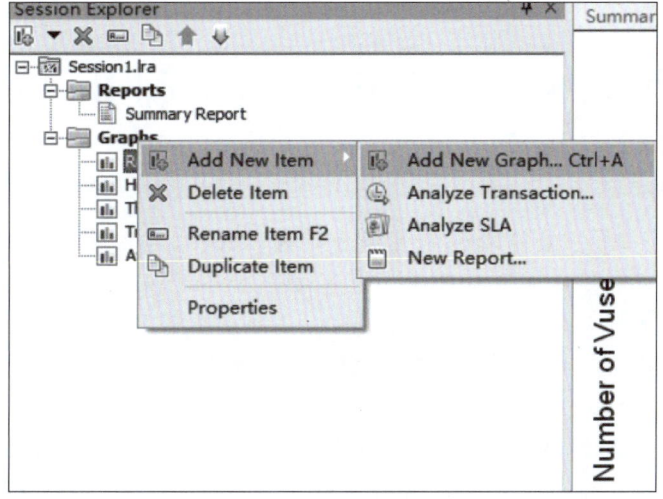

图 4-100　添加新的图表

执行上述命令后,弹出"Open a New Graph"对话框,如图 4-101 所示。根据需要选择要显示的指标即可。

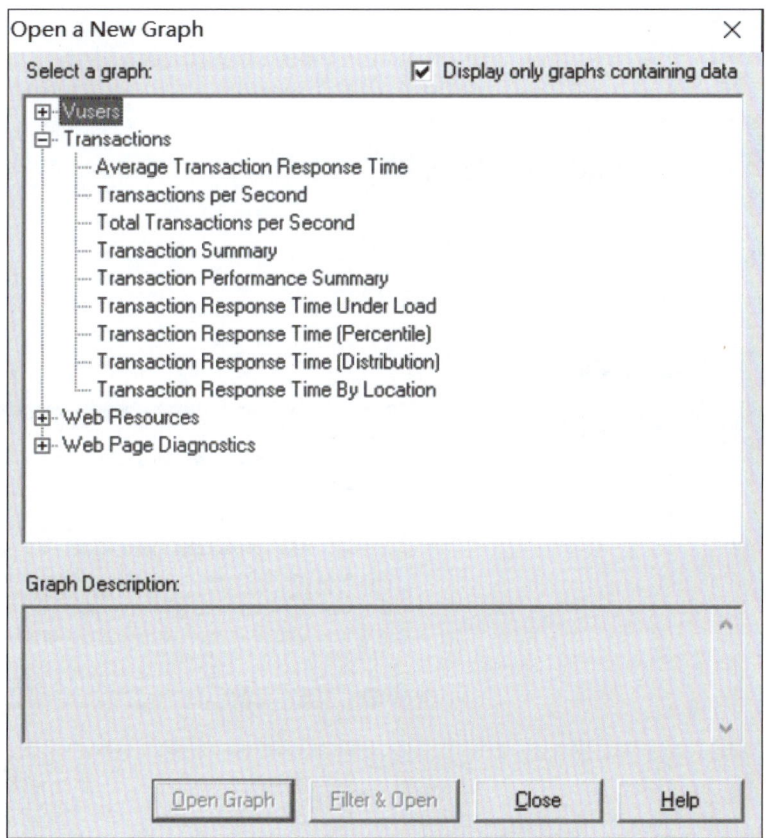

图 4-101　Open a new Graph 对话框

 **任务实施**

按照前面操作,实现负载测试结果分析查看。

任务 4.8　使用 JMeter 和 Badboy

 任务描述　　Apache JMeter 应用程序是开源软件,是纯 Java 应用程序,专为负载测试和性能测试所设计。它最初是为测试 Web 应用程序而设计的,后来扩展到其他测试程序。Badboy 是一款免费的 Web 自动化测试工具,是用 C++开发的动态应用测试工具,拥有强大的屏幕录制和回放功能,提供图形结果分析功能,刚好弥补了 JMeter 的不足之处。同时 Badboy 提供了将录制好的 Web 测试脚本直接导出生成 JMeter 支持的.jmx 格式的脚本。所以做 Web 测试时,使用这两个工具将是最佳组合。本任务将针对结合 Badboy 和 JMeter 进行的性能测试进行学习。

知识链接

 ### 知识点 1　Badboy 使用

1. 启动 Badboy

启动 Badboy 后进入工作区,如图 4-102 所示。

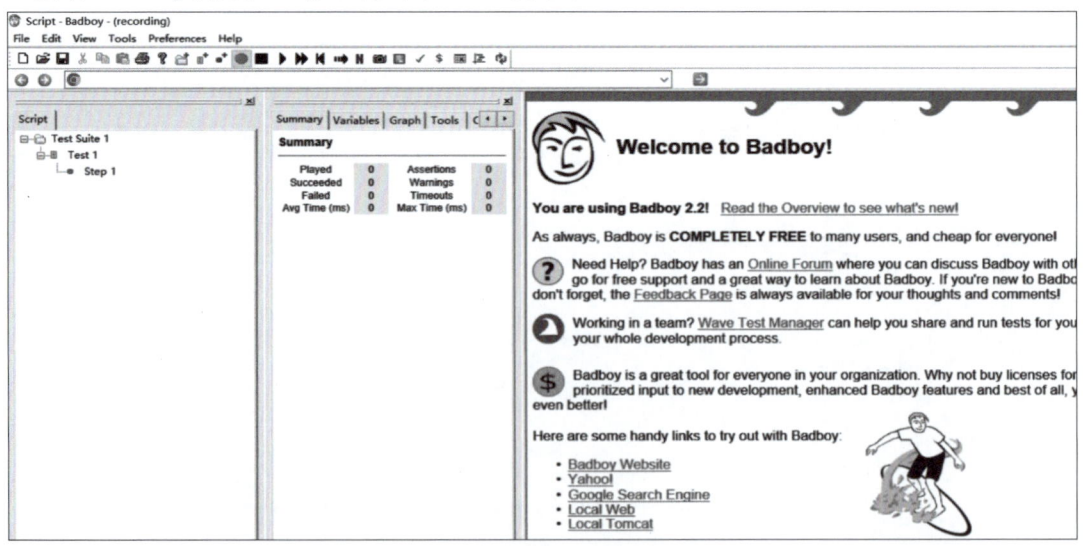

图 4-102　Badboy 启动界面

菜单栏的上方,表示 Badboy 正在录制当中(Recording);菜单栏的下方有一个要录制的网站的地址栏,可以在这里输入网址。左侧菜单栏表示脚本步骤的目录树,执行录制后,这里会记录所有的操作步骤;中间部分是关于总体、变量和图表及工具等细节信息;最右侧是录制回放的界面。

2. Badboy 录制脚本

(1)输入 URL 地址后,单击绿色箭头。其中,红色原点表示"开始录制",默认已选中;黑色四方块表示停止录制,需要手动停止。

(2)回放脚本:右击"Step1"→"Play All",或使用工具栏按钮,如图 4-103 所示。这里也可以通过右击操作实现对操作步骤的其他动作,如添加动作、删除动作、清空响应和禁用等。

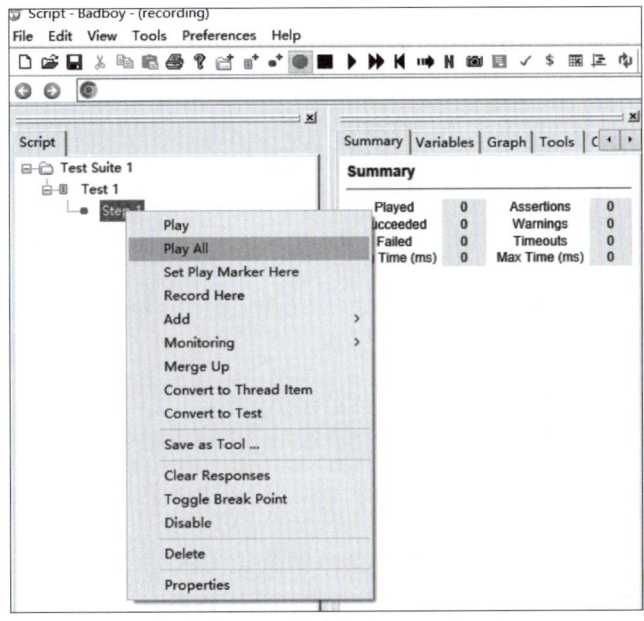

图 4-103　Badboy 回放菜单

(3)将脚本导出为 .jmx 格式。录制完成后,可以将脚本导出为 JMeter 可识别的执行脚本形式。选择菜单栏上的"File"→"Export to JMeter"命令,打开导出脚本界面,如图 4-104 所示。

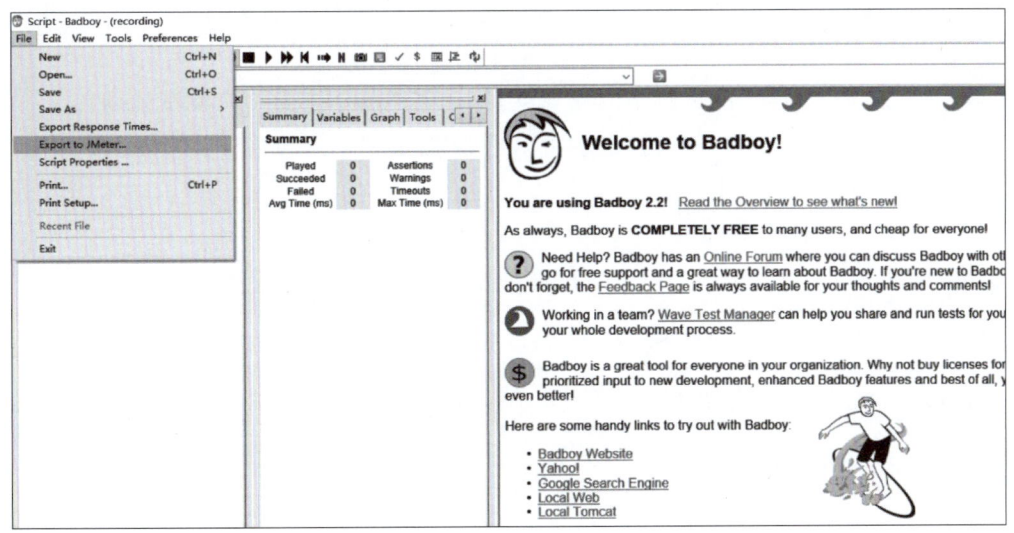

图 4-104　Badboy 脚本导出

知识点 2　JMeter 使用

1. 启动 JMeter

启动 JMeter 后进入工作区，工作区可以分为三个部分，如图 4-105 所示。为了便于操作，可以按照之前安装要求设置为中文显示。

图 4-105　JMeter 启动页面

第 1 部分是上方的菜单栏，图标是常用菜单的快捷方式。

第 2 部分是左侧目录树，存放测试设计过程中使用到的元件。执行过程中默认从根节点开始顺序遍历树上的元件。

第 3 部分是右侧的测试计划编辑区域。在"用户定义的变量"区域，可以定义整个测试计划的全局变量，这些变量对多个线程组有效。还可以对线程组的运行进行设置，相关元素如下：

①测试计划：是 JMeter 测试脚本的根节点，每个测试脚本都是一个测试计划。

②名称：可以随意设置，一般建议取名可以见名思义，具有业务意义。

③注释：可以随意设置，也可以为空。

④用户定义的变量：全局变量。

⑤独立运行每个线程组：如果一个测试计划中有多个线程组，设置此项生效；不设置时每个线程组同时运行。

⑥主线程运行结束后运行 teardown 线程组：运行的线程本次迭代完成后关闭。

⑦函数测试模式：在调试脚本的过程中，如果需要获取服务器返回的详细信息可以选择此项；选择此项后，如果记录较多的数据会影响测试效率，所以在执行性能测试时，最好关闭此项。

⑧添加目录或 jar 包到 Classpath：把测试需要依赖的 jar 包或包所在的目录加入类路径。

测试需要依赖的 jar 包还可以直接放到％JMETER_HOME％\lib 目录下（％JMETER_HOME％：JMeter 的安装目录）。

2．JMeter 应用

（1）JMeter 代理录制脚本

这种录制方法用得不多，做个了解即可。一般在没有 Badboy 时使用这个方法录制。

①为计算机设置 IP，查看计算机 IP。可以使用 ipconfig 的 doc 命令查看本机的 IP。

②在浏览器中设置代理服务器。打开浏览器→"工具"→"Internet 选项"→"连接"→"局域网设置"→勾选"为 LAN 设置代理服务器"，地址输入 JMeter 的 IP（不冲突的即可），端口 8888（JMeter 默认，一般不建议用 1023 以内的端口号）。

③添加线程组到测试计划。添加"配置元件"→HTTP Cookie 管理器，否则影响关联效果。

④添加"非测试元件"→HTTP 代理服务器。

目标控制器：测试计划→线程组。

分组：不对样本分组。

⑤启动操作软件后开始录制。需要使用真实 IP，不能使用 localhost；浏览器中输入的地址应使用实际的 IP。

⑥录制完成后，停止。

（2）JMeter 脚本开发

①添加线程组

线程组是模拟虚拟用户的发起点，在此可以设置线程组（类似 LoadRunner 中的虚拟用户）及运行次数或者运行时间，还可以定义调度时间与运行时长。

添加线程组可以右击"测试计划"，选择"添加"→"线程（用户）"→"线程组"命令，如图 4-106 所示。

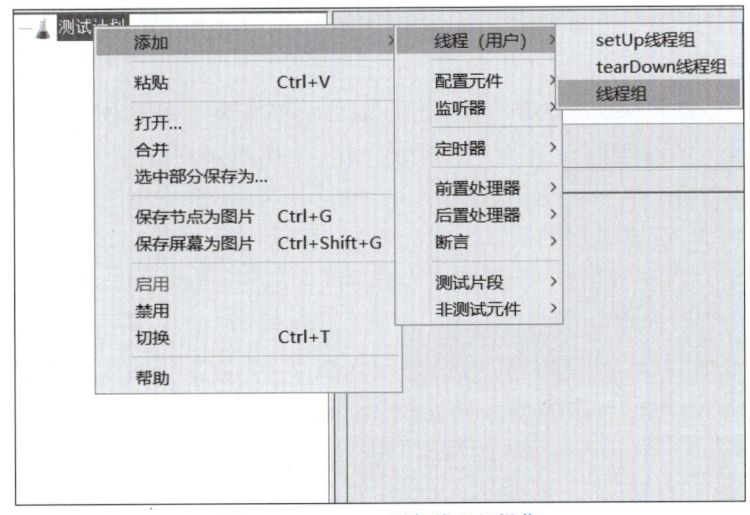

图 4-106　JMeter 添加线程组操作

线程组相当于有多个用户同时去执行相同的一批次任务。每个线程之间都是隔离的，互不影响。一个线程在执行过程中操作的变量不会影响其他线程的变量值，如图 4-107 所示。

图 4-107　JMeter 线程组设置

页面元素：
- 名称：可以随意设置，一般建议见名思义，最好有业务意义。
- 注释：可以随意设置，可以为空。
- 在取样器错误后要执行的动作：其中的某一个请求出错后的异常处理方式，可选项如下：

继续：请求出错后继续运行。在大量用户并发时，服务器偶尔响应错误是正常现象，例如，服务器由于性能问题不能正常响应或者响应慢，此时需要将错误记录下来，作为有性能问题的依据。

启动下一进程循环：如果出错，则同一脚本中的余下请求将不再执行，直接重新开始执行。

停止线程：如果请求失败，则停止当前线程，不再执行。例如，配置 50 个线程，如果其中某一个线程中的某一个请求失败了，则停止当前线程，那么就只有剩下的 49 个线程在运行。如果失败的事务增多，那么停下来的线程也会增多，运行状态的线程就会越来越少，最后负载不够(对服务器的压力不够，测试结果不具参考性)，所以一般不会这样设置。

停止测试：如果某一个线程的某一个请求失败了，则停止所有线程，也就是停下整个测试。但是每个线程还是会执行完当前迭代后再停止。

立即停止测试：如果有线程的请求失败了，则马上停止整个测试场景。

- 线程数：运行的线程数设置，一个线程对应一个模拟用户。
- Ramp-Up 时间(秒)：线程启动开始运行的时间间隔，单位是秒，即所有线程在多长时间内开始运行。例如，设置线程数为 50，此处设置 10 s，则每秒就会启动 50/10 即 5 个线程。如果设置为 0 s，则开启场景后 50 个线程立刻启动。
- 循环次数：请求的重复次数。选择"永远"复选框，则请求将一直运行，除非停止或崩溃；如果不选择"永远"复选框，而在输入框中输入数字，则请求将重复指定的次数；如果输入 1，则请求将执行一次；执行 0 次无意义，所以不支持。
- Same user on each iteration：若勾选，表示每次迭代相同用户。
- 延迟创建线程直到需要：若勾选，线程在 Ramp-Up Period 的间隔时间启动并运行。例如，50 个线程 10 s 的 Ramp-Up Period 时间，那么间隔 1 s 启动 5 个线程并运行(RUNNING 状态)后面的 Sampler。不勾选，测试计划开始后启动所有线程(NEW 状态)，但不立即运行 Sampler；若是按照 Ramp-Up Period 时间来运行的，例如，50 个线程 10 s 的 Ramp-Up Period

时间,那么计划开始后线程全部就绪,但第 1 秒只会有 5 个线程开始运行 Sampler。实际运用过程中选哪一个都可以,不影响测试结果。Java 线程一般有以下 5 个状态:

NEW:创建未启动,已经实例化,只是没有开始运行线程的 run()方法。

RUNNABLE:就绪状态,线程对象创建后,其他线程调用了该对象的 start()方法,从而启动该线程。该状态的线程位于可运行线程池中,已经准备好了只等获取 CPU 的使用权,然后开始运行。

RUNNING:运行状态,就绪状态的线程获取了 CPU 使用权执行程序代码。

BLOCKED:阻塞状态,线程因为某种原因放弃了 CPU 使用权,暂时停止运行(典型的如 I/O 等待导致的线程处于 BLOCKED 状态);直到线程进入就绪状态,才有机会转到运行状态。阻塞的情况分为以下三种:

a. 等待阻塞:运行的线程执行 wait()方法,线程进入等待池中。

b. 同步阻塞:运行的线程在获取对象的同步锁时,若该同步锁被别的线程占用(资源争用失败),该线程放入锁池中。

c. 其他阻塞:运行的线程执行 sleep()或 join()方法,或者发出了 I/O 请求时,该线程设置为阻塞状态。当 sleep()状态超时、join()等待线程终止或者超时或者 I/O 处理完毕时,线程重新转入就绪状态。

DEAD:死亡状态,执行完毕或者异常退出,线程生命周期结束。

- 调度器:勾选"调度器"复选框后,可以编辑持续时间和启动延迟时间。

持续时间(秒):测试计划持续多长时间。

启动延迟(秒):单击"执行"按钮后,仅初始化场景,不运行线程,等待延迟到时后才开始运行线程。

②添加 HTTP Cookie 管理器

在用浏览器访问 Web 页面时,浏览器会自动记录 Cookie 信息,JMeter 通过加入 HTTP Cookie 管理器来自动记录 Cookie 信息,添加 Cookie 管理器后选择默认即可。

添加 HTTP Cookie 管理器:右击"线程组",选择"添加"→"配置元件"→"HTTP Cookie 管理器"命令,在打开的窗口中进行设置,如图 4-108 和图 4-109 所示。

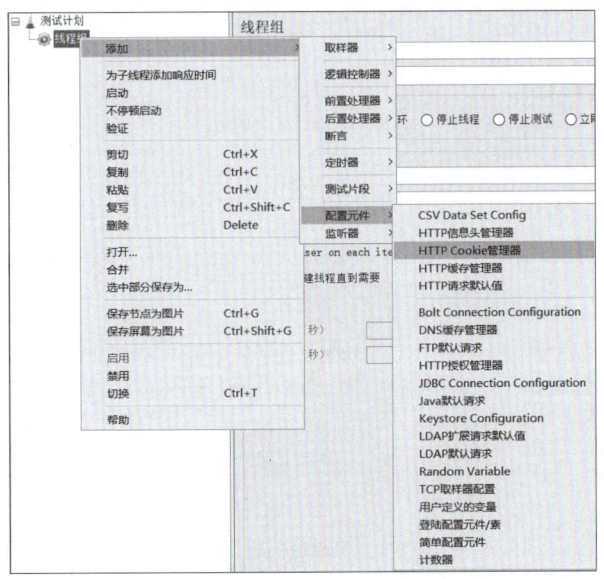

图 4-108　HTTP Cookie 管理器菜单操作

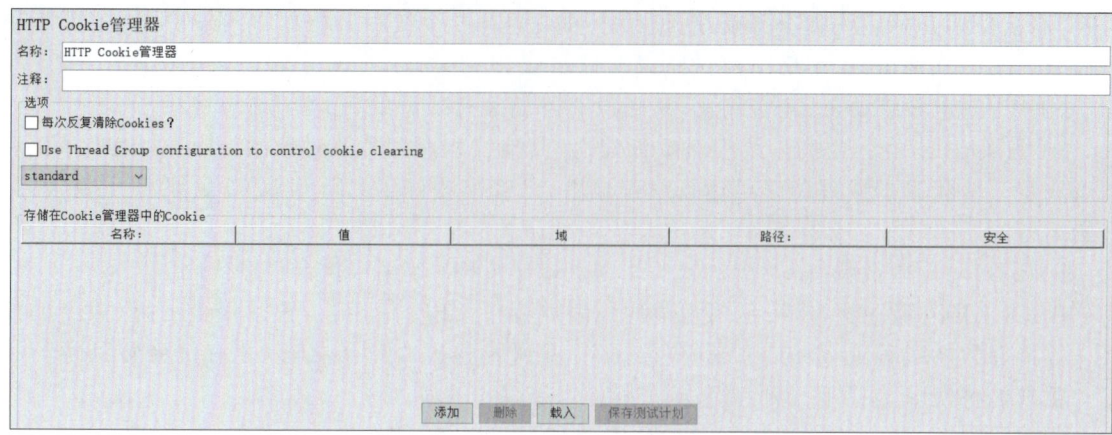

图 4-109　HTTP Cookie 管理器页面

③添加 HTTP 请求

添加 HTTP 请求：右击"线程组"，选择"添加"→"取样器"→"HTTP 请求"命令，如图 4-110 和图 4-111 所示。

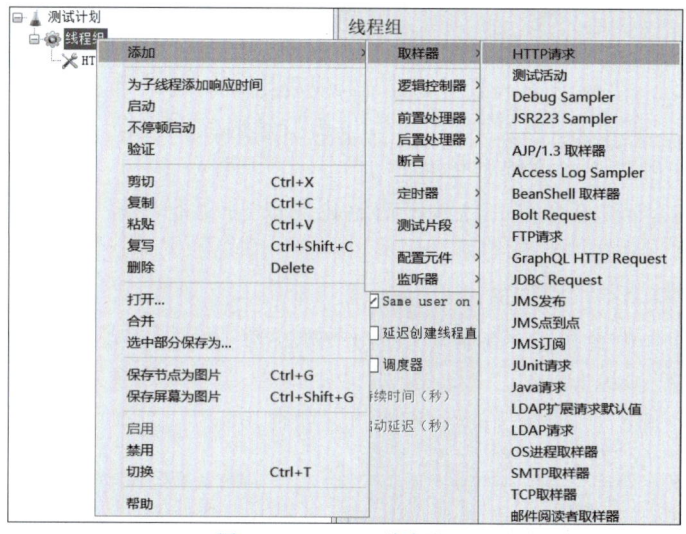

图 4-110　HTTP 请求设置

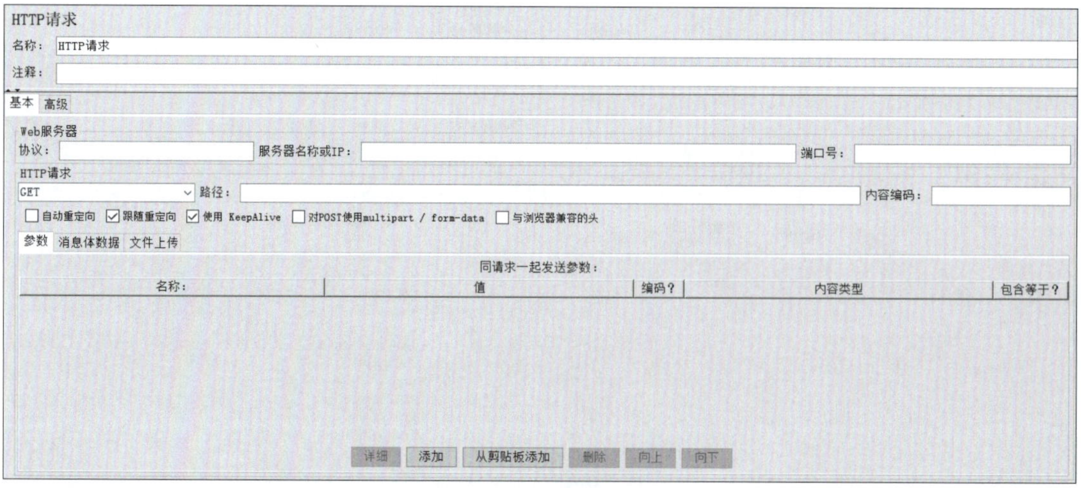

图 4-111　HTTP 请求页面

页面元素：
- 名称：可以随意设置，一般建议见名思义，最好有业务意义。
- 注释：可以随意设置，可以为空。
- 协议：HTTP 或者 HTTPS（默认为 HTTP）。HTTPS 是 SSL 的连接，比 HTTP 有较高的安全性，但是效率比 HTTP 低。
- 服务器名称或 IP：指定 HTTP 请求的主机地址，不需要加"http://"，JMeter 会自动添加。
- 端口号：默认 80，如果访问地址中带有其他端口号在这里设置。
- 方法：HTTP 请求的方法，最常用的有 GET 和 POST。
- 路径：除去主机地址部分的访问链接。
- 内容编码：字符编码格式，默认为 ISO-8859，大多数应用会指定为 UTF-8 格式。
- 自动重定向：Http Client 接收到请求后，如果请求中包含重定向请求，Http Client 可以自动跳转，但是只针对 GET 与 HEAD 请求，勾选此项则"跟随重定向"失效；自动重定向可以自动转向到最终目标页面，但是 JMeter 是不记录重定向过程内容的。例如，在察看结果树中无法找到重定向过程内容（A 重定向到 B，此时只记录 B 的内容，不记录 A 的内容，A 的响应内容暂且称为过程内容），如果此时要做关联，则无法关联到。

跟随重定向：HTTP 请求的默认选项，当响应 Code 是 3×× 时（如 301 是重定向），自动跳转到目标地址。与自动重定向不同，JMeter 会记录重定向过程中的所有请求响应，在察看结果树时可以看到服务器返回的内容，所以可以对响应的内容做关联。

- 使用 KeepAlive：对应 HTTP 响应头中的"Connection:Keep-Alive"，默认为选中。
- 对 POST 使用 multipart / form-data：当发送 HTTP POST 请求时，使用 Use multipart/form-data 方法发送，比如可以用它做文件上传；这个属性是与方法 POST 绑定的。
- 与浏览器兼容的头：浏览器兼容模式，如果使用"Use multipart/form-data for POST"，建议勾选此项。
- 参数：同请求一起发送的参数，可以把要发送的参数（表单域）填到此域，GET 方法也适用。
- 消息体数据：指的是实体数据，就是请求报文里面主体实体的内容，一般向服务器发送请求，携带的实体主体参数可以写入这里。参数和消息体数据同时只能使用其中一种方式。
- 文件上传：对 POST 使用 multipart/form-data 时可以在此一同上传文件。MIME 类型有 STRICT、BROWSER_COMPATIBLE、RFC6532 等。

④添加 HTTP 请求默认值

在实际测试计划中，经常会碰到 HTTP 请求中有较多的参数与配置会重复，若每一个 HTTP 请求单独设置比较浪费时间和精力。为节省工作量，JMeter 提供了 HTTP 请求默认值元件，用来把一些重复的部分封装起来，一次设置多次使用。

添加 HTTP 请求默认值：右击"线程组"，选择"添加"→"配置元件"→"HTTP 请求默认值"命令，在打开的窗口中进行设置，如图 4-112 和图 4-113 所示。

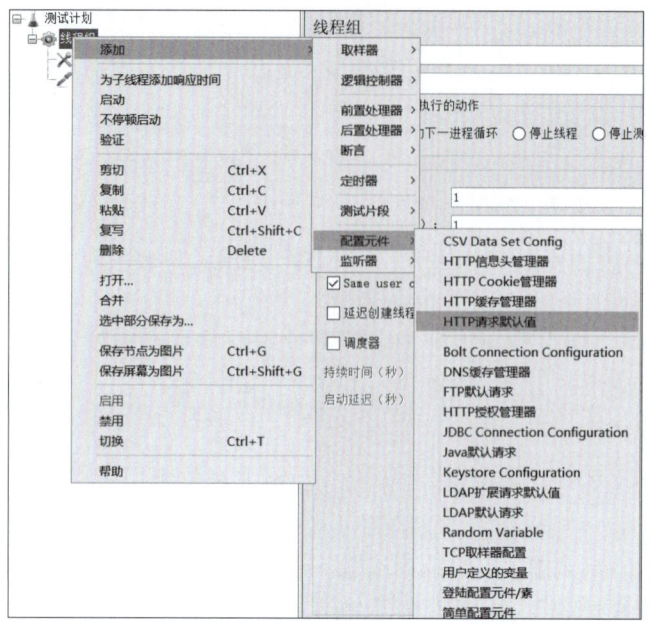

图 4-112　HTTP 请求默认值设置

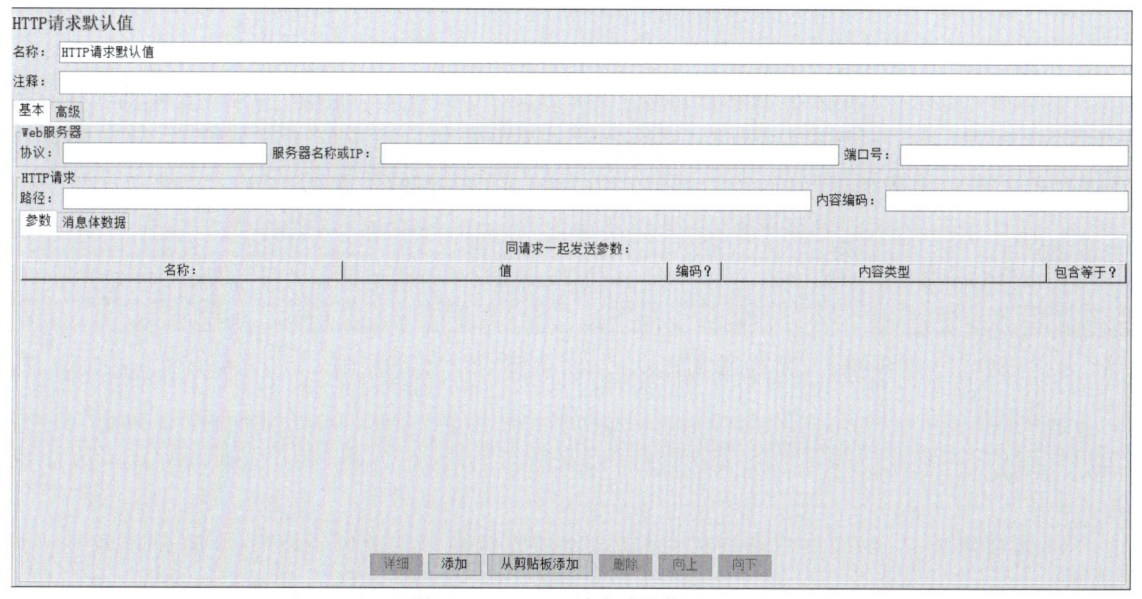

图 4-113　HTTP 请求默认值页面

⑤添加察看结果树

可以在察看结果树中查看到响应数据。察看结果树会显示取样器的每一次请求（每运行一次，结果树多一个节点，无论取样是否成功），所以大量运行会比较耗费机器资源，因此在运行性能测试计划时，不建议开启。

添加察看结果树：右击"线程组"，选择"添加"→"监听器"→"察看结果树"命令，在打开的窗口中进行设置，如图 4-114 和图 4-115 所示。

页面元素：

- 名称：可以随意设置，一般建议见名思义，最好有业务意义。
- 注释：可以随意设置，可以为空。

性能测试 项目 4

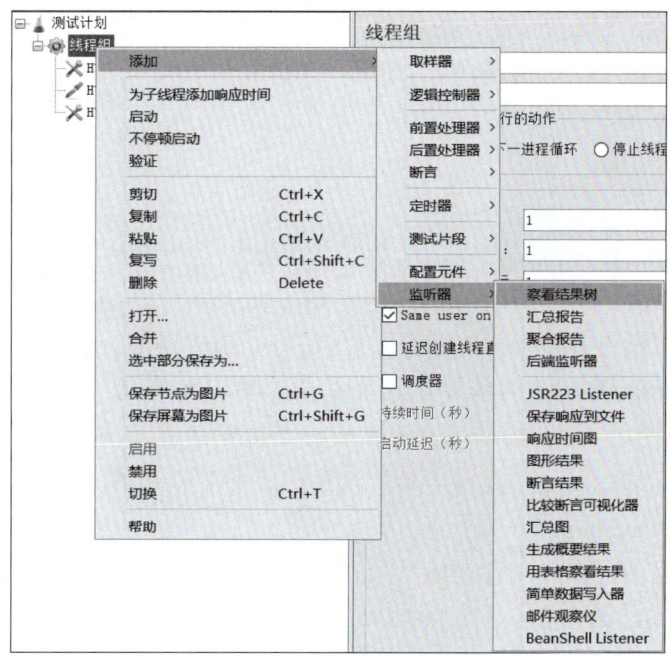

图 4-114 察看结果树设置

图 4-115 察看结果树页面

- 文件名:可以通过"浏览"选择一个文件,这样在执行的过程中会将所有的信息输出到该文件。
- 显示日志内容为:

仅日志错误:表示只输出报错的日志信息。

仅成功日志:表示只输出正常响应的日志信息。

两个都不勾选:表示输出所有的信息。

- 配置:配置需要输出的内容。

137

- 查找:在输入框中输入想查询的信息,这里查找可以设置区分大小写或者匹配正则表达式,单击"查找"按钮,可以在请求列表中进行查询,并为查询出的数据加上红色的边框。单击"重置"按钮后,会清除数据上的红色边框。

(3)JMeter 脚本编辑

①添加思考时间

在 JMeter 脚本中,思考时间是用定时器模拟实现的。定时器的执行优先级高于取样器(Sampler),在取样器之前执行,而不是之后(不论定时器的位置是在取样器之前还是取样器之后);在同一个作用域下有多个定时器存在时,每一个定时器都会执行;如果希望定时器仅应用于其中某一个取样器,则将定时器加在此取样器节点下;如果希望在取样器执行完成之后再等待一段时间,可以使用 Test Action;如果需要每个步骤都延迟,则将定时器放在与请求持平的位置;若只针对一个请求延迟,则将定时器放在该请求字节点中。

a. 固定定时器(Constant Timer)

添加固定定时器:右击取样器,选择"添加"→"定时器"→"固定定时器"命令,在打开的窗口中进行设置,如图 4-116 和图 4-117 所示。

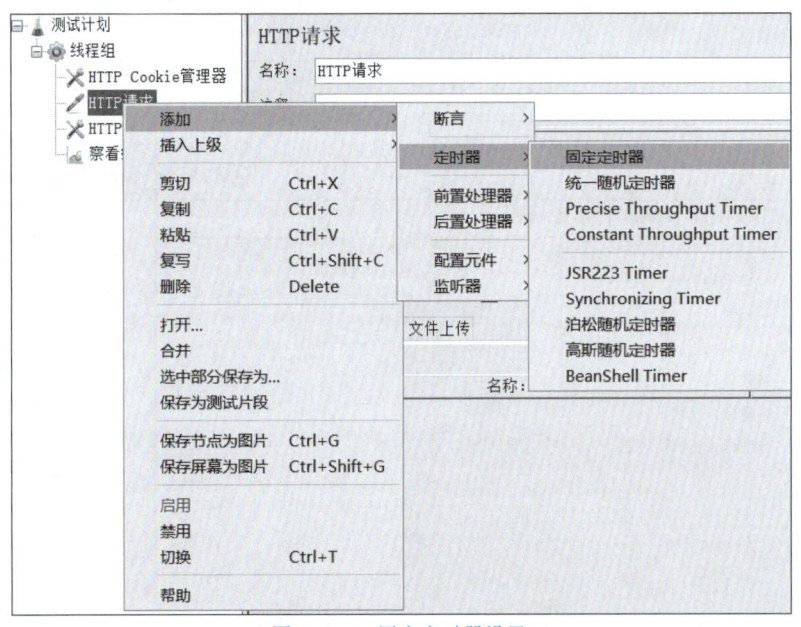

图 4-116　固定定时器设置

图 4-117　固定定时器页面

如果需要让线程按指定的时间停顿,可以使用这个定时器。需要注意的是,固定定时器的延时不会计入单个 Sampler 的响应时间,但是会计入事务控制器的时间。

对于"Java 请求"这个 Sampler 来说,定时器相当于 LoadRunner 中的 Pacing(两次迭代之间的间隔时间);对于"事务控制器"来说,定时器相当于 LoadRunner 中的 Think Time(思考时间:实际操作中,模拟真实用户在操作过程中的等待时间)。

b. 高斯随机定时器(Gaussian Random Timer)

添加高斯随机定时器:右击取样器,选择"添加"→"定时器"→"高斯随机定时器"命令,在打开的窗口中进行设置,如图 4-118 和图 4-119 所示。

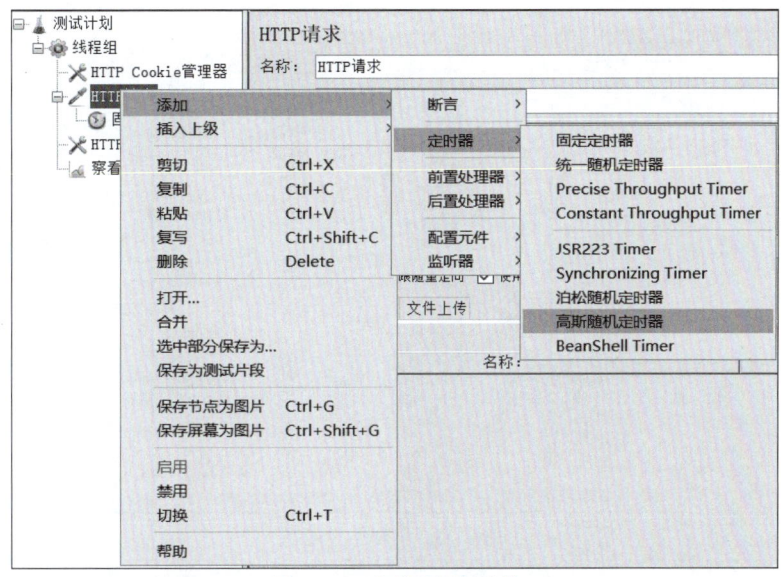

图 4-118　高斯随机定时器

图 4-119　高斯随机定时器页面

如果需要让线程在请求前按随机时间停顿,可以使用这个定时器,其中延迟属性如下:
- 偏差:设置的偏差值,是一个浮动范围,单位为毫秒。
- 固定延迟偏移:固定延迟时间。

②添加检查点

JMeter 中,检查点是通过断言组件实现的。断言组件通过获取服务器响应数据,然后根据断言规则去匹配这些响应数据。匹配到是正常现象,此时看不到任何提醒;如果匹配不到,即出现了异常情况,此时 JMeter 就会断定这个请求失败,那么在察看结果树中看到的请求名称就是红色字体。断言组件有多个,检查点可以运用响应断言元件来实现。在实际的测试过程中响应断言基本能够满足 80% 以上的验证问题。

添加响应断言:右击取样器,选择"添加"→"断言"→"响应断言"命令,在打开的窗口中进行设置,如图 4-120 和图 4-121 所示。

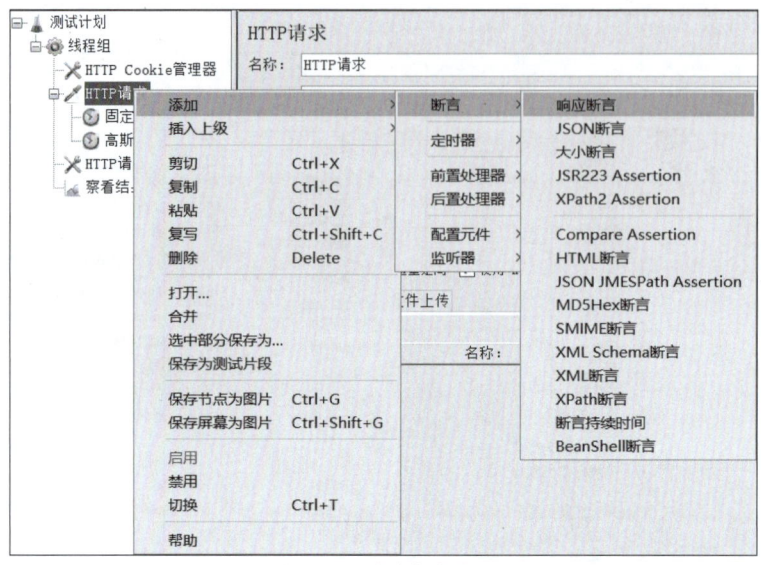

图 4-120 响应断言设置

图 4-121 响应断言页面

页面元素如下:

- 名称:可以随意设置,一般建议见名思义,最好有业务意义。
- 注释:可以随意设置,可以为空。
- Apply to:应用范围,可设置如下值:

Main sample and sub-samples:匹配范围包括当前的父取样器并覆盖至子取样器。

Main sample only:匹配范围是当前父取样器。

Sub-samples only：仅匹配子取样器。

JMeter Variable Name to use：支持对 JMeter 变量值进行匹配。

- 要测试的响应字段：针对响应数据的不同部分进行匹配，包括如下设置：

响应文本：响应服务器返回的文本内容，HTTP 协议排除 Header 部分。

响应代码：匹配响应代码，如 HTTP 协议返回代码 200 代表成功。

响应信息：匹配响应信息，如处理成功返回"成功"或"OK"字样。

响应头：匹配响应中的头信息。

请求头：匹配请求中的头信息。

URL 样本：匹配 URL 链接。

文档（文本）：对文档内容进行匹配。

忽略状态：若一个请求有多个响应断言，其中第一个响应断言选中此项。当第一个响应断言失败时可以忽略此响应结果，继续进行下一个断言，如果下一个断言成功则还是可以判定请求成功；

请求数据：匹配请求数据。

- 模式匹配规则包括如下设置：

包括：响应内容包括需要匹配的内容即代表响应成功，支持正则表达式。

匹配：响应内容要完全匹配需要匹配的内容即代表响应成功，大小写不敏感，支持正则表达式。

相等：响应内容要完全等于需要匹配的内容才代表响应成功，大小写敏感，需要匹配的内容是字符串非正则表达式。

字符串：响应内容包含需要匹配的内容才代表响应成功，大小写敏感，需要匹配的内容是字符串非正则表达式。

否：相当于取反。如果断言结果为 true，勾选"否"后，则最终断言结果为 false；如果断言结果为 false，勾选"否"后，则最终断言结果为 true。

或者：如果有多个模式组合，其中一个模式匹配成功了，断言结果就是成功的。如果不选择"或者"，必须所有模式匹配成功了，断言结果才成功。

- 要测试的模式：填入需要匹配的字符串或者正则表达式，注意要与模式匹配规则搭配好。
- 自定义失败信息：自定义断言失败时输出的信息。

查看断言结果，需要添加监听器—断言结果。对于一次请求，如果通过，断言结果中只会打印一行请求的名称；如果失败，则除了请求的名称外，还会打印一行失败的原因（不同类型的断言结果不同）。

③添加参数

JMeter 中常用的参数化方式有两种：一种是 CSV 数据文件设置；一种是函数助手。

a. CSV 数据文件设置

CSV 数据文件设置可以从指定的文件（一般是文本文件）中逐行地提取文本内容，根据分隔符拆解每一行内容，并把内容与变量名对应上，然后这些变量就可以供取样器引用。

添加 CSV 数据文件设置：右击"线程组"，选择"添加"→"配置元件"→"CSV Data Set Config"命令，在打开的窗口中进行设置，如图 4-122 和图 4-123 所示。

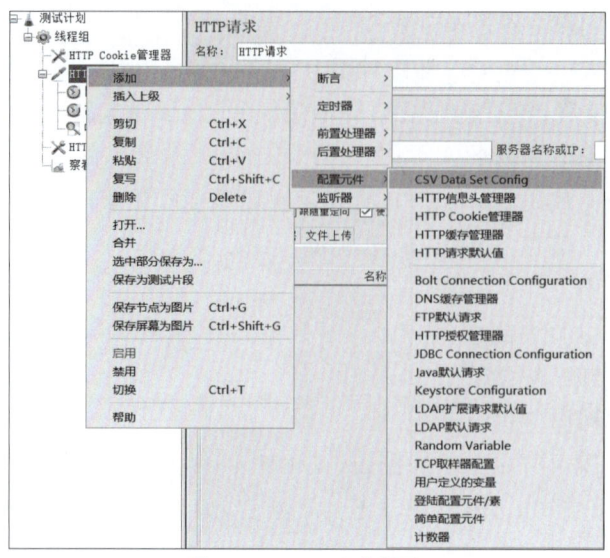

图 4-122　CSV 文件设置

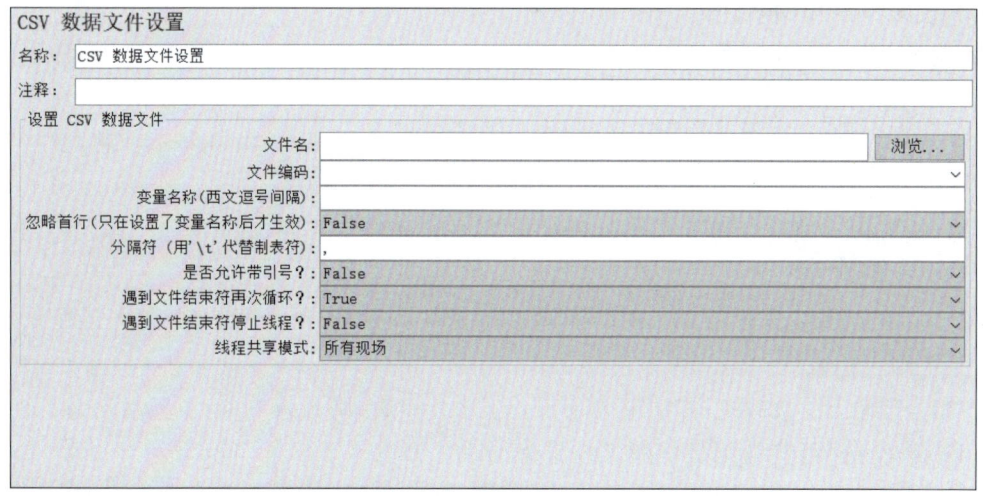

图 4-123　CSV 文件设置页面

页面元素：

- 名称：可以随意设置，一般建议见名思义，最好有业务意义。
- 注释：可以随意设置，可以为空。
- 文件名：引用文件地址，可以是相对路径也可以是绝对路径。相对路径的根节点是 JMeter 的启动目录（%JMETER_HOME%\bin）。
- 文件编码：读取参数文件用到的编码格式，建议采用 UTF-8 格式保存参数文件，避免遇见乱码的情况。
- 变量名称（西文逗号间隔）：定义的参数名称，用逗号隔开，将会与参数文件中的参数对应。如果这里的参数个数比参数文件中的参数列多，多余的参数将取不到值；反之，参数文件中部分列将没有参数对应。
- 忽略首行（只在设置了变量名称后才生效）：忽略 CSV 文件的第一行，仅当变量名称不为空时才使用；如果变量名称为空，则第一行必须包含标题。
- 分割符（用"\t"代表制表符）：用来分隔参数文件，默认为逗号，也可用 Tab 符来分割，如果参数文件用 Tab 符分隔，在此应该填写"\t"。

- 是否允许带引号:是非选项。如果选择是,则允许拆分完成的参数里面有分隔符出现。
- 遇到文件结束符再次循环:是非选项。如果选择是,参数文件循环遍历;否则参数文件遍历完成后不循环(JMeter 在测试执行过程中每次迭代会从参数文件中新取一行数据,从头遍历到尾)。
- 遇到文件结束符停止线程:与"遇到文件结束符再次循环"选项中的 False 选择复用;是则停止测试;否则不停止测试;当"遇到文件结束符再次循环"选择 True 时,"遇到文件结束符停止线程"选择 True 和 False 无任何意义。通俗地讲,在前面控制不停地循环读取,后面再来 stop 或 run 没有任何意义。
- 线程共享模式:参数文件共享模式,有以下三种:

所有线程:参数文件对所有线程共享,这就包括同一测试计划中的不同线程组。

当前线程组:只对当前线程组中的线程共享。

当前线程:仅当前线程获取。

Debug Sampler:要查看脚本运行时参数取值详情,可以添加 Debug Sampler,这样在察看结果树中就可以看到参数取值情况。

添加 Debug Sampler:右击"线程组",选择"添加"→"取样器"→"Debug Sampler"命令,如图 4-124 所示。

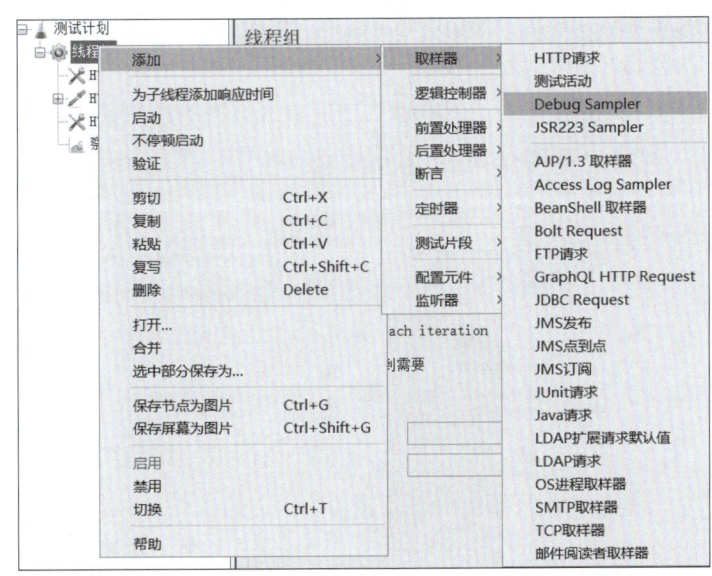

图 4-124 Debug Sampler 设置

b. 函数助手

单击菜单栏"工具"→"菜单选项函数助手"命令,弹出"函数助手"对话框,选择功能"CSVRead"或者"BeanShell",如图 4-125 所示。

页面元素:

- 用户获取值的 CSV 文件|*别名:CSV 文件取值路径,这里填写需要参数化的参数的文件路径。
- CSV 文件列号|next|*alias:文件起始列号,CSV 文件列号是从 0 开始的,第一列为 0,第二列为 1,依此类推。
- 拷贝并粘贴函数字符串:单击"生成"按钮后,生成可引用的参数化变量,可以直接在请求中引用。

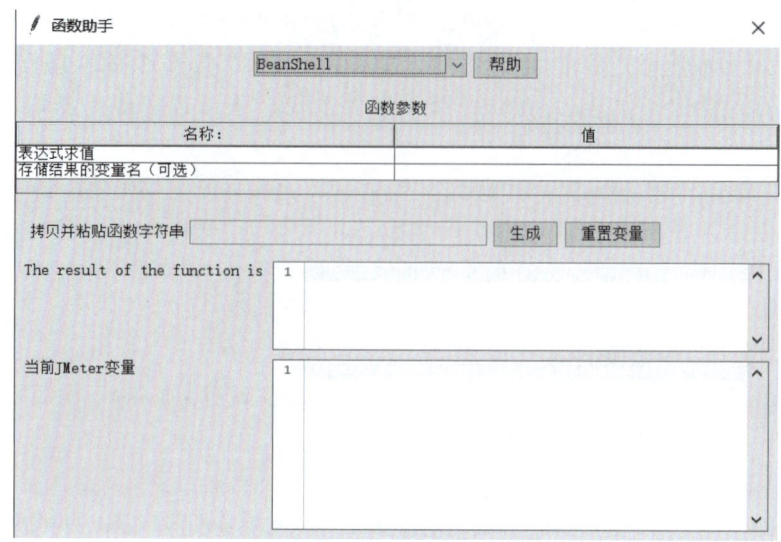

图 4-125　函数助手对话框

④ 关联

JMeter 中的关联是通过后置处理器—正则表达式提取器实现的。

添加正则表达式提取器：右击"Sampler"，选择"添加"→"后置处理器"→"正则表达式提取器"命令，在打开的窗口中进行设置，如图 4-126 和图 4-127 所示。

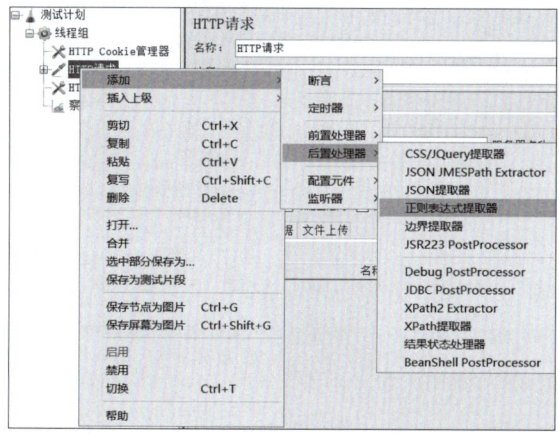

图 4-126　正则表达式提取器设置

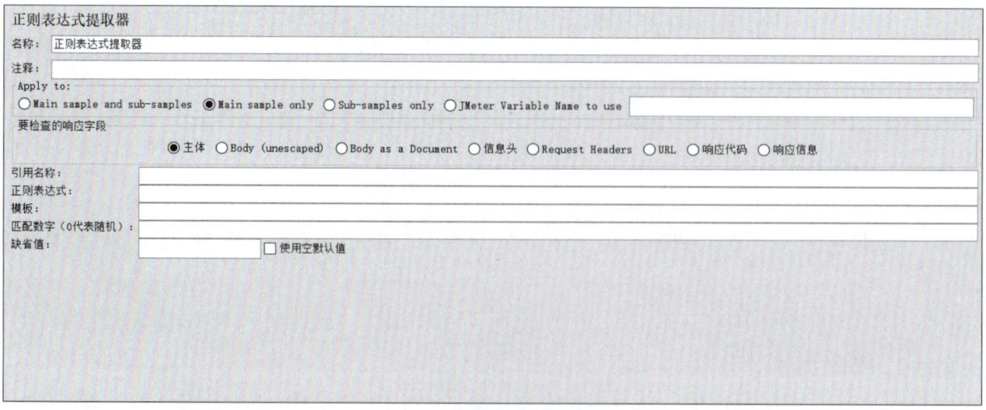

图 4-127　正则表达式提取器页面

页面元素:
- 名称:可以随意设置,一般建议见名思义,最好有业务意义。
- 注释:可以随意设置,可以为空。
- Apply to:应用范围,包括如下设置:

Main sample and sub-samples:匹配范围包括当前父取样器并覆盖至子取样器。
Main sample only:匹配范围是当前父取样器。
Sub-samples only:仅匹配子取样器。
JMeter Variable Name to use:支持对 JMeter 变量值进行匹配。

- 要检查的响应字段:针对响应数据的不同部分进行匹配,包括如下设置:

主体:响应数据的主体部分,排除 Header 部分;HTTP 协议返回请求的主体部分就是 Body。
Body(unescaped):针对替换了转移码的 Body 部分。
Body as a Document:返回内容作为一个文档进行匹配。
信息头:只匹配信息头部分的内容。
Request Headers:匹配请求头部分的内容。
URL:只匹配 URL 链接。
响应代码:匹配响应代码,如 HTTP 协议返回码 200 代表成功。
响应信息:匹配响应信息,如处理成功返回"成功"或者"OK"字样。

- 引用名称:匹配出来的信息通过此名称进行访问,类似 ${引用名称}进行访问。
- 正则表达式:正则表达式提取器使用此串进行信息匹配。
- 模板:正则表达式可以设置多个模板进行匹配,在此可指定运用的模板。模板自动编号,1指第一个模板;2指第二个模板;依此类推。0指全文匹配。
- 匹配数字(0 代表随机):在匹配时往往会出现多个值匹配的情况,如果匹配数为 0 则代表随机取匹配值;不同模板可能会匹配一组值,那么可以用匹配数字来确定取这一组值中的哪一个;-1 代表取所有值,可以与"For Each Controller"一起使用进行遍历。
- 缺省值:如果没有匹配到可以指定一个默认值。

提取单个字符串:假如想匹配 Web 页面的"name ="file" value = "readme.txt">"部分并提取"readme.txt"。一个合适的正则表达式是"name ="file" value = "(.+?)">";模板为 1;如引用名称是 filename,则在需要引用的地方可以通过 ${filename}进行引用。

提取多个字符串:假如想匹配 Web 页面的"name ="file" value = "readme.txt">"部分并提取"file"和"readme.txt"。一个合适的正则表达式是"name = "(.+?)" value = "(.+?)""。这样就会创建两个组,分别用于 1 和 2。模板为 1 2;如果引用名称是 filename,则变量值将为如下:

filename:filereadme.txt;
filename_g0:name="file" value="readme.txt";
filename_g1:file;
filename_g2:readme.txt;

在需要引用的地方可以通过 ${filename_g1}、${filename_g2}进行引用。

- Debug Sampler：要查看正则表达式提取的值是否正确，可以添加 Debug Sampler，这样在察看结果树中就可以看到正则表达式的取值。

⑤添加事务

JMeter 中的事务通过事务控制器实现。

添加事务控制器：右击"线程组"，选择"添加"→"逻辑控制器"→"事务控制器"命令，在打开的窗口中进行设置，如图 4-128 和图 4-129 所示。

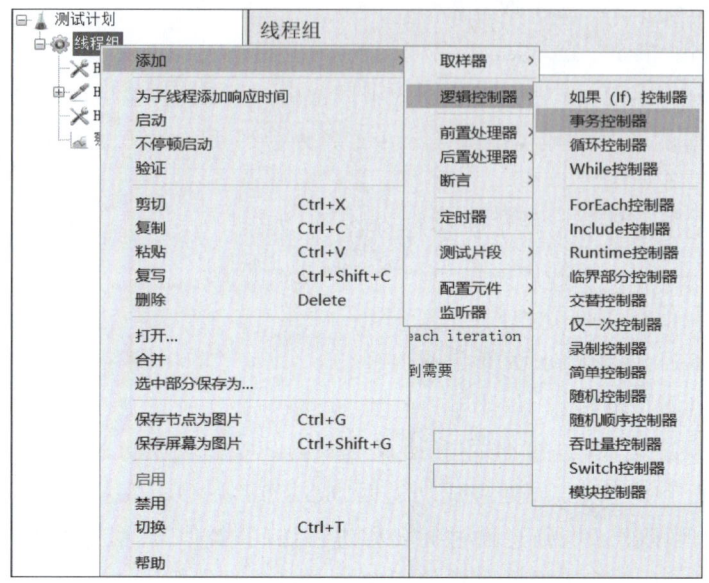

图 4-128　事务控制器设置

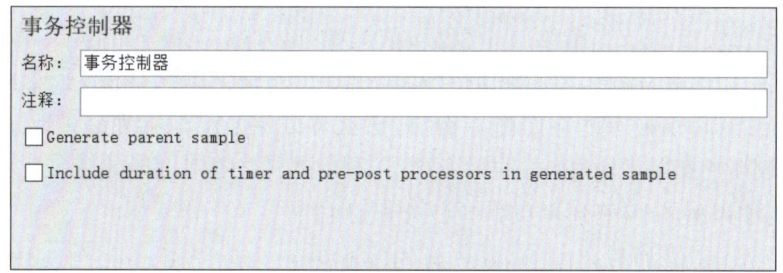

图 4-129　事务控制器页面

页面元素：

- 名称：可以随意设置，一般建议见名思义，最好有业务意义。
- 注释：可以随意设置，可以为空。
- Generate parent sample：如果事务控制器下有多个取样器（请求）则勾选该复选框后，在"察看结果树"中不仅可以看到事务控制器，还可以看到每个取样器；事务控制器定义的事务是否成功取决于子事务是否都成功，其中任何一个失败即代表整个事务失败。
- Include duration of timer and pre-post processors in generated sample：设置是否包括定时器、预处理和后期处理延迟的时间。

⑥添加集合点

JMeter 中集合点是通过定时器 Synchronizing Timer 来实现的。

添加 Synchronizing Timer：右击"Sampler"，选择"添加"→"定时器"→"Synchronizing Timer"命令，在打开的窗口中进行设置，如图 4-130 和图 4-131 所示。

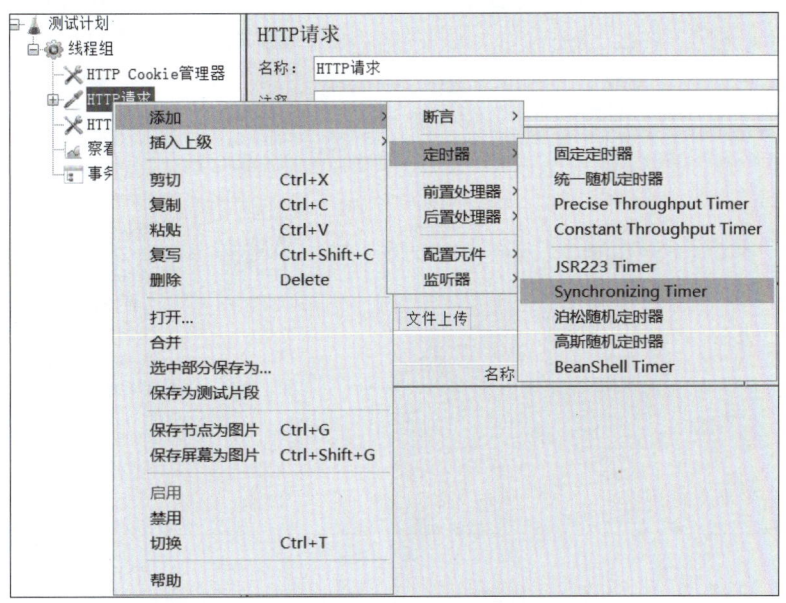

图 4-130　定时器 Synchronizing Timer 设置

图 4-131　同步定时器页面

页面元素：

- 名称：可以随意设置，一般建议见名思义，最好有业务意义。
- 注释：可以随意设置，可以为空。
- 模拟用户组的数量：集合多少人(也就是执行的线程数)后再执行请求。注意等同于设置线程组中的线程数，一定要确保设置的值不大于它所在线程组包含的用户数。
- 超时时间以毫秒为单位：指定人数多少秒没集合到算超时(设置延迟时间，以毫秒为单位)。注意，如果设置为 0，表示无超时时间，会一直等下去。线程数量无法达到上面线程组中设置的值，则 Test 将无限等待，除非手动终止。

⑦添加循环控制器

JMeter 中如果要设置循环次数，使用循环控制器。

添加循环控制器：右击"线程组"，选择"添加"→"逻辑控制器"→"循环控制器"命令，如图 4-132 和图 4-133 所示。

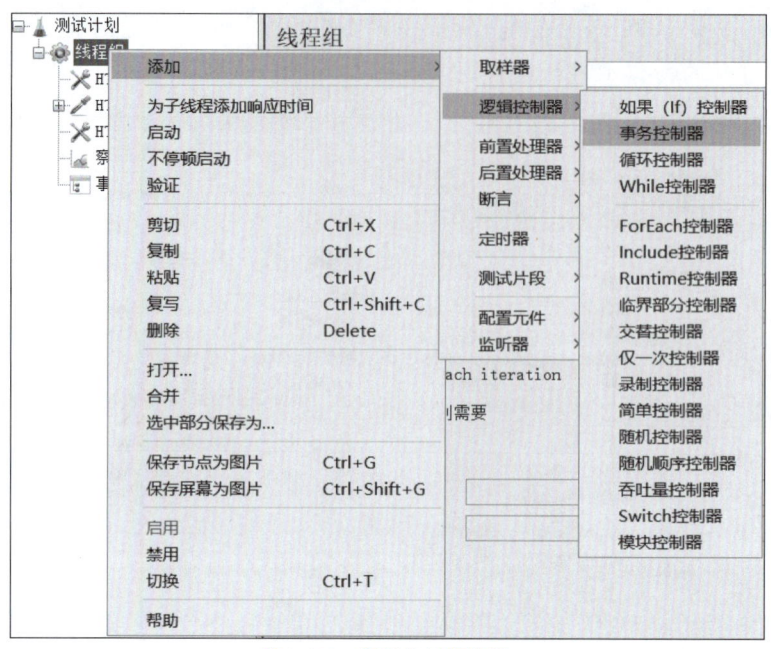

图 4-132 循环控制器设置

图 4-133 循环控制器页面

注意：循环最好放在事务之外。如果使用 CSV 参数文件，一般 CSV Data 要放在循环之中。

使用 JMeter
和 Badboy
录制脚本

1. Badboy 录制订票过程

首先打开 Badboy 客户端，然后在 URL 地址输入 WebTours 访问地址。录制脚本如图 4-134 所示。这里录制的是用户注册页面。

然后将 Badboy 的脚本通过"File"→"Export to JMeter"命令导出 JMeter 文件。

2. JMeter 回放录制脚本

打开 JMeter 客户端，并打开刚刚的脚本文件，如图 4-135 所示。

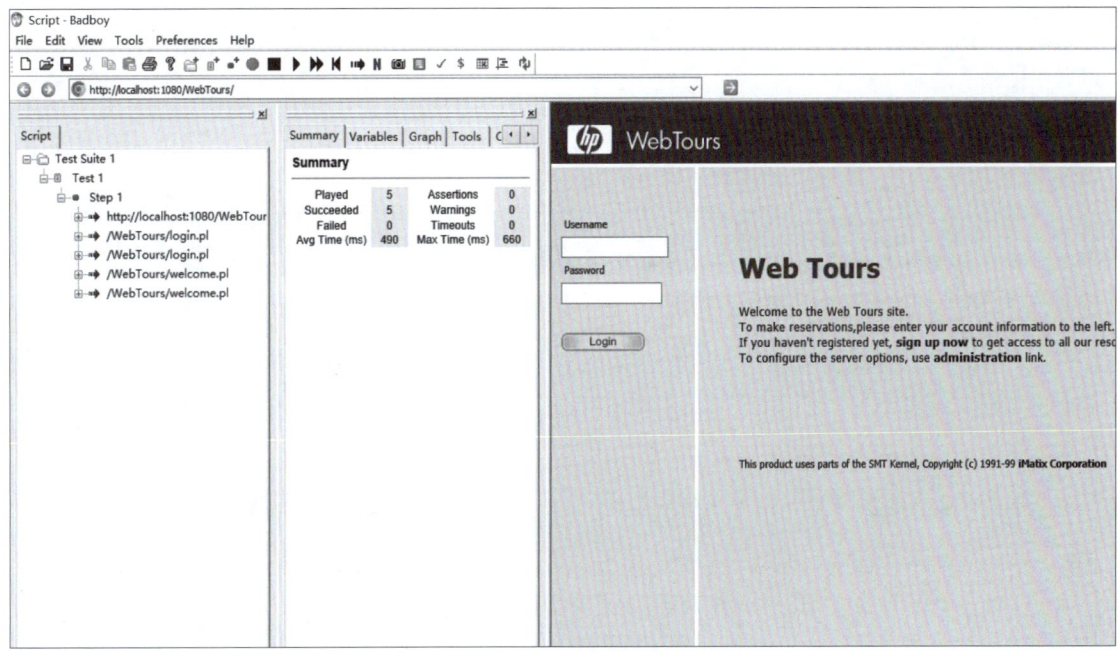

图 4-134　Badboy 录制注册完成页面

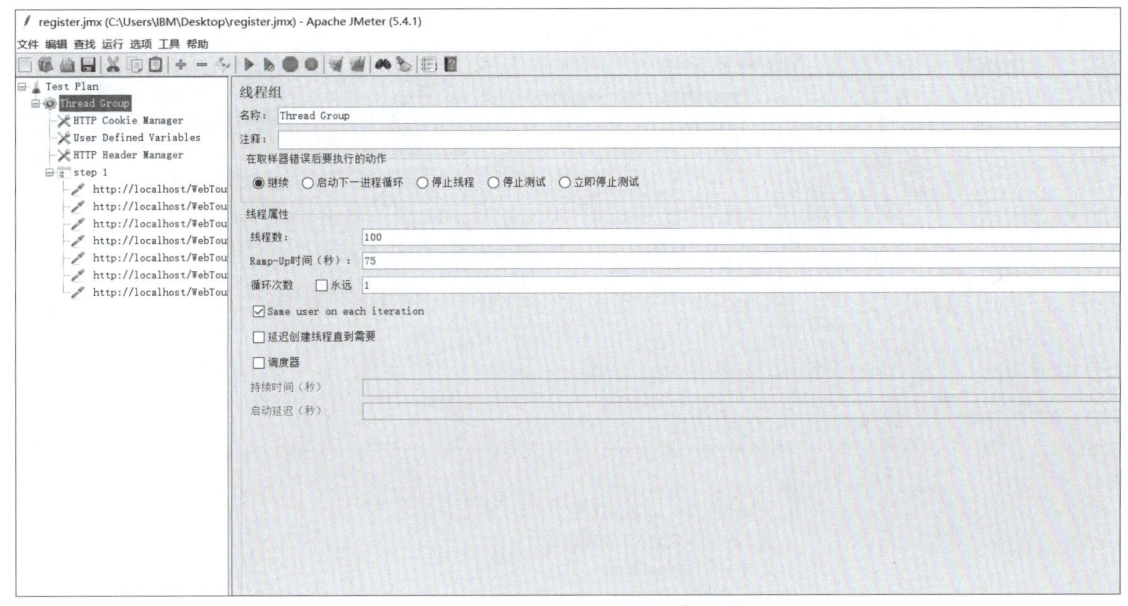

图 4-135　JMeter 打开录制脚本页面

对 JMeter 脚本进行回放,察看结果树。右击"Thread Group"下的"Step1",选择"添加"→"监听器"→"察看结果树"命令。单击"察看结果树",单击工具栏中的绿色三角形图标;运行结束后,查看图形方式的回放结果,选择"察看结果树"→选择下拉列表中的"HTML"→选中某个 URL 命令,单击"响应数据",如图 4-136 和图 4-137 所示。可以使用工具栏上的 进行结果清除,前面一个图标是清除当前结果,后面一个图标是清除所有结果。

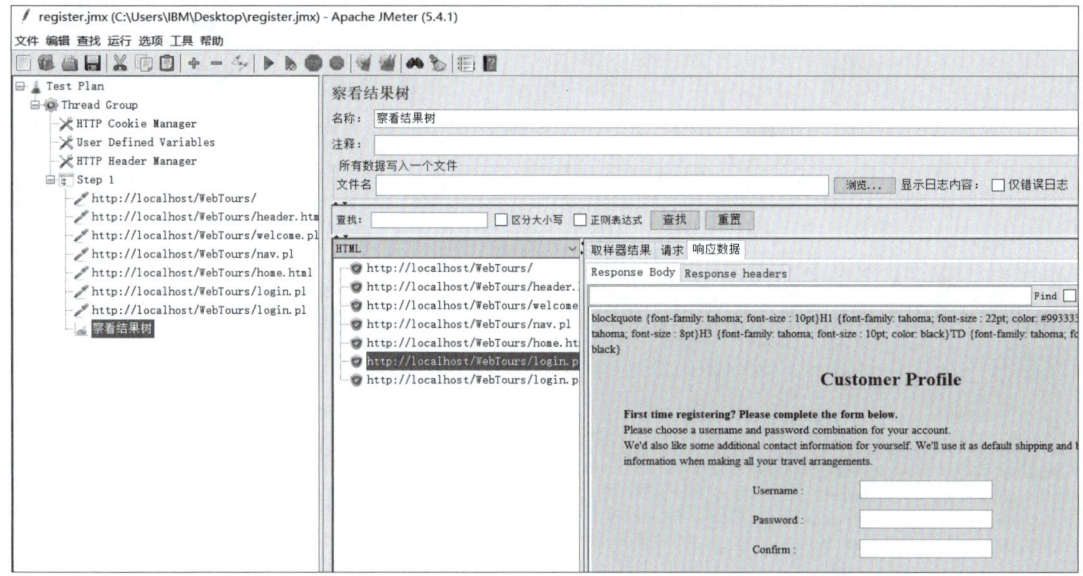

图 4-136 添加察看结果树

图 4-137 察看结果树具体页面结果

这里可以根据 URL 页面显示情况,给每个 HTTP 请求取一个名字便于后续操作,如图 4-138 所示。这里为了取名字方便,可以先给每个 URL 编一个序号。

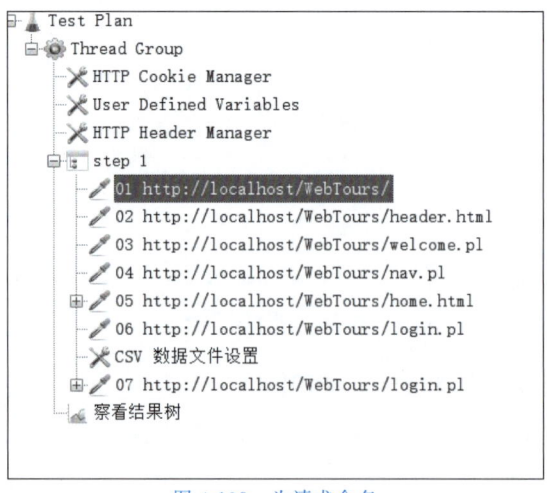

图 4-138 为请求命名

3. JMeter 脚本编辑

（1）添加断言

这里要求检查页面是否成功打开或者注册是否成功，可以在对应页面中找到相应的文本检查点，设置响应断言，确定页面是否成功打开或者注册是否成功。

在线程组下找到需要检查的 URL，右击并选择"添加"→"断言"→"响应断言"命令，如图 4-139 和图 4-140 所示。

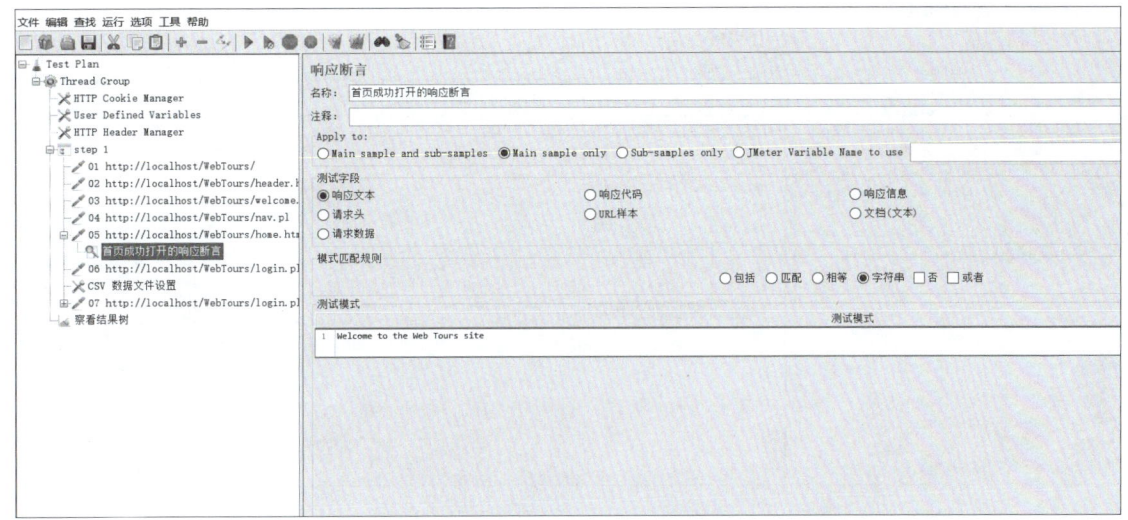

图 4-139　页面成功打开断言设置

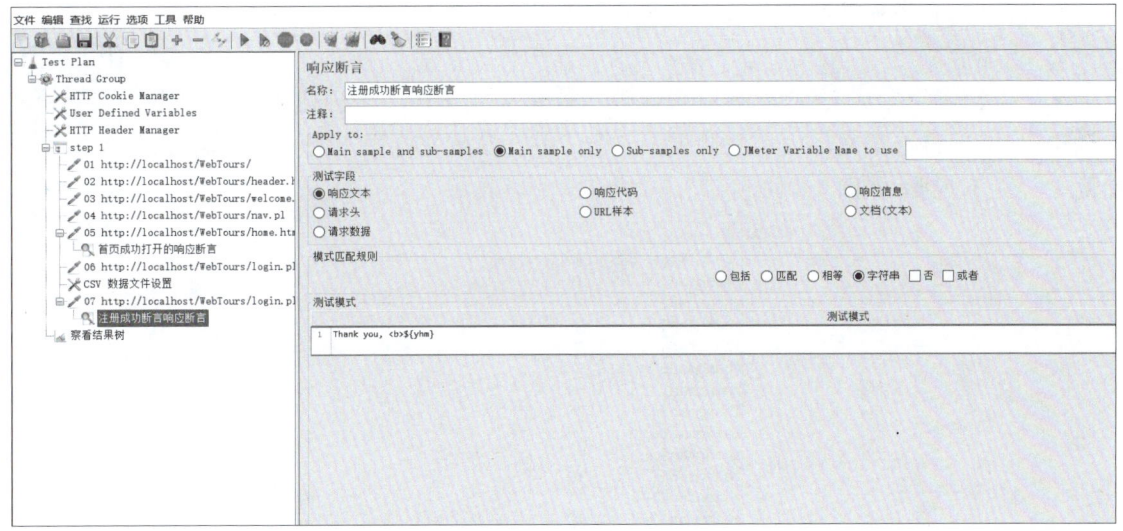

图 4-140　注册成功断言设置

在断言使用过程中，主要注意以下几点：

①先根据"结果树"中的"HTML"中的"响应数据"，找到需要检查的网页中的文本。

②复制上述内容，根据"结果树"中的"Text"中的"响应数据"，确定最终要检查的文本（可能含有标记）。

③如果在检查文本中出现了特殊符号（如正则表达式、?、、、*等），要用转义字符进行转义。

④断言内容找不到会报错,找到则无反应。

(2)添加事务

可以先将所有请求移出 step1,然后删除循环控制器 step1。右击选择"线程组"→"添加"→"逻辑控制器"→"事务控制器"命令,根据需要添加事务控制器,如图 4-141 所示。

JMeter
编辑脚本02
(添加事务)

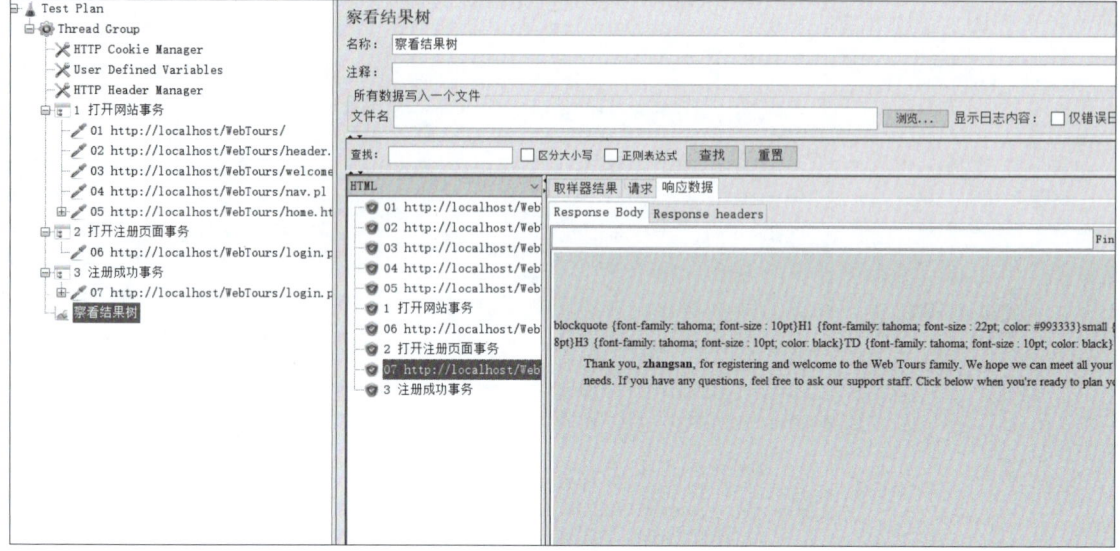

图 4-141　添加事务页面

注意:事务控制器设置后,要将所属的请求放到对应事务控制器之下;察看结果树时,事务在结束时显示,在事务显示之前的操作都是该事务中的动作。

(3)添加参数

①先手动编辑参数文件,然后写入参数。这里先用 Excel 表创建 100 个用户名和密码,然后将这个文件内容复制到 txt 文件中。参数文件中不需要写列名,后面的空行也不需要,如图 4-142 所示。

JMeter
编辑脚本03
(添加参数)

图 4-142　注册用户信息(部分)

②接着找到需要参数化的输入数据的请求 URL,这里是注册提交页面之前。如图 4-143 所示,因为通过注册提交页面请求需要传递的参数是 username 和 password,所以在这个请求前面的位置,右击选择"添加"→"配置元件"→"CSV 数据文件设置"命令,将刚才设置的参数文件设置完成,如图 4-144 所示。

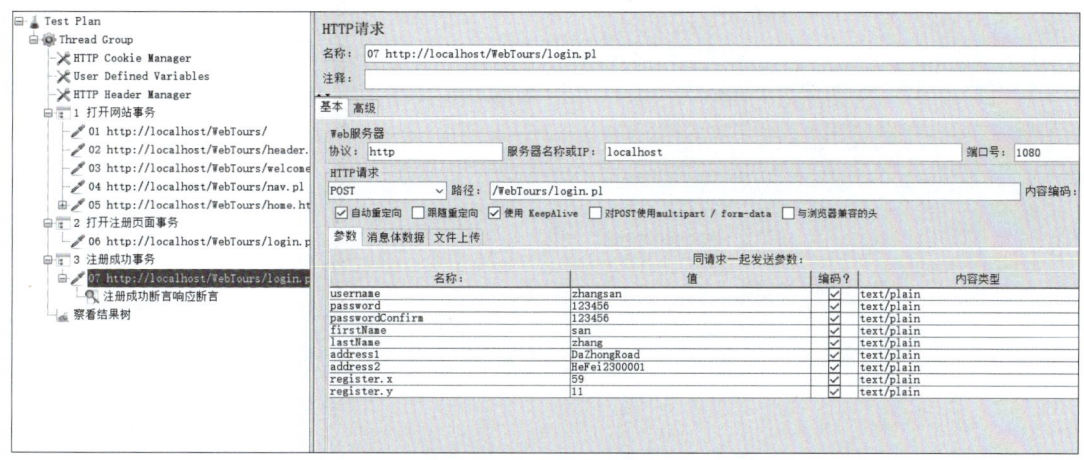

图 4-143　参数传递请求

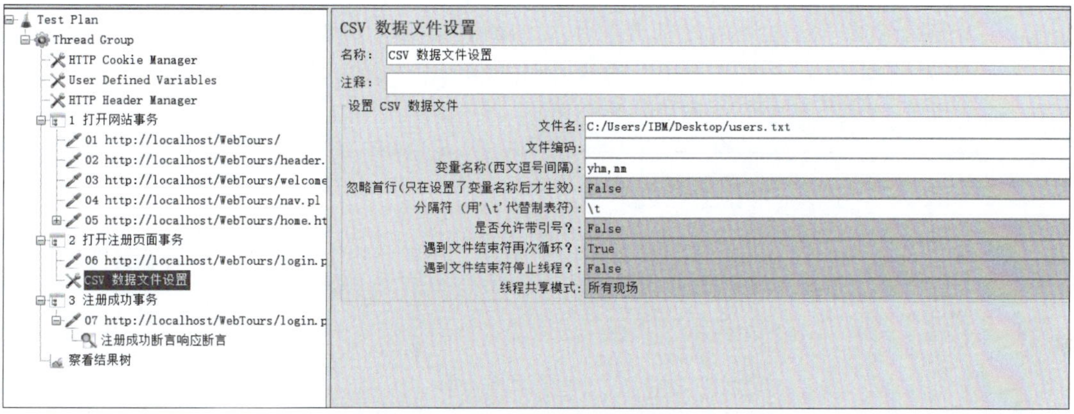

图 4-144　参数化文件设置

③将参数的"值"改为"${参数名}",使用参数时不加引号。如在其他地方也用到用户名和密码,则都需要修改为参数引用,如图 4-145 所示。

图 4-145　参数传递设置

④因为有 100 个用户，所以需要设置线程组。这里设置 15 秒启动 20 个用户，如图 4-146 所示。

图 4-146　线程组设置

⑤运行查看结果。这里运行之前先将不用的断言禁用。例如，注册成功断言（这里我们禁用了）。注册成功断言也可以不禁用，将其中出现的用户名改为参数形式也可以。结果如图 4-147 所示。

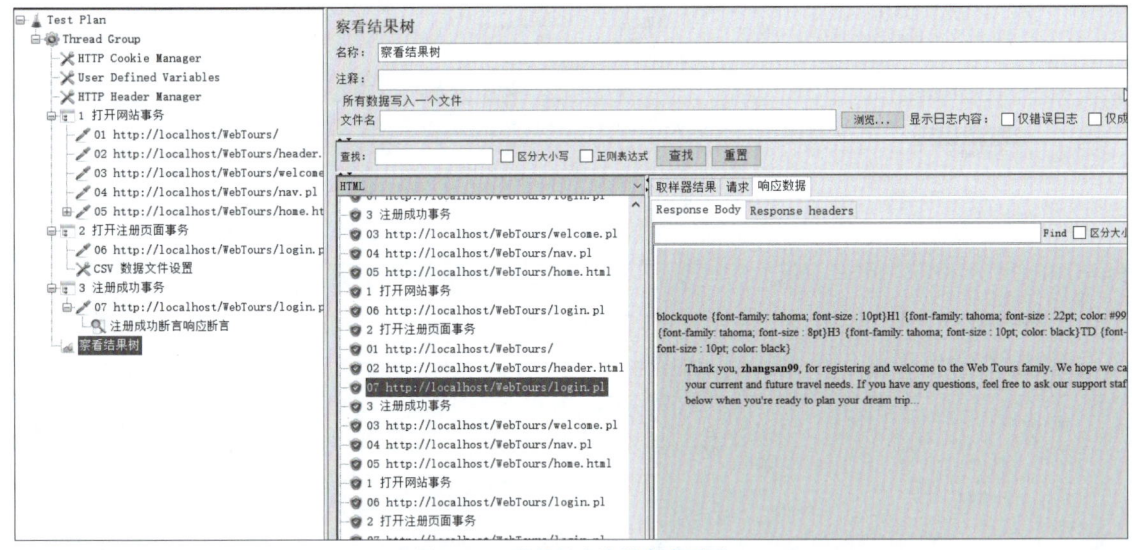

图 4-147　批量用户注册完成页面

当出现多个线程执行时，可以勾选"Scroll automatically"实现请求的自动运行显示，同时也可以查看日志文件运行情况。运行完成后，可以进入 WebTours\MercuryWebTours\users 目录，查看用户注册情况，如图 4-148 所示。文件夹 5 和 47 是系统自带用户 joe 和 jojo 的信息。

注意：批量参数化执行时有可能出错，这种情况是正常的。因为线程的关闭顺序不定，有可能影响后续操作。

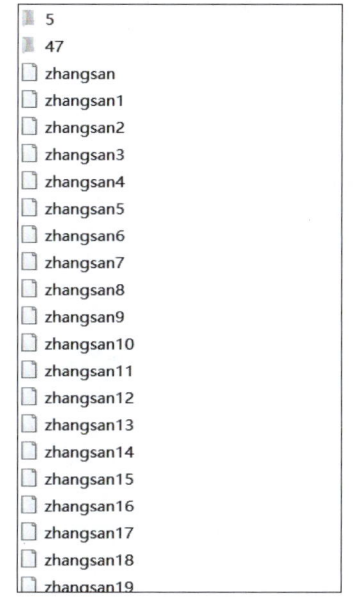

图 4-148 批量用户注册成功结果（部分）

（4）关联

录制订票的脚本，保证脚本正确实现业务。

①使用 Badboy 录制登录订票的过程，并导出为 JMeter 脚本。这里不再重复演示，使用 jojo 用户完成了一次订票过程。查看 WebTours\MercuryWebTours\users 目录下 jojo 用户的账号信息，发现生成了订票信息。

②将 Badboy 录制的脚本导出为 JMeter 脚本，然后用 JMeter 打开，查看执行结果。继续查看 WebTours\MercuryWebTours\users 目录下 jojoyo 用户的账号信息，发现没有产生订票信息，说明订票业务没有发生。这里也仅仅说明录制脚本没有错误而已。

③查找无业务发生的原因。

结果树（HTML 格式）中在步骤 6 中发现问题。因为提示"You've reached this page incorrectly（probably a bad user session value）."，如图 4-149 所示，是无效的 session ID，所以往前逆推找原因。

图 4-149 无效 session ID 提示

在 step 下找到发送数据中有会话值的 URL 请求。发现在第 6 个 URL 请求中有 session 值传递，如图 4-150 所示。

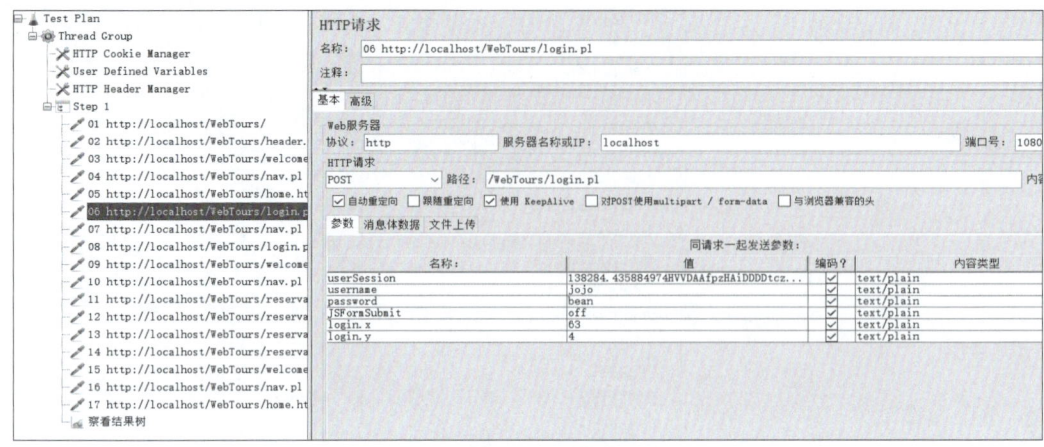

图 4-150 session 值传递

在察看结果树的 Text/源代码界面中，倒着找哪个 URL 中的响应数据中有会话值 userSession，如图 4-151 所示。发现在第 4 个 URL 请求中有 userSession 的传递。

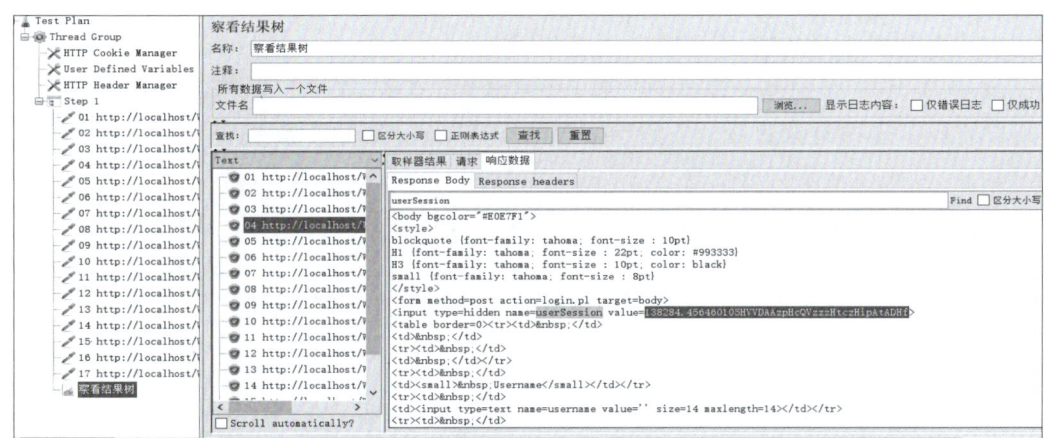

图 4-151 结果树中查找 userSession

④找到 sessionID 的左右边界，然后在响应的 URL 处添加"后置处理器"→"正则表达式提取器"，如图 4-152 所示。

图 4-152 sessionID 正则表达式设置

⑤查看正则表达式提取结果。在 Step1 右击，选择"添加取样器"→"调试取样器"命令，然后将对应取样器移动到查看的正则表达式提取之后，如图 4-153 所示。

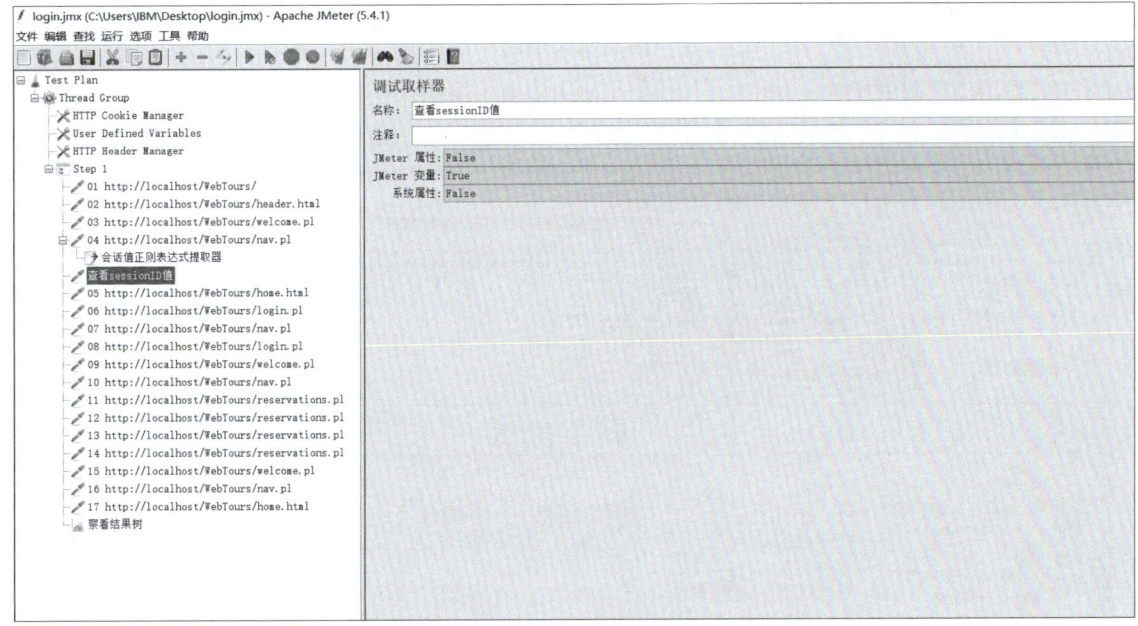

图 4-153　添加调试取样器

⑥查看结果。运行察看结果树。运行两次，分别查看正则表达式提取的结果，如图 4-154 和图 4-155 所示。

会发现两次的 session 值都不同，即动态产生的，所以不能直接产生业务。

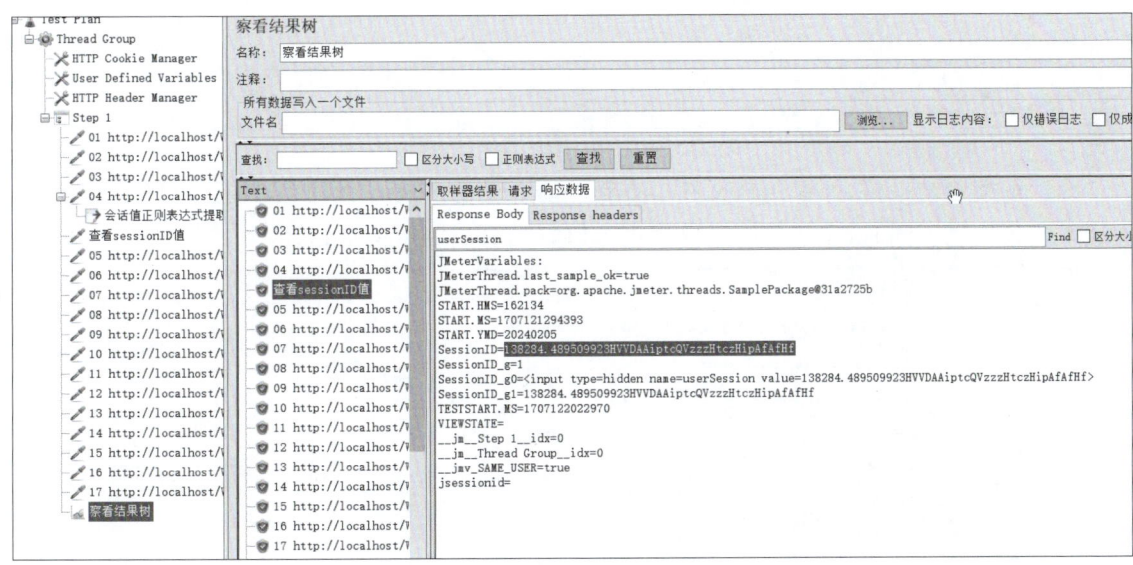

图 4-154　第一次执行 sessionID 的值

⑦解决问题：

在请求的 URL 处，将 userSession 参数的值改为"＄{引用名称}"，所有请求中涉及这个参数的都要替换，如图 4-156 所示。

图 4-155　第二次执行 sessionID 的值

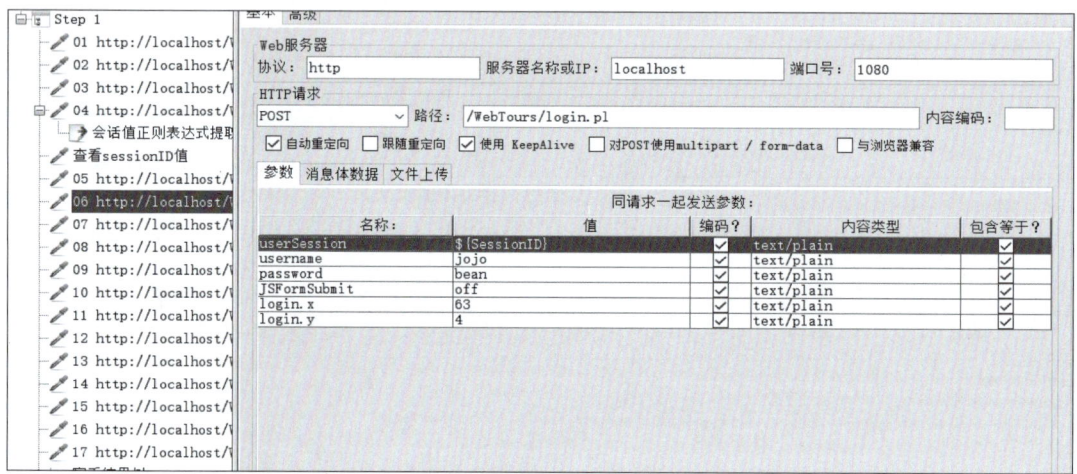

图 4-156　参数替换

⑧运行察看结果树,并在用户文件中查看是否有业务发生。此时会发现用户信息文件中生成了业务信息。同时,在察看结果树中也可以看到对应提示信息,如图 4-157 所示。

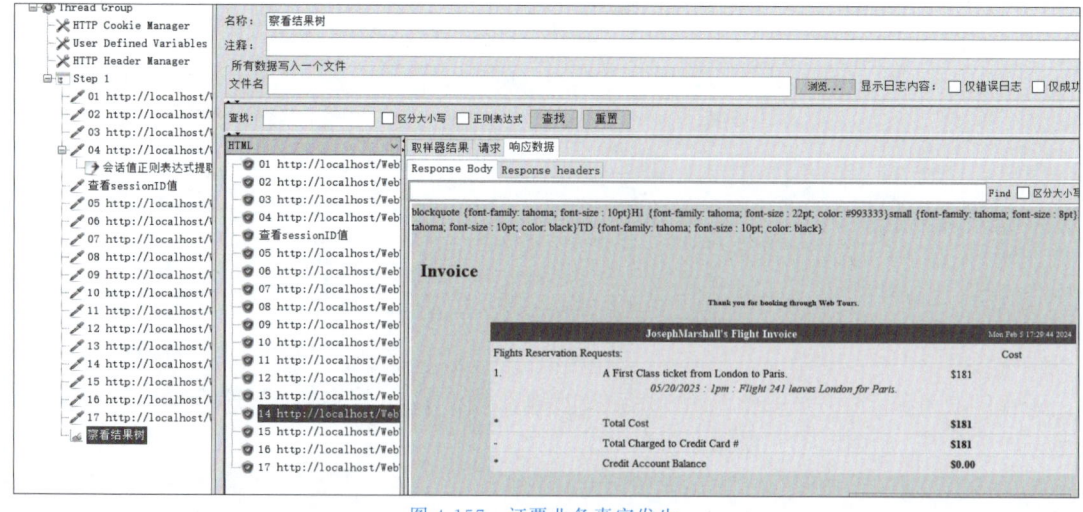

图 4-157　订票业务真实发生

实现步骤小结：

(1) 找到察看结果树中出错的请求，在这个 URL 的请求中查找会话值。

(2) 在 step 下找到哪个 URL 的发送数据中有会话值。

(3) 在察看结果树的 Text/源代码界面中，倒着找哪个 URL 中的响应数据中有会话值。

(4) 找到 session ID 的左右边界。

(5) 响应的 URL 处添加"后置处理器"→"正则表达式提取器"。

(6) 在请求的 URL 处，将 userSession 参数的值改为"＄{引用名称}"。

同步练习

1. 使用 LoadRunner 完成以下操作：

(1) 脚本录制

录制一个登录和订票的脚本（添加注释）。

其中登录在 action1 中，添加事务，登录操作中添加集合点。

订票在 action2 中，添加事务。

(2) 脚本运行

以上脚本迭代 5 次。

(3) 场景设计

20 个虚拟用户登录。

集合点策略为：100％到达运行 vuser 数目释放。

运行时间 5 分钟，每 5 秒启动 5 个用户，最后每 5 秒停止 10 个用户。

(4) 查看分析结果

2. 使用 Badboy 和 JMeter 参数化出发地和目的地，实现一人买三张票。

项目 5 自动化测试

知识目标

1. 掌握自动化测试环境的搭建。
2. 掌握八种页面元素定位方法的使用。
3. 熟悉 By 定位方式。
4. 熟悉页面等待的三种不同方法。
5. 掌握多窗口和多表单的切换。
6. 熟悉下拉框和文件上传、下载的操作。
7. 掌握鼠标、键盘常见操作。
8. 了解对话框操作。
9. 熟悉 Selenium 封装。

技能目标

1. 会搭建自动化测试环境。
2. 会使用 Python 语言实现常见的 web 测试。

素质目标

1. 培养学生探索学习新工具的能力。
2. 培养学生理论联系实际的学习能力。
3. 培养学生科学、严谨的态度。

任务 5.1 认识自动化测试

任务描述

本任务针对什么是自动化测试进行介绍。

知识点 1　自动化测试的定义

自动化测试是把以人为驱动的测试行为转化为机器执行的一种过程,即模拟手工测试步骤通过执行程序语言编制的测试脚本自动地测试软件,包括所有测试阶段。自动化测试是跨平台兼容的,与进程无关。

严格地说,自动化测试是分广义和狭义的。广义的就是测试自动化,强调的是整个测试过程都由计算机系统完成,范围更广;狭义的就是通常所说的自动化测试,主要是通过某个自动化工具自动执行某项测试任务,处理范围比较小。

知识点 2　自动化测试的优缺点

1. 自动化测试的优点

(1)回归测试方便可靠

通常来说,这是自动化测试最主要的任务和特点,特别是在程序修改比较频繁时(新功能不断加入,老功能逻辑不变或很少变),效果是非常明显的。由于回归测试的业务流程操作和测试用例是预先完全设计好的,预期结果也是完全在项目人员掌握之中,将回归测试交给计算机自动运行,可以极大地提高测试效率,缩短回归测试时间。

(2)运行繁琐测试快速高效

自动化测试一个明显的好处就是可以在较短的时间内运行更多的测试。有很大一部分业务功能由于业务逻辑极其繁琐,人工测试的方法会耗费很多时间,尤其是需要多次测试的业务。这不仅是对测试人员耐力的一种考验,还可能因为手工测试过程中的疏忽而导致错误的发生。而自动化测试的耐力是无限大的,并且计算机的执行速度远比人工快。

(3)资源利率高

将更繁琐的任务自动化,以及提高准确性和测试人员的积极性,将测试人员解脱出来以便投入更多的精力设计更好的测试用例。有些测试不适合自动化测试,测试人员可专注于手工测试,或将测试人员的精力投入新功能或者测试更深的业务逻辑中去,争取发现更深层次的缺陷。

(4)测试重复利用且可以减少人为错误

由于自动化测试通常使用的是自动化测试脚本,所以可以针对脚本进行较少的修改甚至不修改即可实现在其他相似或者相同的业务场景的测试;也因为自动化测试是机器执行,不存在执行过程中的人为疏忽,测试设计完全决定测试质量。

2. 自动化测试的缺点

(1)难以完全保证测试的正确性

自动化测试是由脚本组成的,其核心仍然是代码。简单来说,自动化测试就是程序测试程序,是程序就会有缺陷,所以不能保证测试工程师开发的脚本就一定没有缺陷。如果代码有一个小小的逻辑错误,哪怕是一个条件判断的误写也会导致测试结果完全出错。当然对于自动化测试工程师来说,大多数的错误还是能在脚本调试过程中避免的。

(2)无法发现更多缺陷

自动化测试几乎无法发现新缺陷,大多是用来检测曾经发现过的缺陷在每个新版本下是否重新出现。自动化测试更适合缺陷预防,而不是发现更多缺陷。自动化测试最大的用途就是回归。通过测试工具没有发现缺陷,并不能说明系统不存在缺陷,只能通过工具评判测试结果和预期结果之间的差距。

(3)对于需求更改频繁的软件,测试脚本的维护和设计比较困难且对测试人员要求高

自动化测试需要编写测试脚本,并设计场景,对于需求变化较频繁的软件并不友好。同时,对测试人员的要求比较高。

自动化测试的运行,首先是建立在手工测试质量稳定的大条件下,如果当前版本测试的质量不够稳定,运行自动化测试会非常不顺利,几乎是一种无用功。

(4)成本投入高且风险大

自动化测试需要很大的成本投入,没有良好的成本分析与控制手段以及自动化测试计划和执行过程控制,往往会导致自动化测试项目失败。

知识点3 自动化测试的分类

1. 按测试目的分类划分

功能自动化:测试目的是发现软件中实现功能是否符合用户需求规格。很多人可能会片面地认为功能自动化是针对用户界面功能是否满足需求的测试,其实不然。功能自动化测试的入口点有很多,不要将思维局限于用户界面,而应该放眼于软件系统的各个组成部分。实践证明,基于系统 UI 的自动化测试只能发现软件中极少的缺陷,往往实施 UI 自动化测试的目的不是去发现软件系统中的缺陷,而是验证系统是否可以正常运行,这对实施自动化测试工作尤为重要。

除可以基于 UI 进行自动化测试,还可以基于网络服务接口提供者进行测试,如 Web Service 接口、Restful 等。基于接口进行功能测试较为常见,也是非常有效的手段。另外,还可以基于系统基础代码进行测试,例如,单元测试和集成测试阶段的白盒测试。可以直接对 DAO 和 Service 服务进行测试,常用的测试技术包括 JUnit、TestNG、Mock、Stub 等。由于企业所应用的软件开发模型所限,本阶段的测试在实际工作场景中应用较少,更多的是开发人员亲自完成。

性能自动化:性能自动化测试是通过测试工具模拟高并发负载进行压力测试,以发现软件系统在高负载情况下的运行瓶颈。这里的系统瓶颈包含多部分,如应用程序本身的性能瓶颈、网络瓶颈、服务器硬件资源瓶颈(如 CPU、MEM、DISK)、数据存储服务器等。这一测试活动通常借助自动化测试工具完成,常见的性能测试工具包括 LoadRunner、JMeter、Ngrinder、Gatling 等。无论哪一款测试工具,基本都是由测试脚本管理、测试场景配置和监控结果三部分组成。

与功能自动化类似的是,性能测试工作对象也可以面向用户 UI 层或服务接口提供方,甚至可以直接面向底层基础业务逻辑层。绝大多数通过用户层进行性能测试模拟的是最接近真实用户场景的测试,也是性能测试必然实施的阶段。另外,面向接口的性能测试也是发现系统性能瓶颈很有效的阶段,应当结合实际工作需求有选择性地开展。

2. 按测试对象划分

单元测试：关注某一个函数或模块的正确性，一般需要开发人员编写相关的测试代码来进行自动化测试。可以使用对应的测试驱动开发（TDD）框架，如 Java 的 JUnit 和 TestNG 等，相应 Python 语言中有 Unittest 和 Nose 等。

集成测试：也称组装测试或联合测试。在单元测试的基础上，将所有模块按照设计要求组装成为子系统或系统，进行集成测试。实践表明，一些模块虽然能够单独工作，但并不能保证连接起来也能正常工作。程序在某些局部反映不出来的问题，在全局上很可能暴露出来，影响功能的实现。这个阶段，可以尝试接口自动化测试，同样可以利用单元测试框架编写针对 API 调用的测试代码。另外，也可以利用 Selenium 和 Appium 等测试工具进行 UI 相关测试。

用户验收测试：也称用户可接受测试，一般在项目流程的最后阶段。这时相关的产品经理、业务人员、用户或测试人员根据测试计划和结果对系统进行测试和验收，来决定是否接收系统。它是一项确定产品是否能够满足合同或用户所规定需求的测试。本阶段主要是 UI 相关的测试，编写自动化测试脚本的难度比较大。同样可以利用 Selenium 和 Appium 等测试工具来编写测试脚本。

回归测试：指修改旧代码后，重新进行测试以确认新的修改没有引入新的错误或导致其他代码产生错误。自动回归测试将大幅降低系统测试、维护升级等阶段的成本。

回归测试作为软件生命周期的一个组成部分，在整个软件测试过程中占有很大的比重，软件开发的各个阶段都会进行多次回归测试。在渐进和快速迭代开发中，新版本的连续发布使回归测试进行得更加频繁，而在极端编程方法中，更是要求每天都进行若干次回归测试。因此，通过选择正确的回归测试策略来改进回归测试的效率和有效性是很有意义的。

知识点 4　自动化测试的适用场景

- 明确的、特定的测试任务。
- 软件包含验证测试（Build Verification Test，BVT）。
- 回归测试、压力测试、性能测试。
- 相对稳定且界面改动比较少的功能测试。
- 人工容易出错的测试工作。
- 在多个平台环境上运行相同的用例、大量组合性测试或其他重复性测试任务。
- 周期长的软件产品开发项目。
- 被测试软件具有很好的可测试性。
- 能确保多个测试运行的构建策略。
- 拥有运行测试所需的软硬件资源。
- 拥有编程能力较强的测试人员。

知识点 5　自动化测试模型

自动化测试模型分为线性模型、模块化驱动模型、数据驱动模型和关键词驱动模型四类。

1. 线性模型

通过录制或编写对应应用程序操作步骤产生的线性脚本,单纯地模拟完整的用户操作场景,操作、重复操作、数据混合在一起。

优点:线性脚本中每个脚本都相互独立,且不会产生其他依赖与调用。

缺点:开发成本高,用例之间存在重复操作,例如,重复的用户登录和退出;维护成本高,当重复的操作发生改变时,需要逐一进行脚本的修改。

2. 模块化驱动模型

将重复的操作独立成公共模块,当用例执行过程中需要用到这一模块操作时则被调用。操作、重复操作、数据混合在一起。

优点:由于最大限度地消除了重复操作,从而提高了开发效率和测试用例的可维护性。

缺点:虽然模块化的步骤相同,但是测试数据不同。例如,重复的登录模块,如果登录用户不同,依旧要重复编写登录脚本。

3. 数据驱动模型

将测试中的测试数据和操作分离,数据存放在另外一个文件中单独维护。通过数据的改变驱动自动化测试的执行,最终引起测试结果的改变。操作、重复操作、数据分开。

优点:通过这种方式,将数据和重复操作分开,可以快速增加相似测试,完成不同数据情况下的测试。

4. 关键字驱动模型

将测试用例的每个步骤单独封装成一个函数,以这个函数名作为关键字,将函数名及传参写入文件中,每个步骤映射一行文件。通过解析文件的每行内容,将内容经过 eval 函数拼成一个函数调用,调用封装好的步骤函数,即可一步步执行测试实例。

优点:读取写有测试步骤的配置文件,根据参数值的不同,拼装成不同的函数调用字符串,利用 eval 函数执行字符串,即可调用已经封装好的关键字函数,进而一步步执行测试步骤。

任务实施

参考前面内容了解什么是自动化测试及自动化测试的分类。

任务 5.2　搭建自动化测试环境

搭建自动化测试环境

任务描述　　测试工程师在进行自动化测试之前,需要根据测试需求搭建测试环境。这里的测试环境主要包括 Python 环境、Selenium 插件和谷歌浏览器的使用。

知识点 1　Python 环境安装

(1)双击下载的.exe 安装文件进行安装,如图 5-1 所示。

按照图中区域进行设置,切记要勾选复选框,如果不进行勾选,需要自己配置环境变量,勾选后自动配置环境变量。然后单击"Customize installation"(自定义安装)选项进入下一步。

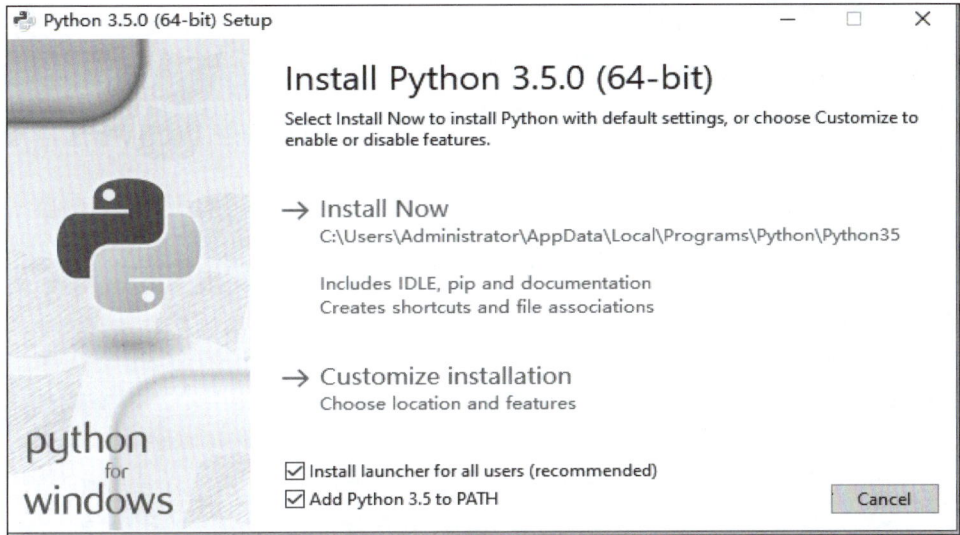

图 5-1　安装 Python

(2)单击自定义安装后弹出如图 5-2 所示的安装界面,将所有的复选框进行勾选,单击"Next"按钮。

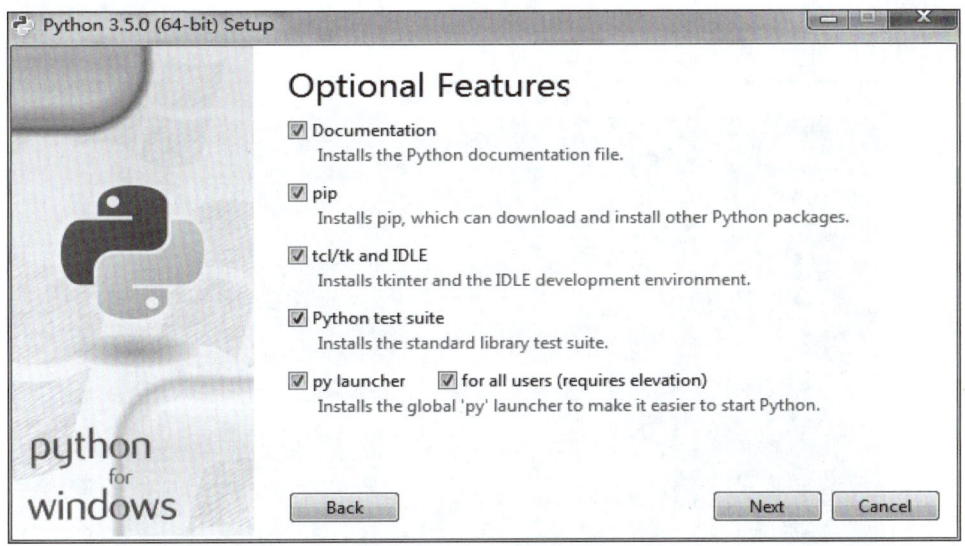

图 5-2　单击"Next"按钮

（3）弹出新的安装界面，如图5-3所示。

界面中只勾选图中显示的复选框即可，可以通过单击"Browse"按钮进行自定义安装路径，也可以直接单击"Install"按钮进行安装。单击"Install"按钮后便可以完成安装了。

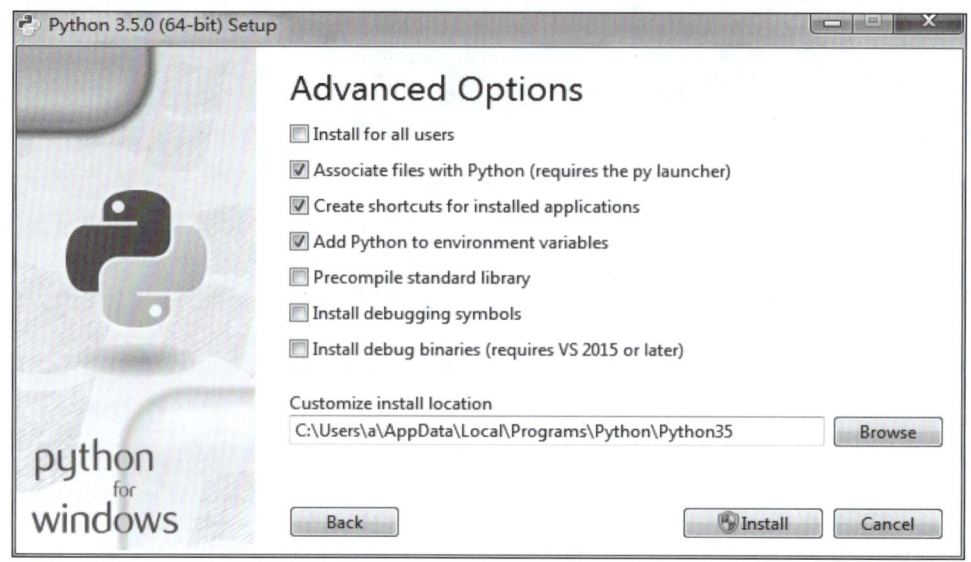

图5-3　更改安装路径

注意：AppData是隐藏文件夹，一般会考虑自定义安装路径，否则查看安装目录时，需要先将隐藏文件显示，如图5-4所示操作。

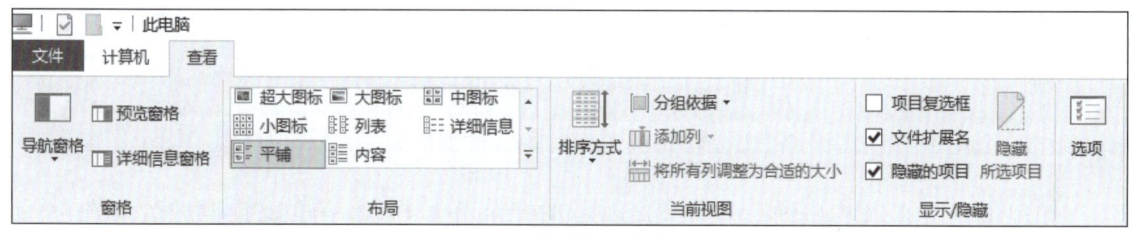

图5-4　查看隐藏文件设置

（4）安装完成后，为了检查Python是否安装成功，可以在cmd命令窗口中输入"python"进行查询，出现如图5-5所示的信息则表示成功了。

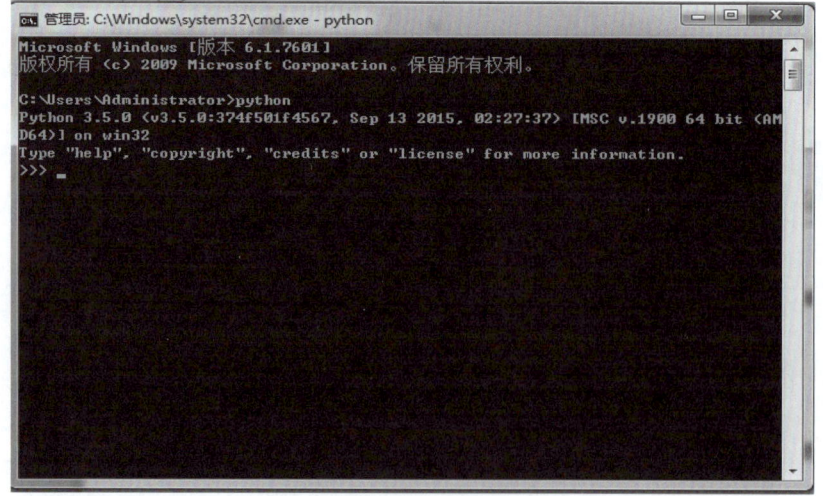

图5-5　查看Python安装是否成功

知识点 2　Selenium 安装

方法 1：将下载好的文件进行解压，如图 5-6 所示。然后将解压后的文件放置在 Python 安装目录下的 \lib\site-packages 中方可使用。本书使用了该方法，Selenium 版本是 2.48。Selenium 版本根据需要下载即可。（Selenium 下载地址：https://pypi.org/project/selenium/）

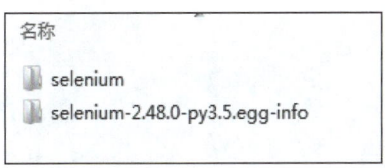

图 5-6　Selenium 解压目录

方法 2：使用 cmd 命令进行在线安装 Selenium，如图 5-7 所示。

命令：pip install selenium＝＝版本号

说明：如果命令后面不加版本号，默认下载最新的版本。

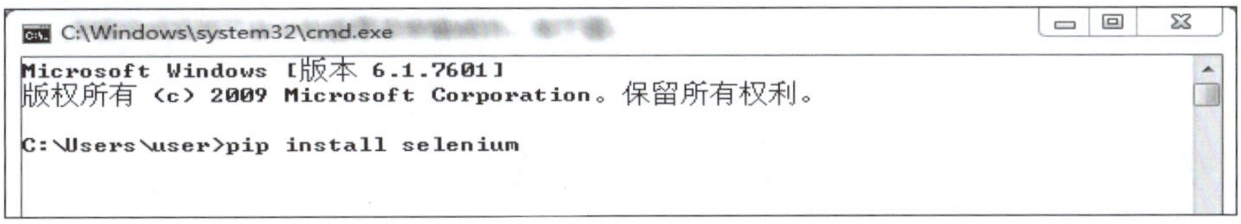

图 5-7　下载 Selenium 命令

注意：在使用命令安装时，有可能会出现 pip 命令版本过低，提示需要升级 pip 版本，此时根据提示命令升级即可。使用命令安装，需要联网。

安装完成后如下命令检查是否安装成功，如图 5-8 所示。

命令：pip show selenium

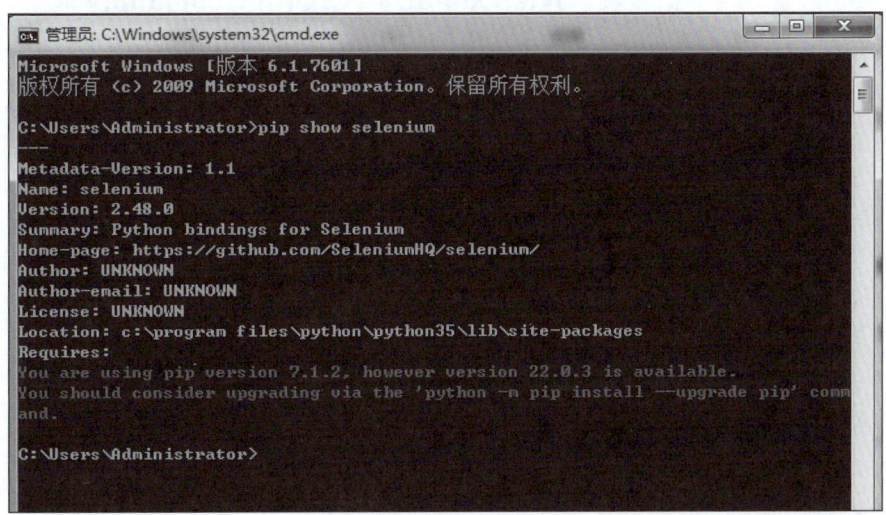

图 5-8　检查 Selenium 是否安装成功

此处也会提醒 pip 命令版本级别过低，需要升级。

注意：此处查看结果时，也可能出现 pip 命令不可用的提示，那么需要查找 pip 命令所在目录，然后切换到需要的 Python 目录下，如图 5-9 所示。

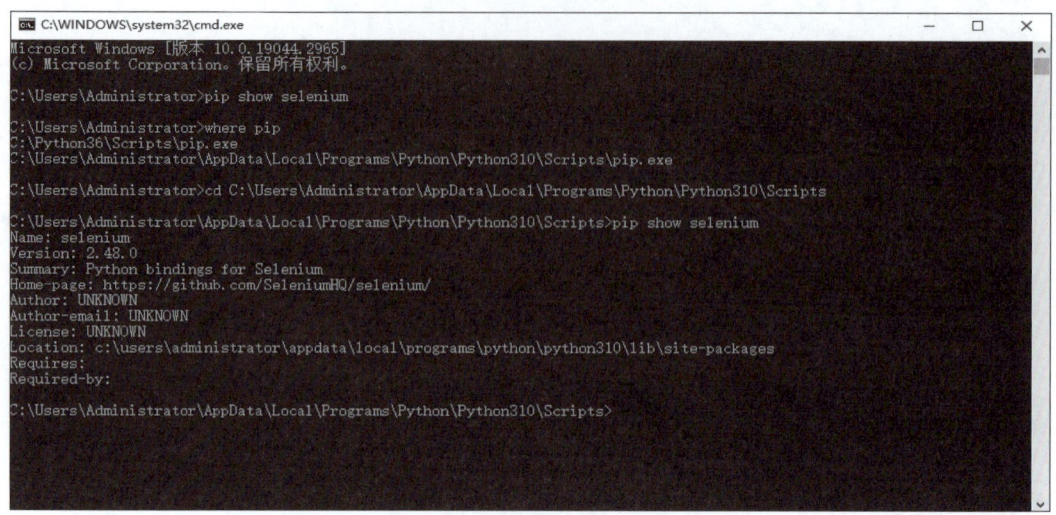

图 5-9　切换到 Python 目录下

 知识点 3　PyCharm 环境安装

（1）安装包下载地址：https://www.jetbrains.com/pycharm/，可以根据需要下载对应的安装包。然后双击 Pycharm 安装包，弹出如图 5-10 所示界面，之后单击"Next"按钮。

图 5-10　安装 PyCharm

(2)选择安装路径(也可以使用默认路径),选择完成后,单击"Next"按钮,如图5-11所示。

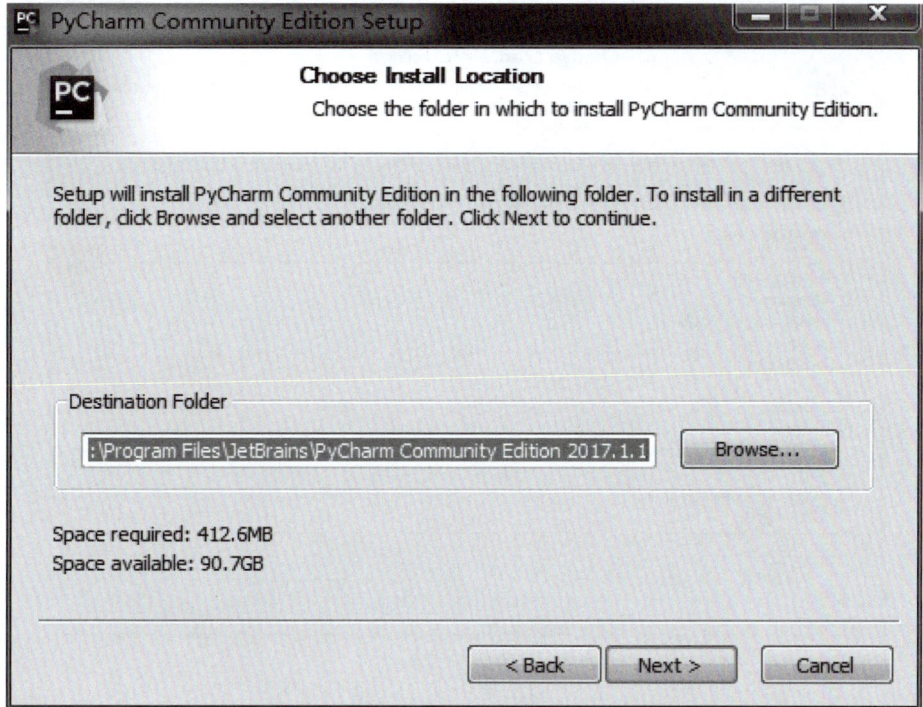

图 5-11　选择安装路径

(3)选择相对应的系统类型和文件后缀名,之后单击"Next"按钮,如图5-12所示。

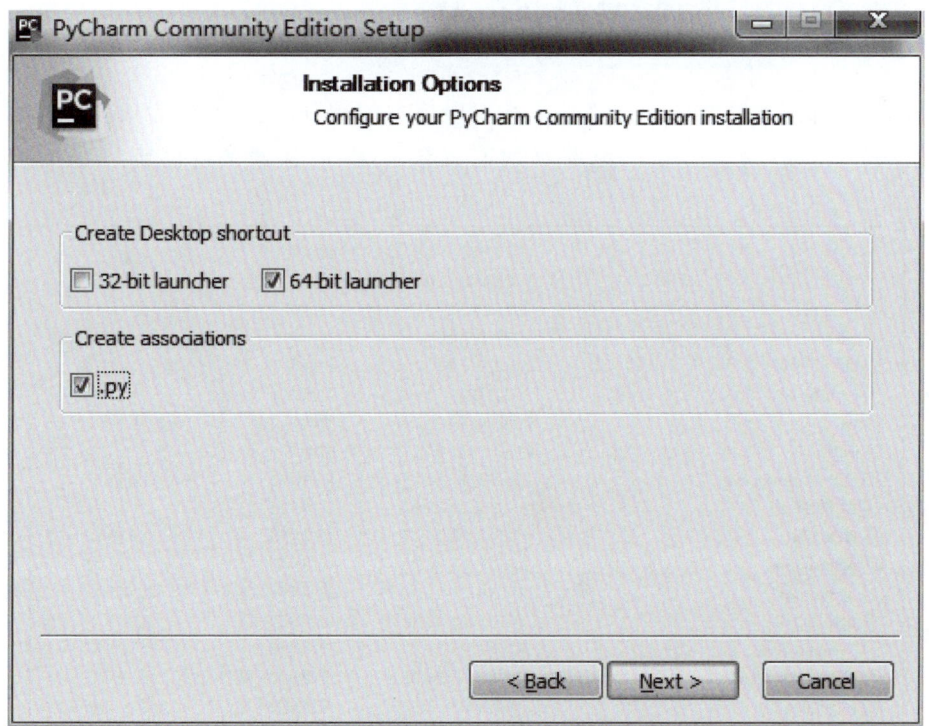

图 5-12　选择相对应的系统类型和文件后缀名

(4)在开始安装界面单击"Install"按钮,进行安装,如图 5-13 所示。

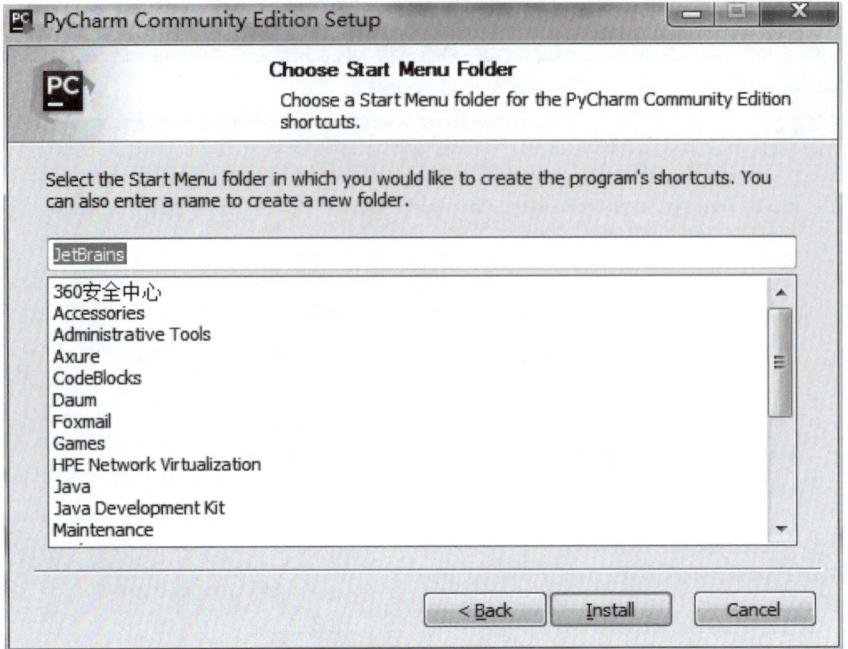

图 5-13　开始安装界面

(5)安装成功之后勾选复选框,单击"Finish"按钮,表示安装完成并运行 PyCharm。

知识点 4　浏览器驱动安装

此步骤根据自己电脑使用的浏览器下载对应版本的浏览器驱动,然后放在对应目录下。

安装谷歌浏览器,并将谷歌浏览器驱动放置在 Python 安装文件的根目录下,如图 5-14 所示。

名称	修改日期	类型	大小
DLLs	2022/9/2 10:11	文件夹	
Doc	2022/9/2 10:11	文件夹	
include	2022/9/2 10:11	文件夹	
Lib	2022/9/2 10:11	文件夹	
libs	2022/9/2 10:11	文件夹	
Scripts	2022/10/14 11:29	文件夹	
tcl	2022/9/2 10:11	文件夹	
Tools	2022/9/2 10:11	文件夹	
chromedriver.exe	2022/2/11 22:13	应用程序	11,555 KB
LICENSE.txt	2022/3/23 23:22	文本文档	32 KB
NEWS.txt	2022/3/23 23:23	文本文档	1,219 KB
python.exe	2022/3/23 23:22	应用程序	97 KB
python3.dll	2022/3/23 23:22	应用程序扩展	61 KB
python310.dll	2022/3/23 23:22	应用程序扩展	4,342 KB
pythonw.exe	2022/3/23 23:22	应用程序	96 KB
vcruntime140.dll	2022/3/23 23:22	应用程序扩展	95 KB
vcruntime140_1.dll	2022/3/23 23:22	应用程序扩展	37 KB

图 5-14　浏览器驱动插入位置

注意：可以通过谷歌浏览器的帮助功能查看版本，如图 5-15 所示，然后下载对应的驱动。

图 5-15　查看浏览器版本

谷歌浏览器 ChromeDriver 下载地址：https://chromedriver.chromium.org/downloads 或者 http://npm.taobao.org/mirrors/chromedriver/

任务实施

按照前面内容，自行搭建自动化测试环境，并在 PyCharm 中验证是否安装完成且正常使用。

打开 PyCharm 后，单击"File"→"New Project"，创建 Python 项目，如图 5-16 所示，并编写以下代码验证。

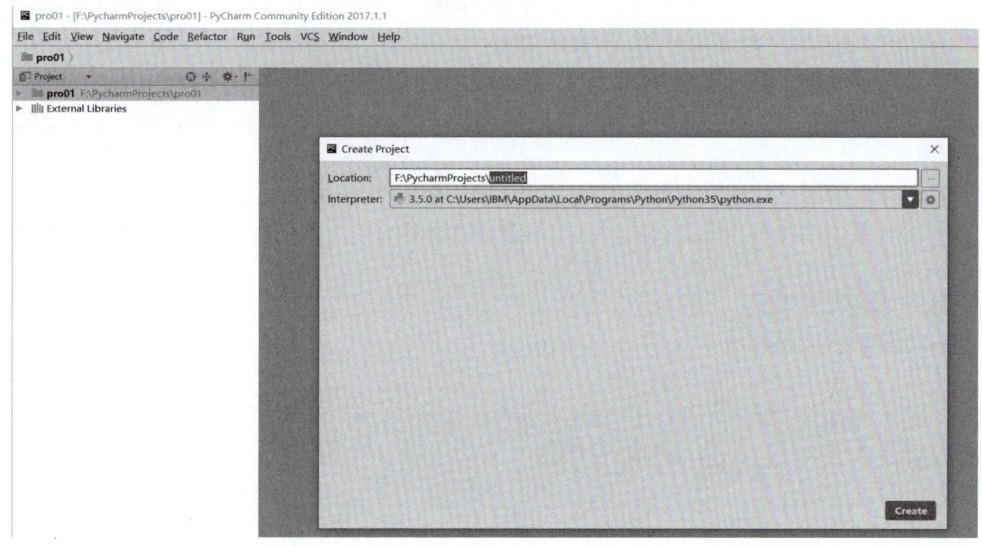

图 5-16　新建 Python 项目

案例代码：

```
# 从 Selenium 模块中导入 Web 驱动
from selenium import webdriver
from time import sleep
# 启动谷歌浏览器
driver = webdriver.Chrome()
# 谷歌浏览器访问百度页面
driver.get("https://baidu.com")
# 页面等待 5 秒
sleep(5)
# 关闭浏览器
driver.close()
```

然后运行该代码，查看是否实现了浏览器自行打开并访问百度页面，最后等待 5 秒后关闭浏览器。

任务 5.3　编写自动化脚本

任务描述

Web 自动化测试是自动化测试中最常见的测试。Web 自动化测试主要集中在浏览器操作上，所以如何编写自动化脚本实现浏览器窗口的多种操作是一个很重要的内容。要求编写脚本实现浏览器自动访问百度页面，并实现百度关键词搜索操作。具体实现以下功能：

1. 打开谷歌浏览器。
2. 浏览器窗口最大化。
3. 访问百度页面。
4. 在百度页面搜索框中输入"selenium"，然后单击"搜索"按钮。
5. 在搜索结果页面停留 5 秒，然后关闭浏览器。

> 小知识：
> 打开浏览器后，可以按下"F12"键后查看页面元素以及相应的属性内容。

知识点　页面元素定位

页面元素定位方法见表 5-1。

表 5-1　　　　　　　　　　　　　Selenium 页面元素定位方法

定位方法	定位方法的 Python 语言实现实例	
	定位单个元素	定位多个元素
ID	find_element_by_id("ID 值") find_element(by="id",value="ID 值")	因为 ID 唯一,所以不能定位多个
name	find_element_by_name("name 值") find_element(by="name",value="name 值")	find_elements_by_name("name 值") find_elements(by="name",value="name 值")
class name	find_element_by_class_name("页面元素的 Class 属性值") find_element(by="class name",value="页面元素的 Class 属性值")	find_elements_by_class_name("页面元素的 Class 属性值") find_elements(by="class name",value="页面元素的 Class 属性值")
标签名称	find_element_by_tag_name("页面中的 HTML 标签名称") find_element(by="tag name",value="页面中的 HTML 标签名称")	find_elements_by_tag_name("页面中的 HTML 标签名称") find_elements(by="tag name",value="页面中的 HTML 标签名称")
链接	find_element_by_link_text("链接的全部文字内容") find_element(by="link text",value="链接的全部文字内容")	find_elements_by_link_text("链接的全部文字内容") find_elements(by="link text",value="链接的全部文字内容")
部分链接	find_element_by_partial_link_text("链接的部分文字内容") find_element(by="partial_link_text",value="链接的部分文字内容")	find_elements_by_partial_link_text("链接的部分文字内容") find_elements(by="partial_link_text",value="链接的部分文字内容")
XPath	find_element_by_xpath("XPath 定位表达式") find_element(by="xpath",value="XPath 定位表达式")	find_elements_by_xpath("XPath 定位表达式") find_elements(by="xpath",value="XPath 定位表达式")
CSS	find_element_by_css_selector("CSS 定位表达式") find_element(by="css selector",value="CSS 定位表达式")	find_elements_by_css_selector("CSS 定位表达式") find_elements(by="css selector",value="CSS 定位表达式")

(1)根据 id 属性定位

主要就是根据元素的 id 属性值进行定位,具有唯一性。

(2)根据 name 属性定位

主要就是根据元素的 name 属性值进行定位。

(3)根据 class 属性定位

主要就是根据元素的 class 属性值进行定位。

注意:

1. name 和 class 属性不具有唯一性,有可能存在同名的 name 或者 class,所以在单一元素定位时有可能失败。

2. 并不是所有的 class(即使看着是没有同名的)属性都能够作为页面元素定位。有时在操作中无法选择利用 class 定位,可以换一种定位方式。

(4)根据标签名称定位

一般情况下,不使用 tag 标签名称定位元素。因为在 HTML 页面中会存在多个同样的标签,使用过程不友好。所以这里不专门实现百度搜索内容的自动化脚本,而是单独编写一个简易的 HTML 页面说明用法,后面代码实现中再详细描述。

另外注意如果访问的是页面地址,一般建议使用绝对地址,且地址中的"\"需要进行转义。

(5)链接定位/部分链接定位

超链接的定位分为两种:一个是全文字的链接定位;一个是部分文字的链接定位。其中,全文字的链接定位指定位时选择全部的链接文字进行定位元素,这种方式的好处是相对具有唯一性;部分文字的链接定位顾名思义就是选择超链接文本中的部分内容实现元素的定位。

注意:不论哪种方式,均要求选择的文字具有代表性,或者说具有特殊性,即要有唯一性。此种方法定位的前提是超链接且文字要求是在超链接标记中的内容,也就是"<a>内容</a>"里面的内容部分。

(6)xpath 定位

在 xpath 定位中,路径中未带下标时,元素匹配符合就近原则,匹配时返回满足条件的第一个元素。一般可以分为绝对路径定位和相对路径定位,其中常用的是相对路径定位方式。

① 绝对路径定位(即全路径)

利用 xpath 定位百度页面中的百度搜索框:

```
path = "/html/body/div/div/div/div/div/form/span/input"
```

② 相对路径定位

在使用中常用标记有:

- [ ] 表示条件。
- @ 表示属性。
- * 表示通配符。

注意:双引号中引用双引号,内嵌的双引号需改为单引号;同理,单引号中引用单引号,内嵌的单引号需改为双引号。

相对路径实现有很多种,具体可以分为以下几种不同情况:

(1)//不分层次结构的选择元素,利用元素的属性去定位。

定位百度页面中的百度搜索输入框:

```
path = "//input[@id='kw']"
```

或者

```
path = "//*[@id='kw']"
```

(2)使用层级和属性的结合定位。在当前元素没有属性可以使用时可以采用这个方法。

定位百度页面中的百度搜索输入框:

```
path = "//form[@id='form']/span/input"
```

(3)利用逻辑运算符实现元素的定位。多个元素属性使用"and"进行拼接。

定位百度页面中的百度搜索输入框:

```
path = "//input[@id='kw' and @class='s_ipt']"
```

(4)匹配属性中的部分文字或者字符串,使用 contains()方法,主要是利用元素属性中包含的字符串进行定位。

定位百度页面中的百度搜索输入框:

```
path = "//span[contains(@class,'s_ipt_wr')]/input"
```

（5）CSS 定位

①根据 id 选择器定位元素

定位百度页面中的百度搜索输入框：

path = "#kw"

②根据 class 选择器定位元素

定位百度页面中的百度搜索输入框：

path = ".s_ipt"

③通过标签选择器定位（一般通过层级关系，也就是兄弟选择器实现）

定位百度页面中的百度搜索输入框：

path = "span>input"

④通过选择器属性定位

定位百度页面中的百度搜索输入框：

path = "[name='wd']"

（6）By 定位

除了以上方法外，在表 5-1 中还看到了一种使用方法，即 By 定位。

在 Selenium 中，有的版本不再支持前面的方法，就可以使用 By 定位元素方法。在实际操作中，至于选择哪种定位方法或者哪类定位方法均不限制，只要能定位到元素，满足测试需求即可。

本书主要讲解单个元素定位，针对多个元素的复数定位方法，做个了解即可。

 任务实施

页面元素
定位1

1. 根据 id 定位

```
from selenium import webdriver
from time import sleep

#1 打开谷歌浏览器
page = webdriver.Chrome()
#2 浏览器窗口最大化
page.maximize_window()
#3 访问百度页面
page.get("https://www.baidu.com/")
#4 度页面搜索框中输入 selenium 然后单击搜索
#4.1 通过 id 定位百度输入框并在其中输入搜索内容
page.find_element_by_id("kw").send_keys("selenium")
#4.2 单击百度搜索按钮根据 id 定位
page.find_element_by_id("su").click()
#5 页面停留 5 秒然后关闭浏览器
sleep(5)
page.close()
```

注意：一般 sleep()方法在调试程序中使用，不在最终脚本中使用。因为 sleep()为强制执行，计入脚本执行时间。这里暂不考虑是否计入脚本时间。

2. 根据 name 属性定位

```
from selenium import webdriver
from time import sleep

driver = webdriver.Chrome()
driver.maximize_window()
driver.get("https://www.baidu.com/")
# 根据 name 属性定位百度搜索框并输入内容
driver.find_element_by_name("wd").send_keys("selenium")
# 由于搜索按钮没有 name 属性，所以使用 id 属性定位
driver.find_element_by_id("su").click()
sleep(5)
driver.quit()
```

3. 根据 class 属性定位

```
from selenium import webdriver
from time import sleep

driver = webdriver.Chrome()
driver.maximize_window()
driver.get("https://www.baidu.com")
# 根据 class 属性定位百度搜索框并输入搜索内容
driver.find_element_by_class_name("s_ipt").send_keys("selenium")
# 根据 class 属性定位"百度一下"按钮并单击
# driver.find_element_by_class_name("bg s_btn").click()
driver.find_element_by_id("su").click()
sleep(5)
driver.quit()
```

注意：

(1) name 和 class 属性不具有唯一性，有可能存在同名的 name 或者 class，所以在单一元素定位时有可能失败。

(2) 并不是所有的 class(即使看着是没有同名的)属性都能够作为页面元素定位。

4. 根据标签名称定位

由于访问百度页面后，百度页面中存在多个相同名称的标签，所以一般很少用标签名称定位元素。这里为了说明标签名称定位如何使用，可以自定义一个简单的 HTML 页面。

首先定义一个 html 文件，保存在"E:\Test\PycharmProjects\test.html"。具体代码如下：

```
<!DOCTYPE html>
<html lang="en">
    <head>
        <meta charset="UTF-8">
        <title>Test</title>
    </head>
```

```
        <body>
            姓名:
                <input id="name"/><br/>
        </body>
</html>
```

然后这里利用<input>标签名定位输入框元素,并向输入框中输入一个姓名。

代码实现:

```
from selenium import webdriver
import time

page = webdriver.Chrome()
page.maximize_window()
url = "E:\\Test\\PycharmProjects\\test.html"
page.get(url)
time.sleep(3)
# 根据标签 tag 名称定位页面元素
page.find_element_by_tag_name("input").send_keys("liuyun")
time.sleep(10)
page.close()
```

思考:是否可以使用相对路径?如果在当前目录下有个HTML页面该如何访问?

5. 根据链接定位/部分链接定位

这里以"打开百度页面,点击百度新闻超链接"为例说明两种不同的链接定位方式。

代码实现:

```
from selenium import webdriver
from time import sleep

page = webdriver.Chrome()
page.maximize_window()
page.get("https://www.baidu.com")
# 定位新闻超链接
# 1 全文字定位
# page.find_element_by_link_text("新闻").click()
# 2 部分文字定位
page.find_element_by_partial_link_text("新").click()
sleep(3)

page.quit()
```

注意:超链接文字必须是在<a></a>标记中的内容。

6. 根据 xpath 定位

代码实现:

```
from selenium import webdriver
from time import sleep
```

```python
page = webdriver.Chrome()
page.maximize_window()
page.get("https://www.baidu.com")
sleep(5)

# xpath 绝对路径定位
# path = "/html/body/div/div/div/div/div/form/span/input"

# xpath 相对路径定位
# path = "//input[@id='kw']"
# path = "//*[@id='kw']"

# 相对路径使用层级关系和属性定位元素
# path = "//form[@id='form']/span/input"
# 利用逻辑运算符 and 实现元素的定位,主要是元素属性的逻辑关联
# path = "//input[@id='kw' and @class='s_ipt']"
# contains()方法的使用主要是利用元素属性中包含的字符串进行定位
path = "//span[contains(@class,'s_ipt_wr')]/input"

page.find_element_by_xpath(path).send_keys("python")   #在输入框中输入搜索内容
#绝对地址定位搜索按键
url = "/html/body/div[1]/div[1]/div[5]/div/div/form/span[2]/input"
page.find_element_by_xpath(url).click()   #点击搜索按钮
# page.find_element_by_id("su").click()
sleep(3)
page.close()
```

> 小知识:
> 　　在 xpath 定位元素过程中,往往也需要对页面文本信息进行匹配,这里常常在超链接定位中使用 text()方法实现文本匹配。为了使代码更加简洁,一般在使用时常常与 contains 配合使用。

要求匹配文本信息,实现百度新闻超链接的跳转。
代码实现:

页面元素
定位2

```python
from selenium import webdriver
from time import sleep

driver = webdriver.Chrome()
driver.maximize_window()
driver.get("https://www.baidu.com")
sleep(5)
driver.find_element_by_xpath("//a[contains(text(),'新闻')]").click()
sleep(5)
driver.quit()
```

7. 根据 CSS 定位

代码实现：

```
from selenium import webdriver
import time

driver = webdriver.Chrome()
driver.maximize_window()

driver.get("https://www.baidu.com")
time.sleep(5)

# 根据 id 选择器定位元素
# path = "#kw"
# 根据 class 选择器定位元素
# path = ".s_ipt"
# 标签选择器,一般通过层级关系也就是兄弟选择器实现
# path = "span>input"
# 通过选择器属性定位
path = "[name='wd']"
driver.find_element_by_css_selector(path).send_keys("selenium")
driver.find_element_by_css_selector("#su").click()

time.sleep(5)
driver.quit()
```

8. By 定位

代码实现：

```
from selenium import webdriver
from time import sleep
# 导入 By 包
from selenium.webdriver.common.by import By

driver = webdriver.Chrome()
driver.maximize_window()
driver.get("https://www.baidu.com")
sleep(5)
# 利用 By 定位
driver.find_element(By.ID,"kw").send_keys("selenium")
driver.find_element(By.ID,"su").click()

sleep(5)
driver.close()
```

注意：Python 版本较高的不再支持 find_element_by_* 这种定位,都支持使用 By 定位了。

任务 5.4　编写浏览器相关操作脚本

任务描述　Web 自动化测试的主要操作对象是浏览器,那么对于浏览器本身的动作怎么实现?要求编写代码实现浏览器窗口大小的调整和位置的设置,以及浏览器窗口的前进、后退、刷新、关闭、退出等操作。

 知识点　浏览器相关操作

浏览器
基本操作

(1)控制浏览器的大小和位置

set_windows_size():设置浏览器窗口大小。

set_window_position:设置浏览器窗口位置。

get_window_size:获取浏览器窗口大小。

get_window_position:获取浏览器窗口位置。

(2)设置浏览器窗口全屏

maxisize_window():设置浏览器窗口全屏。

(3)控制浏览器窗口后退和前进

back():后退。

forward():前进。

(4)模拟浏览器刷新

refresh():相当于按"F5"键刷新页面。

(5)浏览器的关闭和退出

close():只关闭当前窗口。

quit():退出整个浏览器程序。

(6)窗口截图

save_screenshot("./result.png"):一般使用相对路径,保存在当前项目目录下,也可以使用绝对路径。

另外,截图命名一般使用 png 格式,如果使用 jpg 格式可能会有警告出现,但也可以使用。

任务实施

```python
from selenium import webdriver
from time import sleep

driver = webdriver.Chrome()
#设置窗口的大小,窗口的宽度设置为500,高度为1200
driver.set_window_size(500,1200)
#设置窗口的位置
driver.set_window_position(100,300)

driver.get("http://www.baidu.com/")
sleep(5)

driver.get("http://news.baidu.com/")
sleep(5)

#浏览器窗口最大化
driver.maximize_window()

#实现窗口的后退和前进,注意这里百度页面和百度新闻页面都是在一个窗口中打开的
driver.back()
sleep(3)
driver.forward()
sleep(3)
#窗口的刷新
driver.refresh()
sleep(5)
#自动截图
driver.save_screenshot("./result.png")
driver.quit()
```

> 小知识:
>
> 自动化脚本中常用的保存操作方法有:
>
> get_screenshot_as_png():保存图片在内存中。
>
> get_screenshot_as_file(file):直接保存为文件形式。
>
> page_source():网页源码。
>
> save_screenshot(url/filename):保存图片,一般建议保存为png格式。

任务 5.5　编写 API 操作脚本

任务描述　要求编写自动化脚本实现：谷歌浏览器打开百度网页,然后在百度输入框中输入搜索内容,并查看搜索前后的页面 title 和 url 地址以及搜索结果的条目。

知识链接

知识点　API 操作

（1）获取验证消息

title	用于获取当前页面的标题
current_url	用于获取当前页面的 url
text	用于获取当前元素的文本信息
get_attribute(name)	获取元素中的属性值
size	元素尺寸
is_displayed()	元素是否可见

任务实施

```
from selenium import webdriver
from time import sleep


driver = webdriver.Chrome()
driver.get("https://www.baidu.com/")

title = driver.title
print("页面 title：",title)
now_url = driver.current_url
print("当前访问的地址是:",now_url)

#搜索
driver.find_element_by_id("kw").send_keys("selenium")
```

```
driver.find_element_by_id("su").submit()

♯页面强制等待,以防页面加载过快元素无法定位的问题
sleep(10)
title = driver.title
print("页面title :",title)
now_url = driver.current_url
print("当前访问的地址是:",now_url)

♯el = driver.find_element_by_xpath("//*[@id='tsn_inner']/div[2]/span")
el = driver.find_element_by_css_selector("♯tsn_inner > div:nth-child(2) > span")
content = el.text
print("页面搜索结果为:",content)
sleep(3)
driver.close()
```

任务5.6 实现等待时间设置

实现等待时间设置

任务描述

在前面的案例中经常看到 sleep()方法,这是一种等待时间的设置。但是在自动化测试脚本中往往不使用这种方法,因为这种方法会将强制等待的时间计入自动化测试的时间中。因此为了避免计入不必要的时间,在自动化测试中还引入了另外两种等待时间设置。

现在要求编写自动化脚本实现:

1. 使用隐式等待时间设置方法,获取百度页面访问时和关键词输入后的时间。
2. 使用显示等待时间设置方法,在5秒内每隔0.5 s查找是否有满足 id 为"kw"的元素。

 知识链接

 知识点 设置等待时间

(1)强制等待:time.sleep(n)

不论执行与否,都要等待 n 秒时间才可以到下一步。

(2)隐式等待:implicitly_wait(n)

在 n 秒内响应即可。如果超过 n 秒,则异常。使用隐式等待未必等到 n 秒。

(3)显式等待:WebDriverWait(condition)

在规定时间内等待条件发生,如果满足条件则执行;在规定时间内未发生,则报超时异常。

注意:隐式等待超过设置时间没有响应则报异常错误;显式等待超过设置时间没有响应则报超时。

1. 隐式等待

```
from selenium import webdriver
from time import *
# 导入异常包
from selenium.common.exceptions import NoSuchElementException

driver = webdriver.Chrome()
driver.implicitly_wait(10)    # 隐式等待 10 秒
driver.get("https://www.baidu.com/")

try:
    print(ctime())  # 输出当前时间
    driver.find_element_by_id("ly").send_keys("selenium")
except NoSuchElementException as e:
    print(e)
finally:
    print(ctime())    # 输出响应后的时间,比较两个时间查看隐式等待时间的执行
    sleep(3)
    driver.close()
```

2. 显示等待

```
from selenium import webdriver
from time import import sleep
# 导入显示等待相关包
from selenium.webdriver.common.by import By
from selenium.webdriver.support.ui import WebDriverWait
from selenium.webdriver.support import expected_conditions as EC

driver = webdriver.Chrome()
driver.get("https://www.baidu.com/")
```

```
sleep(3)
# 显示等待在 5 s 内找 id 为"kw"的元素,即该元素是可见的
# 在 5 s 内每隔 0.5 s 查找是否有满足条件(id 为"kw"的元素可见)的元素
el = WebDriverWait(driver,5,0.5).until(EC.visibility_of_element_located((By.ID,'kw')))
el.send_keys("selenium")
sleep(3)
driver.close()
```

任务 5.7　实现窗口切换

任务描述　编写自动化测试脚本实现:浏览器访问"合肥 58 同城"页面,并跳转到"租房"页面。

知识链接

知识点　多窗口切换

网页中表单嵌套是常见的,实际上就是使用 iframe/frame 引用了其他页面的链接,真正的页面数据并没有显示在当前源码中,但是在浏览器中可以看到。简单理解就是使页面中开了一个窗口显示另一个页面。

(1) 获取所有窗口的句柄

```
handles = driver.window_handles
```

得到一个列表,在 Selenium 中的每个窗口都有一个对应的值保存在里面。

(2) 通过窗口的句柄进入窗口

```
driver.switch_to.window(handles[n])
```

或者

```
driver.switch_to_window(handles[n])
```
(此方法在 Selenium 3 之后基本不再使用)

(3) 获取第一个窗口的句柄

```
driver.current_window_handle
```

(4) 获取第二个窗口的句柄

```
driver.window_handles[1]
```

任务实施

```
from selenium import webdriver
driver = webdriver.Chrome()
driver.maximize_window()
url = "https://hf.58.com/"
driver.get(url)
#定位到租房位置
el = driver.find_element_by_link_text("租房")
#打印切换窗口之前的信息
print("点击之前的身份列表：",driver.current_window_handle)
print("点击之前的url为：",driver.current_url)
print("点击之前的标题为：",driver.title)
#点击租房跳转页面
el.click()
print("点击之后的身份列表：",driver.window_handles)
print("点击之后的url为：",driver.current_url)
print("点击之后的标题为：",driver.title)
#跳转到第二个窗口
all_handles = driver.window_handles
driver.switch_to.window(all_handles[1])
print("切换窗口之后的url为：",driver.current_url)
print("切换窗口之后的标题为：",driver.title)
```

注意：在使用 print 时，提示语句后的参数使用"＋"和","两者是有区别的。

任务5.8　实现表单切换

实现表单切换

任务描述

编写自动化测试脚本实现以下过程：
浏览器访问126邮箱，输入用户名和密码。

知识链接

知识点　多表单切换

driver.switch_to.window：切换窗口。

driver.current_window_handle：获取当前窗口句柄。
driver.window_handles：获取所有窗口句柄。

任务实施

```
from selenium import webdriver
from time import sleep
driver = webdriver.Chrome()
driver.maximize_window()
driver.get("https://mail.126.com/")
sleep(5)
#从扫码登录切换到用户名密码登录,此步骤非必须,根据实际情况添加
# driver.find_element_by_id("lbNormal").click()
#切换框架
'''
#直接使用id值切换进入表单
driver.switch_to.frame(value)
#定位到表单元素然后进入表单
el = driver.find_element_by_**(value)
driver.switch_to.frame(el)
'''
el = driver.find_element_by_xpath("//iframe[starts-with(@id,'x-URS-iframe')]")
driver.switch_to.frame(el)
driver.find_element_by_name("email").send_keys("liuyun1234")
driver.find_element_by_name("password").send_keys("1234565")
sleep(3)
#一般切换表单完成后会切换回去
driver.switch_to.default_content()
driver.quit()
```

任务5.9　实现下拉框选择

任务描述　首先编写一个有下拉框的 HTML 页面,然后实现下拉框选择的过程。

知识链接

 知识点　下拉框

(1) WebDriver 提供了 Select 类处理下拉框标签

select_by_value:通过 value 值定位下拉选项。

select_by_visible_text:通过 text 值定位下拉选项。

select_by_index:通过索引定位下拉选项。

注意:索引中第一个选项为 0,第二个选项为 1。

(2) 取消选择

deselect_by_index():通过索引值取消下拉选中项。

deselect_by_value():通过 value 值取消下拉选中项。

deselect_by_visible_text():通过 text 值取消下拉选中项。

(3) 调用相应方法选择下拉框中的选项

all_selected_options:查看所有已选项。

first_selected_option:查看第一个已选项。

is_multiple:查看是否是多选。

options:查看选项元素列表。

(1) 手动编写一个下拉页面

```html
<!DOCTYPE html>
<html lang="en">
    <head>
        <meta charset="UTF-8">
        <title>选项使用</title>
    </head>
    <body>

        <select id="nr" name="NR">
            <option value="10" selected="">每页显示 10 条</option>
            <option value="20">每页显示 20 条</option>
            <option value="50">每页显示 50 条</option>
        </select>
    </body>
</html>
```

（2）实现下拉自动选择

```
from selenium import webdriver
from time import sleep
from selenium.webdriver.support.select import Select
import os
driver = webdriver.Chrome()
# url = "file:///"+os.path.abspath("select.html")
# print(os.path.abspath("select.html"))
url="file:///F:\PycharmProjects\softtest1\ApI 操作\case\select.html"
driver.get(url)
driver.maximize_window()
sleep(5)
s = Select(driver.find_element_by_id("nr"))
#定位选项
s.select_by_value("20")  #通过 value 属性选择 value="20"的项
sleep(10)  #为了明显地看出变化
s.select_by_index(0)  #选择第一个选项:通过选项的顺序选择,第一个为 0
sleep(10)  #为了明显地看出变化
s.select_by_visible_text("每页显示 50 条")
driver.quit()
```

任务 5.10　实现文件上传和下载

任务描述

在 Web 页面中,常常会遇到文件的上传和下载的情况。熟悉文件上传和下载的操作方法。

知识链接

知识点　文件上传和下载操作

WebDriver 并没有提供用于文件上传的方法。

在 Web 页面中一般通过普通上传和插件上传(如 Flash、JavaScript、Ajax 等)两种方式实现,本节主要学习普通上传。

注意:路径不要有中文,要将文件路径中的反斜线改为正斜线。也就是转义字符的使用。转义字符的三种方法如下:

(1)在字符串中用两个反斜线表示一个正斜线。
(2)在字符串前面加一个字母r,表示将所有的反斜线变成正斜线。
(3)把字符串中所有的反斜线改成正斜线。

WebDriver允许设置默认的文件下载路径,也就是说,文件会自动下载并且保存在设置的目录中,不同的浏览器设置方法不同。

profile.default_content_settings.popups:设置为0表示禁止弹出下载窗口。
download.default_directory:默认的下载保存路径。

任务实施

1. 文件上传

(1)编写文件上传页面

```
<!DOCTYPE html>
<html lang="en">
    <head>
        <meta charset="UTF-8">
        <title>文件上传</title>
    </head>
    <body>
        <div>
            <h3>文件上传</h3>
            <input type="file" name="file"/>
            <br/>

        </div>
    </body>
</html>
```

(2)文件上传模拟

```
from selenium import webdriver
import os
from time import sleep
driver = webdriver.Chrome()
file_path="file:///"+os.path.abspath("fileup.html")
driver.get(file_path)
driver.find_element_by_name("file").send_keys("F:\\data.csv")
sleep(10)
driver.quit()
```

2. 文件下载

```
from selenium import webdriver
from time import sleep
import os
```

'''
模拟文件下载
访问 https://pypi.org/project/selenium/#files 页面,下载当前页面的 Selenium
1.下载文件保存在指定磁盘中
2.下载文件保存在当前目录下
'''
#1.加载谷歌浏览器加载项
options = webdriver.ChromeOptions()
#2.设置加载项配置
'''
profile.default_content_settings.popups 设置为 0,表示禁止弹出下载窗口
download.default_directory 默认的下载保存路径
'''
prefs = {'profile.default_content_settings.popups':0,'download.default_directory':'f:\\'}

prefs = {'profile.default_content_settings.popups':0,'download.default_directory':os.getcwd()}
print(os.getcwd())
#3.将加载项设置信息加入加载项
options.add_experimental_option('prefs',prefs)

# driver = webdriver.Chrome(options=options)
driver = webdriver.Chrome(chrome_options=options)
driver.get("https://pypi.org/project/selenium/#files")
sleep(5)
#定位到元素 selenium-4.1.3-py3-none-any.whl,然后单击下载
driver.find_element_by_link_text("selenium-4.1.3-py3-none-any.whl").click()
sleep(5)

driver.quit()

任务 5.11 实现鼠标操作

实现鼠标操作

任务描述　　Selenium 进行自动化操作有时需要模拟鼠标操作才可以进行,例如,鼠标的单击、双击、右击、拖动等动作。本任务针对鼠标模拟操作进行介绍。

知识链接

知识点　鼠标操作

Selenium 提供一个类 ActionChains 处理鼠标事件。如果使用这个类,需要先引入类,引入类语句是:

from selenium.webdriver.common.action_chains import ActionChains

注意:调用 ActionChains()方法后,动作不会立即执行,而是放在队列中。当调用 perform()方法时,就会按照队列的顺序执行。

鼠标动作操作流程如下:

(1)定位元素。

(2)调用 ActionChains()方法,将 driver 作为参数传入,将用鼠标相关操作加入队列。

(3)调用 perform()方法执行所有存储在 ActionChains 队列中的行为。

常用的鼠标操作如下:

①click(on_element=None):单击鼠标左键。

②click_and_hold(on_element=None):单击鼠标左键不松开。

③context_click(on_element=None):单击鼠标右键。

④double_click(on_element=None):双击鼠标左键。

⑤drag_and_drop(source,target):拖拽到某个元素后松开(需要获取到目标位置的元素定位)。

⑥drag_and_drop_by_offset(source,xoffset,yoffset):拖拽到某个坐标后松开(需要获取到目标位置的坐标)。

⑦key_down(value,element=None):按下键盘上的某个键。

⑧key_up(value,element=None):松开键盘上的某个键。

⑨move_by_offset(xoffset,yoffset):鼠标从当前位置移动到某个坐标(需要获取到目标位置的坐标)。

⑩move_to_element(to_element):鼠标移动到某个元素。

⑪move_to_element_with_offset(to_element,xoffset,yoffset):移动到距某个元素(左上角坐标)多少距离的位置。

⑫pause(seconds):暂停操作(秒),需结合使用,例如,鼠标移动到某个元素上悬停的时间。暂停所有动作,相当于等待,用于链式操作过程中的等待。

⑬release(on_element=None):在元素上释放按住的鼠标按钮,与 click_and_hold(on_element=None)单击鼠标左键不松开结合使用。如果有鼠标按下的操作,则需要通过 release()方法释放鼠标。

⑭send_keys(*keys_to_send):发送某个键到当前焦点的元素。

⑮send_keys_to_element(element,*keys_to_send):发送某个键到指定元素。
⑯perform(self):执行鼠标操作方法。

这里简单实现了鼠标移动、右击、双击、拖拽等操作的模拟,其他操作可参照编写相应测试代码。

(1)鼠标移动

```
from selenium import webdriver
from time import sleep

#导入鼠标操作所在的包
from selenium.webdriver.common.action_chains import ActionChains

driver = webdriver.Chrome()
driver.maximize_window()
driver.get("https://www.baidu.com/")

#用鼠标操作实现移动
#定位元素
element = driver.find_element_by_id("s-usersetting-top")
#调用ActionChains()方法,移动鼠标操作放入队列中,然后调用perform()执行
ActionChains(driver).move_to_element(element).perform()

sleep(5)
driver.quit()
```

(2)鼠标右击

```
from selenium import webdriver
from time import sleep
from selenium.webdriver.common.action_chains import ActionChains

driver = webdriver.Chrome()

driver.get("https://pypi.org/project/selenium/#files")
element = driver.find_element_by_link_text("selenium-4.1.3-py3-none-any.whl")

ActionChains(driver).context_click(element).perform()
sleep(5)

driver.close()
```

(3) 鼠标双击

```python
from selenium import webdriver
from selenium.webdriver.common.action_chains import ActionChains
from time import sleep

driver = webdriver.Chrome()
driver.get("https://www.baidu.com/")
driver.maximize_window()
sleep(5)

# 鼠标悬停
# element = driver.find_element_by_xpath("//*[@id='s-usersetting-top']")
# ActionChains(driver).move_to_element(element).perform()

# 双击左键
element = driver.find_element_by_id("su")
ActionChains(driver).double_click(element).perform()
sleep(5)

driver.close()
```

(4) 鼠标拖拽

```python
from selenium import webdriver
from time import sleep
from selenium.webdriver.common.action_chains import ActionChains

driver = webdriver.Chrome()
driver.get("https://www.baidu.com/")
driver.maximize_window()
sleep(5)

source = driver.find_element_by_link_text("新闻")
target = driver.find_element_by_link_text("地图")

ActionChains(driver).drag_and_drop(source, target).perform()

sleep(5)
driver.close()
```

思考：如果鼠标执行连续动作，要如何实现呢？

任务 5.12　实现键盘操作

实现键盘操作

任务描述　　Selenium 进行自动化操作有时需要模拟键盘操作才可以进行,而 Selenium 包提供了一个类 Keys 来处理这类事件。本任务针对键盘模拟操作进行介绍。

知识链接

知识点　键盘操作

模拟键盘操作需要先引入键盘模块,引入语句如下:

```
from selenium.webdriver.common.keys import Keys
```

使用 Keys 类中的方法时,一般分为两步:
(1) 先使用 ActionChains 类将鼠标移动到需要进行键盘操作的位置,然后进行键盘操作。
(2) 先进行元素定位,然后通过调用 send_keys() 方法进行键盘操作。
键盘类常用方法如下:
- Keys.BACK_SPACE:回退键(BackSpace)
- Keys.TAB:制表键(Tab)
- Keys.ENTER:回车键(Enter)
- Keys.SHIFT:大小写转换键(Shift)
- Keys.CONTROL:Control 键(Ctrl)
- Keys.ALT:Alt 键(Alt)
- Keys.ESCAPE:返回键(Esc)
- Keys.SPACE:空格键(Space)
- Keys.PAGE_UP:翻页键上(Page Up)
- Keys.PAGE_DOWN:翻页键下(Page Down)
- Keys.END:行尾键(End)
- Keys.HOME:行首键(Home)
- Keys.LEFT:方向键左(Left)
- Keys.RIGHT:方向键右(Right)
- Keys.UP:方向键上(Up)

- Keys.DOWN：方向键下(Down)
- Keys.INSERT：插入键(Insert)
- DELETE：删除键(Delete)
- (Keys.CONTROL,'a')：组合键 Control+A,全选
- (Keys.CONTROL,'c')：组合键 Control+C,复制
- (Keys.CONTROL,'x')：组合键 Control+X,剪切
- (Keys.CONTROL,'v')：组合键 Control+V,粘贴

注意：键盘操作模拟,区分大小写,一般在组合键中使用小写。

任务实施

使用 Keys 类模拟键盘操作,完成百度搜索的过程。

```
from selenium import webdriver
from time import sleep
from selenium.webdriver.common.keys import Keys


driver = webdriver.Chrome()
driver.get("https://www.baidu.com/")
driver.maximize_window()
sleep(5)


driver.find_element_by_id("kw").send_keys("seleniumm")
sleep(3)
driver.find_element_by_id("kw").send_keys(Keys.BACK_SPACE)    #删除多余 m
sleep(5)
driver.find_element_by_id("kw").send_keys(Keys.SPACE)    #添加空格
sleep(3)
driver.find_element_by_id("kw").send_keys("教程")
sleep(5)


driver.find_element_by_id("kw").send_keys(Keys.CONTROL,'a')    #CTRL+A 全选
sleep(3)
driver.find_element_by_id("kw").send_keys(Keys.CONTROL,'x')
sleep(3)
driver.find_element_by_id("kw").send_keys(Keys.CONTROL,'v')
sleep(3)
driver.find_element_by_id("su").send_keys(Keys.ENTER)
sleep(5)


driver.close()
```

任务 5.13　实现对话框操作

任务描述　在登录某些页面时,输入用户名和密码错误会出现一个 alert 警告对话框,如果不关闭这个对话框则无法进行后续操作,所以就无法通过定位方式定位它的位置。本任务就是针对 alert 对话框处理进行介绍。

 知识点　对话框操作

弹出对话框主要有三种类型,分别是:警告对话框、确认对话框和提示对话框。

1. 警告对话框 alert

警告对话框提供一个"确定"按钮让用户关闭该对话框,而且该对话框是模式对话框,也就是说,用户必须先关闭该对话框然后才能继续进行操作。

2. 确认对话框 confirm

确认对话框向用户提示一个"是与否"的问题,用户可以根据实际情况单击"确定"按钮或"取消"按钮。

3. 提示对话框 prompt

提示对话框提供一个文本字段,用户可以在此字段输入一个答案来响应提示。有一个"确定"按钮和"取消"按钮。单击"确定"按钮会响应对应的提示信息,单击"取消"按钮会关闭对话框。

Selenium 提供 switch_to_alert()方法定位到 alert/confirm/prompt 对话框。使用 text/accept/dismiss/send_keys 进行操作,需要注意的是 send_keys 只能对 prompt 对话框操作,因为只有它是要输入内容的。

- text():获取对话框文本值。
- accept():相当于单击"确定"按钮。
- dismiss():相当于单击"取消"按钮。
- send_keys():输入值,因为 alert 和 confirm 没有输入对话框,所以这里只能使用提示对话框 prompt。

例如,接受对话框:

element = driver.switch_to_alert()
element.accept()

例如，得到对话框输入的文本消息：

element = driver.switch to alert().text

print(element)

例如，按下"取消"按钮：

element = driver.switch to alert()

element.dismiss()

例如，输入值：

element = driver.switch to alert()

element.send_keys("hello")

通过前面代码可以看出，如果对相应对话框操作，需要先切换到对应的对话框。

任务实施

编写自动化测试脚本，实现打开百度页面，进入"设置—搜索设置—保存设置—警告框"的过程。

```
from selenium import webdriver
from time import sleep


driver = webdriver.Chrome()
driver.maximize_window()


driver.get("https://www.baidu.com/")
sleep(3)


#进入设置—搜索设置—保存设置
driver.find_element_by_id("s-usersetting-top").click()
sleep(3)
driver.find_element_by_link_text("搜索设置").click()
sleep(3)
driver.find_element_by_link_text("保存设置").click()
sleep(3)


#对警告框操作，本例中只有"确定"按钮，所以对警告框直接接受
#driver.switch_to.alert.accept()
driver.switch_to.alert.dismiss()
sleep(3)


driver.quit()
```

任务 5.14　掌握下拉滚动条的使用

任务描述　在UI自动化测试中经常会遇到元素识别不对、报异常的情况。导致这些情况的原因有很多,例如,不在当前的 iframe 中、id 书写错误、等待时间设置过短等。但是还有一种原因就是当前显示的页面不全,对应的元素不可见,需要拖动滚动条才可以显示元素。本任务就是针对操作下拉滚动条进行介绍。

知识链接

知识点　下拉滚动条

在 Selenium 中提供了两种方法实现滚动条的下拉操作。

1. 通过连续按方向箭头实现

根据鼠标和键盘的相关知识和操作命令,可以借助于鼠标和键盘的操作命令来实现下拉滚动条的移动。例如,进入某个页面后存在下拉滚动条,且能够移动,则可以通过鼠标和键盘的操作命令找到隐藏的文字进行超链接,代码如下:

```
ActionChains(driver).send_keys(Keys.ARROW_DOWN).send_keys(Keys.ARROW_DOWN).send_keys(Keys.ARROW_DOWN).perform()
```

2. 用 JavaScript 中的语句实现

JavaScript 也是编写自动化脚本的一种语言,有时用 JavaScript 写的代码更加简单、实用。代码如下:

```
driver.execute_script("window.scrollTo(0,0)")
```

代码中的(0,0)代表页面横向和纵向的坐标。一般可以将这个代码分为两步:

(1)定义 js 字符串

```
js = 'window.scrollTo(x,y)'
```

x 表示水平的拖动,y 表示垂直的拖动。

或者

```
js = "var q=document.doumentElement.ScrollTop=n"
```

此方法对谷歌浏览器有可能不起作用,可以在 IE 或者火狐浏览器中使用 doumentElement 表示根节点。这里可以根据实际项目进行修改,如 body 元素或者其他元素都可以。

(2)执行 js 代码

```
driver.execute_script(js)
```

任务实施

谷歌浏览器打开 hao123 网页,然后拉动滚动条(垂直方向)(此处使用 js 实现,可以自行尝试使用键盘、鼠标完成)。

```
from selenium import webdriver
import time
#创建浏览器
driver = webdriver.Chrome()

#访问好123
url = 'https://www.hao123.com/'
driver.get(url)

time.sleep(3)
#使用js代码实现滚动条操作
#js='window.scrollTo(0,1000)'
#driver.execute_script(js)
#滚动条拉到底一般认为10 000就是将垂直距离拉到底
'''
js1 = "var q=document.documentElement.scrollTop=10000"
driver.execute_script(js1)
#滚动条回到最开始
js="var action=document.documentElement.scrollTop=0"
driver.execute_script(js)
'''
for i in range(100):
    # x代表水平,y代表垂直
    js = 'window.scrollTo(0,%s)'%(i*100)
    driver.execute_script(js)
    time.sleep(0.5)

driver.quit()
```

任务 5.15　熟悉 Selenium 的封装

任务描述　　在编写 UI 自动化测试用例时,最常用的就是方法的调用。而在 UI 自动化测试中,经常会重复使用一些相同的操作,所以可以把公共方法封装到一个文件中,这样以后需要使用时直接调用这个方法即可。

知识链接

知识点　Selenium 封装

从 Selenium 包中导入常使用的方法：

from selenium import webdriver
from selenium.webdriver.common.by import By ♯导入使用 By 的定位方法
from selenium.webdriver import ActionChains ♯导入鼠标的方法
from selenium.webdriver.common.keys import Keys ♯导入键盘操作的使用方法
from selenium.webdriver.support.ui import WebDriverWait ♯导入显示等待的方法
from selenium.webdriver.support import expected_conditions as EC ♯显示等待判断预期方法

 任务实施

1. 简单封装浏览器的打开、访问 URL 地址和关闭等操作

```
from selenium import webdriver
import time

♯相当于在 Java 中定义了一个类，类中包括了几个成员方法
class Common(object):
    ♯初始化相当于构造方法
    def __init__(self):
        self.driver = webdriver.Chrome()
        self.driver.maximize_window()
        print("浏览器启动啦……")

    ♯定义函数访问制定的 URL 地址并隐式等待 3 s
    def open_url(self,url):
        self.driver.get(url)
        self.driver.implicitly_wait(3)
        print("浏览器开始访问页面＊＊＊＊＊＊＊＊")

    ♯定义函数关闭或者退出浏览器
    def close_page(self):
        self.driver.quit()
        print("浏览器关闭……")

    ♯执行结束后应该有资源的清理，此方法不写一般易报错
    def __del__(self):
```

```
time.sleep(3)
self.driver.quit()
'''
判断文件是否是自身执行
如果"是"则执行后面的语句
否则不执行后面的语句
'''
if __name__ == '__main__':
    com = Common()
    com.open_url("https://www.baidu.com")
    time.sleep(3)
    com.open_url("https://www.hao123.com/")
    time.sleep(3)
    com.close_page()
```

注意：

另外新建一个test.py，引用该案例代码。运行并查看效果：

```
from example import tt
tt.Common()
```

会发现该代码只执行了初始化操作，其他操作未执行。

在上面代码执行中，还可能出现如图5-17所示的问题。

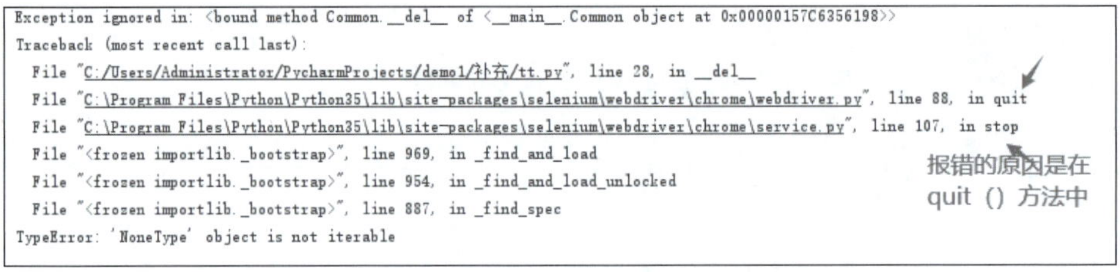

```
Exception ignored in: <bound method Common.__del__ of <__main__.Common object at 0x00000157C6356198>>
Traceback (most recent call last):
  File "C:/Users/Administrator/PycharmProjects/demo1/补充/tt.py", line 28, in __del__
  File "C:\Program Files\Python\Python35\lib\site-packages\selenium\webdriver\chrome\webdriver.py", line 88, in quit
  File "C:\Program Files\Python\Python35\lib\site-packages\selenium\webdriver\chrome\service.py", line 107, in stop
  File "<frozen importlib._bootstrap>", line 969, in _find_and_load
  File "<frozen importlib._bootstrap>", line 954, in _find_and_load_unlocked
  File "<frozen importlib._bootstrap>", line 887, in _find_spec
TypeError: 'NoneType' object is not iterable
```

报错的原因是在quit()方法中

图5-17　Python引用运行结果

这里跟Python中的回收机制有关，一般不建议直接定义__del__方法，默认释放即可；然后可以将上述代码中的close_url方法中的quit方法换成close。

2. 元素定位的封装和元素常用操作的封装

下面通过将常用操作进行封装后，实现百度页面的关键词搜索功能。

```
from selenium import webdriver
import time

# 封装元素的定位，8种页面元素定位
# 封装元素的操作：click、send_keys

class func(object):
    def __init__(self):
        self.driver = webdriver.Chrome()
        self.driver.maximize_window()
```

```python
# 访问指定url地址
def open_url(self, url):
    self.driver.get(url)
    self.driver.implicitly_wait(3)

# 元素定位
def locateElement(self, locate_type, value):
    if locate_type == 'id':
        el = self.driver.find_element_by_id(value)
    elif locate_type == 'class':
        el = self.driver.find_element_by_class_name(value)
    elif locate_type == 'name':
        el = self.driver.find_element_by_name(value)
    elif locate_type == 'tag':
        el = self.driver.find_element_by_tag_name(value)
    elif locate_type == 'link_text':
        el = self.driver.find_element_by_link_text(value)
    elif locate_type == 'part_link':
        el = self.driver.find_element_by_partial_link_text(value)
    elif locate_type == 'xpath':
        el = self.driver.find_element_by_xpath(value)
    elif locate_type == 'css':
        el = self.driver.find_element_by_css_selector(value)

    return el

# 元素的操作
def click(self, locate_type, value):
    el = self.locateElement(locate_type, value)
    el.click()

def send_data(self, locate_type, value, data):
    el = self.locateElement(locate_type, value)
    el.send_keys(data)

if __name__ == '__main__':
    fun = func()
    fun.open_url("https://www.baidu.com")
    fun.send_data('id','kw','python')
    fun.click('id','su')
    time.sleep(5)
```

同步练习

1. 请选择一种页面元素定位方法,模拟实现QQ邮箱的登录功能。
2. 编写自动化测试脚本实现以下过程:

浏览器打开百度页面,进入登录——注册过程中,获取百度页面首页句柄,遍历所有窗口句柄,判断是否为首页,如果不是则返回百度首页。

项目 6

Unittest 测试框架

知识目标

1. 了解 Unittest 测试框架概念。
2. 熟悉使用过程。
3. 掌握基本框架应用。
4. 掌握断言的使用。
5. 掌握参数化操作。
6. 掌握测试套件应用。

技能目标

1. 会使用 Unittest 框架开发设计。
2. 会使用测试套件完成测试代码编写。

素质目标

1. 培养学生理论联系实际的学习能力。
2. 培养学生科学、严谨的态度。

任务 6.1　认识 Unittest 测试框架

任务描述　　Unittest 是 Python 自带的单元测试框架,可以帮助用户完成接口自动化测试和 UI 自动化测试。Unittest 主要用来组织和执行测试用例,将单条测试用例组织在一起执行,如果一条测试用例执行失败,后面的测试用例可以继续执行;并且提供了丰富的断言方法,判断测试用例是否通过,最终生成测试结果。本任务的目标就是掌握 Unittest 测试框架的使用方法。

知识链接

知识点 1　Unittest 基本框架的功能

Unittest(单元测试框架)是专门用来进行单元测试的框架。
单元测试框架提供的功能有:
(1)提供用例组织和执行。
(2)提供丰富的断言方法(检查点)。
(3)提供丰富的日志。

知识点 2　Unittest 工作原理

Unittest 最核心的是 TestCase、TestSuite、TestRunner、TestFixture 四部分。

(1)TestCase:用户自定义测试用例的基类,调用 run()方法时,会依次调用 setUp()方法、执行用例的方法、tearDown()方法。

(2)TestSuite:测试用例集合,可以通过调用 addTest()方法手动增加 TestCase,也可以通过 TestLoader 自动添加 TestCase。TestLoader 在添加用例时没有顺序。

(3)TestRunner:运行测试用例的驱动类,可以执行 TestCase,也可以执行 TestSuite。执行后 TestCase 和 TestSuite 会自动管理 TestResult。

(4)TestFixture:进行测试过程的准备活动,例如,创建临时数据库、文件和目录等,其中 setUp()和 setDown()是最常用的方法。

知识点 3　Unittest 测试流程

Unittest 测试流程如下:
(1)写好 TestCase:一个 class 继承 unittest.TestCase,就是一个测试用例,其中有多个以 test 开头的方法,每个方法在 load 时会生成一个 TestCase 实例。如果一个 class 中有 4 个 test 开头的方法,则最后 load 到 suite 中时有 4 个测试用例。

(2)由 TestLoader 加载 TestCase 到 TestSuite。

(3)由 TextTestRunner 运行 TestSuite,运行结果保存在 TextTestResult 中。

通过命令行或者 unittest.main()方法执行时,main 会调用 TextTestRunner 中的 run()方法来执行用例,也可以直接通过 TextTestRunner 来执行用例。Runner 执行时,默认将结果输出到控制台;可以设置其输出到文件,在文件中查看结果;也可以通过 HTMLTestRunner 将结果输出到 HTML。

知识点 4　Unittest 主要类关系

正常调用 Unittest 的流程是 TestLoader 自动将测试用例 TestCase 加载到 TestSuite 里，TextTestRunner 调用 TestSuite 的 run()方法，顺序执行 TestCase 中以 test 开头的方法，并得到测试结果 TestResult。在执行 TestCase 过程中，先通过调用 SetUp()方法进行环境准备，执行测试代码，最后通过调用 tearDown()方法进行测试还原。

TestLoader 在加载过程中添加的 TestCase 是没有顺序的。一个 TestCase 里如果存在多个验证方法，会按照方法名中 test 后首字母的 ASCII 码从小到大排序后执行。

可以通过手动调用 TestSuite 的 addTest()方法来动态添加 TestCase，这样既可以确定添加用例执行顺序，也可以避免 TestCase 中的验证方法一定要用 test 开头。

知识点 5　Unittest 框架使用说明

(1) import unittest(导入测试框架)

定义一个继承自 unittest.TestCase 的测试用例类。

定义 setUp()、tearDown()、setUpClass()、tearDownClass()方法。其中 setUp()方法在每个测试用例方法执行前都会执行一次；tearDown()方法在每个测试用例执行结束后都会执行一次；setUpClass()方法在一个测试用例集执行前只执行一次；tearDownClass()方法在一个测试用例集执行后只执行一次。

一般在具体实现中，导入测试框架后，需要先创建类，然后在类中定义方法。

① 全局变量

driver=None

- 定义驱动器。
- 放在模块(文件中)，不要放在类中。

(此步骤不是必须，在后面案例中演示讲解)。

② 创建测试类

class 类名(unittest.TestCase)

- 括号内表示继承。
- 不能省略。

③ 创建初始化和还原环境的函数。

setUpClass(cls)

- 必须使用@classmethod 装饰器。
- cls 不能省略。
- 所有测试函数运行前执行一次本函数。

tearDownClass(cls)
- 必须使用@classmethod 装饰器。
- cls 不能省略。
- 所有测试函数运行完后执行一次本函数。

setUp(self)
- 每个测试函数运行前执行一次本函数。
- self 不能省略。

tearDown(self)
- 每个测试函数运行完后执行一次本函数。
- self 不能省略。

说明:这些函数都放在类中。

(2)定义测试用例(名字以 test 开头)

一个测试用例应该只测试一个方面,测试目的和测试内容应很明确。主要调用 assertEqual()和 assertRaises()等断言方法判断程序执行结果和预期值是否相符。

def 函数名(self):
u'''测试描述'''
global driver
其他测试代码

- 函数名必须以 test 开头。
- self 不能省略。
- "u'''测试描述'''"可以省略,省略时显示函数名。
- global driver 用于指定 driver 是全局变量,只放在 setUpClass 中即可。
- 多个测试函数按照函数名的 ASCII 顺序执行。

(3)调用 unittest.main()方法启动测试

如果测试未通过,会输出相应的错误提示;如果测试全部通过,则不显示任何信息。

if __name__ == "__main__":
unittest.main(verbosity=2)

- 上述代码放在模块内、类之外。
- __是双下划线。
- if __name__ == "__main__"表示当单独运行模块时才会被执行,import 到其他脚本中不会被执行。
- verbosity=2 显示每个用例的详细信息,可以省略,但测试结果不详细。

测试结果说明如下:
- . 或者 ok 代表测试通过。
- F 代表测试失败,F 代表 Failure。
- E 代表测试出错,E 代表 Error。
- S 代表跳过该测试,S 代表 Skip。

编写代码演示 Unittest 测试框架的使用过程。

```python
import unittest
#继承了父类 TestCase
class Test1(unittest.TestCase):
    @classmethod
    def setUpClass(cls):
        print("test begin……")

    def setUp(self):
        print("each test start ……")

    def tearDown(self):
        print("each test end ……")

    @classmethod
    def tearDownClass(cls):
        print("test end……")

    #定义测试用例
    def test001(self):
        print("001")

    def testB(self):
        print("B")

    def test002(self):
        print("002")

    def rest001(self):
        print("esr001")

    def test_001(self):
        print("101")

    def testA(self):
        print("A")

if __name__ == '__main__':
    unittest.main(verbosity=2)
```

任务6.2　掌握 Unittest 中断言的使用

任务描述

Unittest 测试是自动化测试的一个重要组成部分。Unittest 是 Python 自带的单元测试框架，可以帮助用户完成接口自动化测试和 UI 自动化测试。它将主要测试用例组织在一起执行，如果一条测试用例执行失败，后面的测试将继续执行。Unittest 还有丰富的断言方法，判断测试用例是否通过，最终生成测试结果。本任务就是要学习 Unittest 测试框架中断言的使用。

知识点　断言

在执行测试用例的过程中，最终测试用例执行成功与否，是通过将测试得到的实际结果与预期结果进行比较得到的。而断言就可以实现这个目的，断言就是让程序代替人工自动地判断预期结果和实际结果是否相符。

Unittest 单元测试框架提供了一整套内置的断言方法。如果断言失败，则抛出一个 AssertionError，并标识该测试为失败状态；如果异常，则当作错误来处理；如果成功，则标识该测试为成功状态。

断言是测试用例的核心，本书主要学习基本断言方法。基本的断言方法提供了测试结果是 true 还是 false。所有的断言方法都有一个 msg 参数，如果指定 msg 参数的值，则将该信息作为失败的错误信息返回。

例如，用 assertEqual() 来判断预期结果，用 assertTrue() 和 assertFalse() 来做是非判断。常用的断言方法见表 6-1。

表 6-1　　　　　　　　　　　　　常用的断言方法

方法	断言描述	方法	断言描述
assertEqual(arg1,arg2,msg=None)	验证 arg1=arg2，不等则 fail	assertIsNone(expr,msg=None)	验证 expr 是 None，不是则 fail
assertNotEqual(arg1,arg2,msg=None)	验证 arg1!=arg2，相等则 fail	assertIsNotNone(expr,msg=None)	验证 expr 不是 None，是则 fail
assertTrue(expr,msg=None)	验证 expr 是 true，如果为 false，则 fail	assertIn(arg1,arg2,msg=None)	验证 arg1 是 arg2 的子串，不是则 fail

(续表)

方法	断言描述	方法	断言描述
assertFalse(expr,msg=None)	验证 expr 是 false,如果为 true,则 fail	assertNotIn(arg1,arg2,msg=None)	验证 arg1 不是 arg2 的子串,是则 fail
assertIs(arg1,arg2,msg=None)	验证 arg1、arg2 是同一个对象,不是则 fail	assertIsInstance(obj,cls,msg=None)	验证 obj 是 cls 的实例,不是则 fail
assertIsNot(arg1,arg2,msg=None)	验证 arg1、arg2 不是同一个对象,是则 fail	assertNotIsInstance(obj,cls,msg=None)	验证 obj 不是 cls 的实例,是则 fail

任务实施

Unittest中断言的使用

1. 编写代码熟悉 Unittest 测试框架的基本应用过程和断言基本操作。

```
import unittest

class Test(unittest.TestCase):
    def setUp(self):
        print("start")

    def tearDown(self):
        print("end")

    def testEqual(self):
        self.assertEqual("1","2","wrong")  #比较1和2是否相等

    def testEqual2(self):
        assert "1"=="1"  #比较1是否等于assert方法,不建议使用

if __name__ == '__main__':
    unittest.main(verbosity=2)  #显示详细信息
```

2. 编写代码实现百度页面访问,比较访问后的 title 是否等于"百度一下,你就知道"字符串。

```
from selenium import webdriver
import unittest
from time import sleep

class TestBaidu(unittest.TestCase):  #定义类
    def testTitle(self):  #定义测试用例
        self.driver = webdriver.Chrome()
        self.driver.maximize_window()
        self.driver.get("https://www.baidu.com/")
        sleep(3)
        title=self.driver.title
        self.assertEqual(title,"百度一下,你就知道","未访问到页面")
```

```
＃学生补充一个测试用例，实现淘宝首页的访问，并比较页面 title
'''
    def testTitle2(self)：
        self.driver = webdriver.Chrome()
        self.driver.maximize_window()
        self.driver.get("https：//ai.taobao.com/")
        sleep(3)
        title=self.driver.title
        self.assertIn("淘宝",title,"未访问到页面")
'''

if __name__ == '__main__'：
    unittest.main(verbosity=2)
```

补充：
在断言比较中，获取页面元素信息的方法有以下几个：
(1)获取页面元素的文本信息：
findElement().text
(2)获取页面标题信息：
driver.title
(3)获取网址信息：
driver.current_url
(4)获取页面元素的属性信息：
findElement().get_attribute("value")

任务6.3　实现 Unittest 中参数化

任务描述　在性能测试中我们会对脚本进行编辑，尤其是参数化的使用。那么我们在自动化测试脚本中也经常会遇到需要进行参数化的情况，所以本任务就是掌握如何在自动化脚本中实现参数化。

知识链接

知识点　参数化

对于普通测试来说，一个测试方法只需要运行一遍。而参数化测试在测试一个方法时，可能需要传入一系列参数，然后进行多次测试。

（1）nose_parameterized 或者 parameterized

①安装使用参数化的包

pip install nose_parameterized-0.6.0-py2.py3-none-any.whl 或者 pip install parameterized

注意：Python 较高版本也不再支持 nose_parameterized 这个参数库，可以直接使用 parameterized 库，也可以直接在 PyCharm 环境下直接导入对应参数包。

由于 Python 官网不再支持对 Python 3.7 及以下版本的一些第三方包的在线安装，所以如果使用 pip 在线安装提示版本更新问题，需要将 Python 版本升级。

②导入包 parameterized

包名不是 nose_parameterized：

```
from parameterized import parameterized
```

也可以写 from nose_parameterized import parameterized，但是在运行后会提示：

"The 'nose-parameterized' package has been renamed 'parameterized'."

所以一般不这样写。

③定义参数数据

```
data=[[数据 11,数据 12],
      [数据 21,数据 22]]
```

将参数放在列表中。

④引用参数

```
@parameterized.expand(data)
def test…(self,参数 1,参数 2,…):
```

- self 不能省略。
- 参数的个数应与列表中的个数一致。
- 可以实现局部迭代。

（2）ddt(Data driven Tests)数据驱动测试

数据驱动测试是以数据来驱动整个测试用例的执行，也就是测试数据决定测试结果。

数据驱动解决的问题是：

- 代码和数据分离，避免代码冗余。
- 不写重复的代码逻辑。

数据驱动测试使用过程如下：

①安装 ddt 包，一般直接在线安装即可（也可以在 Python 可视化工具中添加）：

```
pip install ddt
```

②导入包

```
from ddt import ddt,data,unpack
```

③定义参数

```
@data([数据 11,数据 12],
      [数据 21,数据 22],…)
```

④引用参数

- 在定义类时加上注释器@ddt，表示这个类采用 ddt 代码库的方式实现数据驱动。
- @unpack 装饰器，进行拆包，把对应的内容传入对应的参数。

```
def test…(self,参数 1,参数 2,…):
    self 不能省略
```

参数的个数应与列表中的个数一致。

（3）csv 文件驱动测试

在前面的 ddt 中数据都是在代码中的，假如要测试很多需要分组的数据，全部写在 @data 装饰器里面就很麻烦，这就需要使用数据驱动里面的代码和数据的分离。一般这种情况都是将数据放入一个文本文件中，从文件读取数据，如 JSON、excel、xml、txt 等格式文件。本书主要学习的是 txt 文件类型。

在 Python 中打开已有文件可以使用以下语句：

file = open(r'F:\user.txt','r')

或者

file = open('F:\\user.txt','r')

需要注意转义字符的使用，使用字母"r"或者用"\"表示对字符"\"的转义使用。这里默认将数据存储在 F 盘下的 user.txt 文件中。

Pyhont 中对 txt 文件的读取操作语句如下：

- 打开文件：file=open('文件名.txt','r',encoding='utf-8')
- 读取文件内容：con=file.read()
- 写入文件内容：file.write('写入的内容')
- 关闭文件：file.close

在 ddt 中文件的读取还可以使用 @file_data 装饰器。使用 @file_data 装饰器与使用 @data 装饰器有一点不同：

- @file_data 装饰器里，文件的路径是相对于这个测试类本身来说的。
- 使用 @file_data 装饰器无须使用 unpack，即使同一组数据的参数有多个。

Unittest中
参数化的使用

1. parameterized 参数传递实现断言比较

```
from parameterized import parameterized
import unittest

class Test1(unittest.TestCase):
    @parameterized.expand([(3,2),(4,5),(5,2)])  #传递参数列表
    def testAssert(self,first,second):  #定义测试用例
        self.assertTrue(first＞second)  #判断第一个值大于第二个值是否为真

if __name__ == '__main__':
    unittest.main(verbosity＝2)
```

2. parameterized 参数传递三个常用网址，并实现三个网址的访问

```
from selenium import webdriver
from parameterized import parameterized
import unittest
from time import sleep
```

```python
#参数在类外
data = [('百度','https://www.baidu.com/'),
    ('新浪','https://www.sina.com.cn/'),
    ('淘宝','https://www.taobao.com/')]

class check_server(unittest.TestCase):
    @parameterized.expand(data)
    def testPrint(self,server,url):
        print("服务器为:",server)
        print("访问网址为:",url)

    @parameterized.expand(data)
    def testLogin(self,server,url):
        print(server)
        self.driver = webdriver.Chrome()
        self.driver.maximize_window()
        self.driver.get(url)
        sleep(5)
        self.driver.quit()
```

注意:这里是为了解决句柄释放问题。如果不写,不影响查看参数传递效果,但是在运行后,有可能会出现报错信息"OSError:[WinError 6]句柄无效"。

```python
if __name__ == '__main__':
    unittest.main(verbosity=2)
```

3. ddt传递参数实现简单数据比较

```python
from ddt import ddt,data,unpack
import unittest
#数值的比较
@ddt  #注释器
class Test(unittest.TestCase):
    @data((3,-1),(3,4),(2,1))  #定义参数
    @unpack  #装饰器
    def testA(self,first,second):
        self.assertTrue(first>second)

if __name__ == '__main__':
    unittest.main(verbosity=2)
```

4. ddt参数化实现通过不同关键词进行百度搜索

```python
import unittest
from selenium import webdriver
from ddt import ddt,data,unpack
from time import sleep

#实现不同的关键词搜索,并比较搜索响应后的页面title
```

```python
@ddt  #注释器
class TestSearch(unittest.TestCase):
    @classmethod
    def setUpClass(cls):
        cls.driver = webdriver.Chrome()
        cls.driver.maximize_window()
        cls.base_url="https://www.baidu.com/"

    @classmethod
    def tearDownClass(cls):
        cls.driver.quit()

    #定义或者声明参数数据
    @data(['selenium','selenium_百度搜索'],
          ['python','python_百度搜索'],
          ['unittest','unittest_百度搜索'])

    @unpack  #装饰器
    def test_search(self,keys,result):
        driver = self.driver
        driver.get(self.base_url)
        driver.find_element_by_id("kw").send_keys(keys)
        driver.find_element_by_id("su").click()
        sleep(5)
        self.assertTrue(driver.title,result)

if __name__ == '__main__':
    unittest.main(verbosity=2)
```

5. 通过文件读取参数

(1) parameterized 实现

```python
import unittest
from parameterized import parameterized

class Test(unittest.TestCase):
    data=[]
    #打开已有参数的文件并打印
    file = open('C:\\Users\\Administrator\\Desktop\\user.txt','r')
    for row in file:
        t=row.split()  #分割
        data.append(t)  #分割后的数据添加到data中

    @parameterized.expand(data)
    def testA(self,name,pwd):
        print(name+" " + pwd)
```

```
if __name__ == '__main__':
    unittest.main()
```

(2) ddt 实现

```
from ddt import ddt,data,unpack
import unittest

# 读取文件内容并传递给 data
def read_file():
    data = []
    # 打开已有参数的文件并打印
    file = open(r'E:\info.txt','r')
    # 如果文件中有中文字符,则需要添加 encoding 编码格式:gbk 或者 utf-8
    # file = open(r'E:\info.txt','r',encoding='utf-8')
    for row in file:
        t = row.split()
        # print(t)
        data.append(t)

    file.close()
    # print(data)
    return data

@ddt
class TestDdt(unittest.TestCase):
    @data(*read_file())

    @unpack
    def testPrint(self,username,pwd):
        print(username+" "+pwd)

if __name__ == '__main__':
    unittest.main()
```

任务6.4 执行单模块单测试

测试套件TestSuite的使用

任务描述　　在自动化测试中,往往不会单独只执行一个测试用例,为提高测试效率,经常需要将若干个测试用例放在一组测试中执行,因此 Unittest 测试框架中提供了 TestSuite()。本任务就是掌握 TestSuite 测试套件的单模块单测试的执行。

知识链接

 知识点　指定运行一个模块中的一个测试

（1）创建测试套件（测试用例的集合，也称测试容器）

　　suite = unittest.TestSuite()

（2）将一个测试用例添加到测试套件中

　　suite.addTest(类名("测试函数名"))

注意：这里不能省略类名

（3）运行测试套件

这里运行分两个步骤，首先需要使用 TextTestRunner 运行测试用例，然后调用 run() 方法运行测试套件。

　　runner = unittest.TextTestRunner()
　　runner.run(suite)

（1）先编写测试用例 Demo1.py

```
import unittest
#测试用例
class DemoTest1(unittest.TestCase):
    def testA(self):
        print("A")
    def test_001(self):
        print("001")
    def testB(self):
        print("B")
    def test_002(self):
        print("002")
    def test_A01(self):
        print("A01")
    def test_B01(self):
        print("B01")
```

（2）指定运行一个模块中的一个测试用例 suite01.py

```
#指定一个模块中的一个测试用例
import unittest
from Demo1 import DemoTest1
# 创建测试套件
suite = unittest.TestSuite()
```

```
# 向测试套件中添加测试用例
suite.addTest(DemoTest1("testA"))
# 执行测试套件
runner = unittest.TextTestRunner(verbosity = 2)
runner.run(suite)
```

任务 6.5　执行单模块多测试

任务描述　在 TestSuite 套件中,仅仅指定一个模块中运行一个测试,往往是不能完成测试需求的。因为在一个模块中可以包括若干个测试,如果每次都运行一个测试,将会大大降低测试的效率。所以本任务主要是掌握如何实现一个模块中的多个测试。

 知识点　按顺序运行一个模块中的多个测试

（1）创建测试套件

```
suite = unittest.TestSuite()
```

（2）编写测试用例列表

```
tests=[类名("测试函数1"),类名("测试函数2"),…]
```

注意:这里编写完成测试列表时,需要注意以下几点:
- 只执行指定的测试函数。
- 按照编写的顺序执行测试。
- 多个测试放到列表中。
- 不能省略类名。

一般如果一个测试的执行依赖于其他测试,可以使用此方式解决。

（3）添加测试用例列表到测试套件中

```
suite.addTests(tests)
```

（4）执行测试套件

```
runner = unittest.TextTestRunner(verbosity = 2)
runner.run(suite)
```

这里可以使用参数 verbosity=2 指定测试结果的详细程度。

任务实施

(1)依然使用前面的 Demo1.py 文件
(2)创建测试文件 suite02.py

```
#按照顺序执行一个模块中的多个测试用例
import unittest
from Demo1 import DemoTest1
suite = unittest.TestSuite()
#定义测试用例执行顺序
tests = [DemoTest1("testA"),
    DemoTest1("test_001"),
    DemoTest1("test_B01"),
    DemoTest1("test_002")]
#向测试套件中添加测试用例组合
suite.addTests(tests)
unittest.TextTestRunner(verbosity = 2).run(suite)
```

任务 6.6　自动发现测试用例

任务描述　　在 TestSuite 套件中，往往在一个模块中会包括若干个测试用例，如果每次都运行都手动添加测试用例，将会大大降低测试的效率。所以本任务主要是掌握 TestSuite 套件中自动发现测试用例的方法。

 知识链接

 知识点　自动发现多个测试

(1)创建测试套件

```
suite=unittest.TestSuite()
```

(2)指定测试用例的识别规则,使用 defaultTestLoader 模块的 discover()方法

```
tests = unittest.defaultTestLoader.discover("测试模块所在目录",pattern = 'test*.py')
```

识别规则:识别所有 test 开头的 py 文件为测试用例。这也是按模块名称顺序执行的。
(3)添加测试用例到测试套件

```
suite.addTests(tests)
```

（4）执行测试套件

```
runner = unittest.TextTestRunner(verbosity = 2)
runner.run(suite)
```

在使用自动发现测试用例的方法时，一般都是创建多个测试模块，然后在模块内编写测试类和测试函数。当然，最好创建运行测试套件的单独模块。这里是否创建类，不做强制要求，依据个人编程习惯即可。

```
#自动发现多个测试用例并执行
import unittest
suite = unittest.TestSuite()
#指定测试用例所在路径，并按照规则匹配对应的测试用例文件
tests=unittest.defaultTestLoader.discover("./",pattern='Demo*.py')
#for x in tests:
#   print(x)
#将自动发现的测试用例加入测试套件中
suite.addTests(tests)
#执行测试组件
unittest.TextTestRunner(verbosity = 2).run(suite)
```

可以尝试再写一个 Demo2.py 作为测试用例，再次运行查看效果。

任务 6.7　获取测试报告

任务描述　自动化测试最终的目的是获取测试结果，为后期的开发维护工作提供依据。在实际工作中，测试组最后需要提交一份测试报告给开发团队或者用户，所以本任务的学习就是为了掌握如何获取一份测试报告文档。

 知识点　测试报告

前面的测试用例执行结果都在测试环境中体现，而在实际测试工作中，往往需要测试套件运行后有一个测试报告成果的展示。一般测试报告有多种形式，如 txt、html、xml 等。在

Unittest 测试框架中，如果要生成测试报告，一般使用第三方模块 HTMLTestRunner。这里需要先将 HTMLTestRunner.py 文件导入 Python 运行环境下（将 HTMLTestRunner 文件放在 Python 的安装目录中的 lib 文件夹下）或者测试用例执行目录下。这里 HTMLTestRunner.py 也可以根据需要修改。使用时最好创建运行测试套件的单独模块。

（1）导入包

```
import HTMLTestRunner
```

（2）创建测试套件

```
suite = unittest.TestSuite()
```

（3）指定测试用例的识别规则

```
tests = unittest.defaultTestLoader.discover("测试模块所在目录",pattern = 'test_*.py')
```

（4）添加测试用例到测试套件

```
suite.addTests(tests)
```

（5）执行测试套件：

```
runner=HTMLTestRunner.HTMLTestRunner(stream=fp,title=u'测试报告',description=u'第一次测试')
runner.run(suite)
```

说明：

stream=fp：测试报告保存的文件。

title=u'测试报告'：测试报告的标题。

description=u'第一次测试'：测试报告的描述。

测试套件
生成测试报告

1. 测试报告基本应用

```
import unittest
import HTMLTestRunner
import time

suite = unittest.TestSuite()
tests = unittest.defaultTestLoader.discover("./",pattern = "Demo*.py")
suite.addTests(tests)
#生成一个以当前系统时间开头的文件来保存报告
now = time.strftime("%Y-%m-%d %H%M%S",time.localtime())
report_file = now+"_testReport.html"
fp = open(report_file,"wb")

runner = HTMLTestRunner.HTMLTestRunner(stream = fp,title = u'测试报告',description = u'第一次测试')
runner.run(suite)
fp.close()
```

运行查看效果，在当前目录下生成测试报告文件。

注意:时间格式化时,时分秒之间不可以是冒号,否则会报错。

2.编写代码实现"WebTours 网址的注册—订票—退出操作"基本过程,生成相应测试报告。

(1)编写测试用例

```python
from selenium import webdriver
from time import sleep
import unittest
#因为订票时用到了下拉框
from selenium.webdriver.support.select import Select

driver = None
class TestWeb(unittest.TestCase):
    @classmethod
    def setUpClass(cls):
        global driver
        driver = webdriver.Chrome()
        driver.implicitly_wait(3)

    @classmethod
    def tearDownClass(cls):
        driver.quit()
    #开始编写测试用例
    def test1Open(self):
        u'打开网址'
        driver.get("http://localhost:1080/webtours/")
        sleep(3)
        #切换到默认的框架
        driver.switch_to.default_content()
        #切换到主体框架 body,然后切换到右边的信息框架 info
        driver.switch_to.frame("body")
        driver.switch_to.frame("info")
        #获取网页首页的内容
        #context = driver.find_element_by_tag_name("body").text
        #print(context)
        #设置断言,比较是否进入首页

    def test2Register(self):
        u'''注册用户'''
        driver.switch_to.default_content()
        driver.switch_to.frame("body")
        driver.switch_to.frame("info")
        driver.find_element_by_partial_link_text("sign up").click()
        sleep(3)
```

```python
            #在点击注册后框架内容发生了变化,所以重新加载框架
            driver.switch_to.default_content()
            driver.switch_to.frame("body")
            driver.switch_to.frame("info")
            #注册信息的编写
            driver.find_element_by_name("username").send_keys("lisi")
            driver.find_element_by_name("password").send_keys("123")
            driver.find_element_by_name("passwordConfirm").send_keys("123")
            driver.find_element_by_name("firstName").send_keys("si")
            driver.find_element_by_name("lastName").send_keys("li")
            driver.find_element_by_name("address1").send_keys("hefei")
            driver.find_element_by_name("address2").send_keys("anhui")
            driver.find_element_by_name("register").click()
            sleep(3)

    def test3Login(self):
            u'''登录页面'''
            #切换到登录所在的框架
            #切换到当前默认的框架下
            driver.switch_to.default_content()
            driver.switch_to.frame("body")
            driver.switch_to.frame("navbar")
            driver.find_element_by_name("username").send_keys("lisi")
            driver.find_element_by_name("password").send_keys("123")
            driver.find_element_by_name("login").click()
            sleep(3)

    def test4Book(self):
            u'''订票'''
            driver.switch_to.default_content()
            driver.switch_to.frame("body")
            driver.switch_to.frame("navbar")
            driver.find_element_by_xpath("/html/body/center/center/a[1]/img").click()
            sleep(3)
            driver.switch_to.default_content()
            driver.switch_to.frame("body")
            driver.switch_to.frame("info")
            #查找下拉框元素,选择对应的值
            el = driver.find_element_by_name("depart")
            Select(el).select_by_visible_text("London")
            el = driver.find_element_by_name("arrive")
            Select(el).select_by_visible_text("Paris")
            driver.find_element_by_name("findFlights").click()
            sleep(3)
```

```python
            driver.switch_to.default_content()
            driver.switch_to.frame("body")
            driver.switch_to.frame("info")
            driver.find_element_by_name("reserveFlights").click()
            sleep(3)
            driver.switch_to.default_content()
            driver.switch_to.frame("body")
            driver.switch_to.frame("info")
            driver.find_element_by_name("buyFlights").click()
            sleep(3)

    def test5Logout(self):
        u'''注销'''
        driver.switch_to.default_content()
        driver.switch_to.frame("body")
        driver.switch_to.frame("navbar")
        driver.find_element_by_xpath("/html/body/center/center/a[4]/img").click()
        sleep(3)

#自身测试验证下,测试用例可以不用
if __name__ == '__main__':
    unittest.main(verbosity=2)
```

(2)编写执行测试用例并生成报告

runtest.py

```python
import unittest
import HTMLTestRunner
import time

suite = unittest.TestSuite()
tests = unittest.defaultTestLoader.discover("./",pattern='webtest*.py')
suite.addTests(tests)

report_case = "../test_report"
now = time.strftime("%Y-%m-%d %H_%M_%S",time.localtime())
reportFile = report_case+"/"+now+"_webTourResult.html"

fp = open(reportFile,'wb')
runner = HTMLTestRunner.HTMLTestRunner(stream=fp,title=u"测试报告",description=u"webTour测试报告")

runner.run(suite)
fp.close()
```

同步练习

1. 编写关于四则运算的 Unittest 的代码实现。
2. 使用 Unittest 测试框架模拟百度搜索过程。
3. 编写代码实现百度搜索的测试报告,具体要求是:
(1)测试用例在一个文件目录 test_case 下。
(2)测试报告在一个文件目录 test_report 下。

项目 7 项目综合应用

知识目标
1. 掌握 Web 系统的功能测试。
2. 掌握性能测试。
3. 掌握 Web 自动化测试。

技能目标
1. 会编写功能测试文档。
2. 会使用 LoadRunner 或者 JMeter 完成性能测试。
3. 会用 Python 完成自动化测试。

素质目标
1. 培养学生理论联系实际的学习能力。
2. 培养学生全面发展的自学能力。
3. 培养学生团队协作精神和沟通协调能力。
4. 培养学生良好的心理素质和克服困难的能力。

任务 7.1 实现功能测试

任务描述　　前面项目讲解了软件测试的基础知识、黑盒测试和白盒测试以及性能测试和自动化测试,每个项目也有任务实施,但是没有一个完整的项目测试过程。一个完整的测试过程应包括编写测试计划与测试用例、记录测试过程、编写测试报告等。本任务以软件测试技能大赛测试系统"资产管理系统"为例进行讲解演示。

知识链接

知识点1　项目简介

随着信息化时代的到来,实现资产的电子化管理是任何一个企业的需求。通过计算机软件,提高资产管理的准确性,方便查询和维护,提高工作效率。

现在已经建立符合一般企业实际管理需求的资产管理系统,对企业的资产信息进行精确的维护及有效服务,从而减轻资产管理部门从事低层次信息处理和分析的负担,解放管理员的"双手大脑",提高工作质量和效率。

目前已经完成了产品设计和系统开发,即将开展测试工作。"资产管理系统"是技能大赛软件测试赛项的比赛系统,这里不再进行专门讲解说明。

知识点2　功能测试过程

1. 测试方案

根据资产管理系统需求说明书进行需求分析,划分和界定测试范围,分解测试任务,预估测试风险、测试工作量和测试进度,编写完成功能测试方案。

功能测试方案一般要求包括以下内容:

(1)概述:编写目的、项目背景。

(2)测试任务:测试目的、测试参考文档、测试范围、测试提交文档。

(3)测试资源:软件配置、硬件配置、人力资源分配。

(4)功能测试计划:Web端整体功能模块划分。

(5)功能测试整体进度安排。

(6)相关风险。

2. 功能测试用例设计

根据资产管理系统需求说明书和功能测试方案进行需求分析,理解业务功能,设计功能测试用例,编写完成功能测试用例。

功能测试用例文档应包括以下内容:

(1)按模块汇总功能测试用例数量。

(2)功能测试用例应包含以下项目:测试用例编号、功能点、用例说明、前置条件、输入、执行步骤、预期输出、重要程度、执行用例测试结果。

3. 执行功能测试用例

根据资产管理系统需求说明书和功能测试用例,在禅道系统上进行功能测试用例执行,完成系统Bug的全程跟踪。

4. 功能测试总结报告

测试报告是指把测试的过程和结果写成文档,对发现的问题和缺陷进行分析,为纠正软件存在的质量问题提供依据,同时为软件验收和交付打下基础。一份详细的测试报告包含足够的信息:产品质量和测试过程的评价,测试报告基于测试中的数据采集,最终的测试结果分析。

测试报告的内容可以总结为以下方面:

(1)目的、项目背景、读者对象。

(2)测试概要(测试方法、范围、测试环境、工具)。

(3)测试结果与缺陷分析(功能、性能)。

(4)测试结论与建议(项目概况、测试时间、测试情况、结论性能汇总)。

任务实施

1 测试方案

测试方案不是一成不变的,所以在测试过程中,测试方案也会随着测试计划的修改而改变。一般将测试方案的修改过程进行记录,见表 7-1。

表 7-1　　　　　　　　　　　文档更改审批记录

序号	版本	作者	审核者	完成日期	修改内容

测试方案主要根据测试需求和计划编写,这里依据测试系统"资产管理系统"按照以下目录编写一份测试方案供参考。

目录如下:

1　概述

　1.1　编写目的

　1.2　读者对象

　1.3　项目背景

2　测试目的与范围

　2.1　测试目的

　2.2　测试参考文档

　2.3　测试提交文档

　2.4　整体功能模块介绍

　2.5　相关风险

3　测试进度

4　测试资源

　4.1　人力资源分配

　4.2　测试环境

5　兼容性测试

1 概述

1.1 编写目的

本文档用来指导BS资产管理系统的测试工作,尽可能在系统上线前发现并纠正不必要的问题,为项目经理、项目开发人员以及测试人员明晰思路,明确测试工作内容及方法,在需求方、开发方、测试方三方协作的基础上尽早发现问题,修正错误,降低项目风险,减少工程损耗,降低开发成本。

1.2 读者对象

本测试方案可能的合法读者对象为最终用户、项目负责人、评审人员、产品人员、软件设计开发人员、测试人员。

1.3 项目背景

随着信息化时代的到来,实现资产的电子化管理是任何一个企业的需求。通过计算机软件,提高资产管理的准确性,方便查询和维护,提高工作效率。

2 测试目的与范围

2.1 测试目的

在规定的条件下对程序进行操作,以发现程序错误,衡量软件质量,并对其是否能满足设计要求进行评估,同时也是为了让该项目能更好地运行。

2.2 测试参考文档

编写测试方案引用的相关参考文档见表7-2。

表7-2　　　　　　　　　　　　　　测试方案参考文档

文档	版本/日期	作者	备注
资产管理系统需求说明书	V1.0	公司内部开发团队	
项目开发计划	V1.0	公司内部开发团队	
资产管理系统概要设计	V1.0	公司内部开发团队	

2.3 测试提交文档

测试完成后提交的文档资料见表7-3。

表7-3　　　　　　　　　　　　　　测试提交文档

文档	版本/日期	作者	备注
资产管理系统测试方案	V1.0	公司内部测试团队	
资产管理系统测试用例	V1.0	公司内部测试团队	
资产管理系统Bug提交	×年×月×日	公司内部测试团队	
资产管理系统测试总结	V1.0	公司内部测试团队	

2.4 整体功能模块介绍

在此介绍资产管理系统的功能模块,见表7-4。

表 7-4　　系统整体功能模块

需求编号	模块名称	功能名称	需求优先级
001	登陆	登录功能	高
002	个人信息管理	个人信息查看	高
003	个人信息管理	移动电话编辑	高
004	个人信息管理	修改登录密码	高
005	个人信息管理	退出系统	高
006	存放地点管理	存放地点查看详情	高
007	存放地点管理	存放地点搜索	高
008	供应商管理	供应商查看详情	高
009	供应商管理	供应商搜索	高
010	资产管理	资产新增	高
011	资产管理	资产修改	高
012	资产管理	资产详情查看	高
013	资产管理	资产搜索	高
014	资产管理	资产借用	高
015	资产管理	资产归还	高

2.5　相关风险

项目在不同阶段可能遇到的风险不同。在测试规划阶段,主要的风险有:

(1)测试方案评估不足,导致测试内容不全、不合理。

(2)测试计划不合理,导致测试进度紧张。

(3)测试用例设计不合理,用例设计有遗漏。

在测试验证阶段遇到的风险主要有:

(1)测试环境准备不足,无法按预期执行。例如,服务器测试环境未搭建、测试数据未准备、测试工具未准备等。

(2)测试环境配置和正式环境不同,导致测试结果有误差。

(3)测试人员能力或经验不足,导致遗漏 Bug 或发现 Bug 时间段较晚。

(4)测试进度把控不足,导致测试进度不满足预期。

3　测试进度

系统测试整体进度安排见表 7-5。

表 7-5　　系统整体进度安排

测试阶段	时间安排	参与人员	测试工作内容安排	产出
测试方案	具体时间	测试人员	编写测试方案	测试方案
测试用例	具体时间	测试人员	设计测试用例	测试用例
第一遍全面测试	具体时间	测试人员	测试用例执行	系统提交 Bug
交叉自由测试	具体时间	测试人员	测试用例执行	系统提交 Bug

4 测试资源

4.1 人力资源分配

项目根据测试团队人员进行人力资源分配,这里假定两个人完成测试,设计的人力资源分配见表 7-6。

表 7-6 人力资源分配

角色	人员	主要职责
测试负责人	甲	小组项目分工、测试方案设计、编写测试用例;进行 Bug 提交和跟踪、提交各阶段测试报告
测试组成员	乙	编写测试用例并执行、提交 Bug 和跟踪、编写总结报告

4.2 测试环境

测试环境根据系统运行环境进行编写,这里只做功能测试,所以简单罗列了功能测试的环境,见表 7-7。

表 7-7 测试环境

项目	要求
操作系统	Windows 10 专业版
运行内存	8 G
数据库	MySQL 5.7
测试管理工具	禅道
浏览器	IE 浏览器、Firefox、Google

5 兼容性测试要求

在功能测试中,一般也会进行简单的兼容性测试,包括但不限于以下几个方面:
(1)不同浏览器下能否显示正常且功能正常(IE 6/7/8/9、Firefox、Chrome)。
(2)同种浏览器不同版本下能否显示正常且功能正常。
(3)不同的平台是否能正常工作,如 Windows、Mac 等。
(4)不同的移动设备上是否正常工作,如 Iphone、Android 等。
(5)不同的分辨率下显示是否正常。

2 功能测试用例

本书只做其中两个模块的测试用例设计的演示。测试用例模板也是依据不同的项目或者不同的公司要求而不同,本书提供了一种常见的简单模式。
(1)登录功能
登录功能测试用例设计见表 7-8。

表 7-8 登录功能测试用例

测试用例编号	用例说明	输入	执行步骤	预期结果	实际结果
ZCGL-001	登录界面文字正确性验证	打开登录页面	打开登录页面	界面显示文字和按钮显示文字正确	
ZCGL-002	输入正确的登录信息进行登录	1.任务ID:1 2.用户名:24i9km 3.密码:24i9km 4.验证码:输入与图片一致的验证码,全部小写字母	输入以上数据,单击"登录"按钮	成功登录系统	
ZCGL-003	ID错误(为空)进行登录	1.任务ID:(空) 2.用户名:24i9km 3.密码:24i9km 4.验证码:输入与图片一致的验证码,全部小写字母	输入以上数据,单击"登录"按钮	提示请输入任务ID	
ZCGL-004	ID错误(正确ID前加空格)进行登录	1.任务ID:1 2.用户名:24i9km 3.密码:24i9km 4.验证码:输入与图片一致的验证码,全部小写字母	输入以上数据,单击"登录"按钮	提示任务ID必须为整数	
ZCGL-005	ID错误(正确ID前加符号)进行登录	1.任务ID:@@1 2.用户名:24i9km 3.密码:24i9km 4.验证码:输入与图片一致的验证码,全部小写字母	输入以上数据,单击"登录"按钮	提示任务ID错误	
ZCGL-006	ID错误(浮点数)进行登录	1.任务ID:1.0 2.用户名:24i9km 3.密码:24i9km 4.验证码:输入与图片一致的验证码,全部小写字母	输入以上数据,单击"登录"按钮	提示任务ID必须为整数	
ZCGL-007	用户名错误(为空)进行登录	1.任务ID:1 2.用户名:(空) 3.密码:24i9km 4.验证码:输入与图片一致的验证码,全部小写字母	输入以上数据,单击"登录"按钮	提示请输入用户名	

(续表)

测试用例编号	用例说明	输入	执行步骤	预期结果	实际结果
ZCGL-008	用户名错误(用户名为大写字母)进行登录	1.任务ID:1 2.用户名:24I9KM 3.密码:24i9km 4.验证码:输入与图片一致的验证码,全部小写字母	输入以上数据,单击"登录"按钮	提示用户名错误	
ZCGL-009	用户名错误(正确用户名中含空格)进行登录	1.任务ID:1 2.用户名:24 i9 km 3.密码:24i9km 4.验证码:输入与图片一致的验证码,全部小写字母	输入以上数据,单击"登录"按钮	提示用户名错误	
ZCGL-010	用户名错误(正确用户名中含符号)进行登录	1.任务ID:1 2.用户名:!24#i9km 3.密码:24i9km 4.验证码:输入与图片一致的验证码,全部小写字母	输入以上数据,单击"登录"按钮	提示用户名错误	
ZCGL-011	密码错误(为空)进行登录	1.任务ID:1 2.用户名:24i9km 3.密码:(空) 4.验证码:输入与图片一致的验证码,全部小写字母	输入以上数据,单击"登录"按钮	提示请输入密码	
ZCGL-012	密码错误(正确密码中含空格)进行登录	1.任务ID:1 2.用户名:24i9km 3.密码:24i 9k m 4.验证码:输入与图片一致的验证码,全部小写字母	输入以上数据,单击"登录"按钮	提示请输入密码	
ZCGL-013	密码错误(密码为大写字母)进行登录	1.任务ID:1 2.用户名:24i9km 3.密码:24I9KM 4.验证码:输入与图片一致的验证码,全部小写字母	输入以上数据,单击"登录"按钮	提示密码错误	
ZCGL-014	密码错误(正确密码中含特殊符号)进行登录	1.任务ID:1 2.用户名:24i9km 3.密码:2%4i&9km 4.验证码:输入与图片一致的验证码,全部小写字母	输入以上数据,单击"登录"按钮	提示密码错误	

(续表)

测试用例编号	用例说明	输入	执行步骤	预期结果	实际结果
ZCGL-015	查看密码是否隐藏显示	1.任务ID:1 2.用户名:24i9km 3.密码:24i9km 4.验证码:输入与图片一致的验证码,全部小写字母	输入以上数据,查看密码文本框	密码隐藏显示	
ZCGL-016	验证码错误(为空)进行登录	1.任务ID:1 2.用户名:24i9km 3.密码:24i9km 4.验证码:(空)	输入以上数据,单击"登录"按钮	提示请输入验证码	
ZCGL-017	验证码错误(正确验证码中含空格)进行登录	1.任务ID:1 2.用户名:24i9km 3.密码:24i9km 4.验证码:输入与图片一致的验证码,全部小写字母,其中含有空格	输入以上数据,单击"登录"按钮	提示验证码错误	
ZCGL-018	验证码错误(正确验证码中含符号)进行登录	1.任务ID:1 2.用户名:24i9km 3.密码:24i9km 4.验证码:输入与图片一致的验证码,全部小写字母,其中含有特殊符号	输入以上数据,单击"登录"按钮	提示验证码错误	
ZCGL-019	验证码错误(输入与图片不一致的验证码)进行登录	1.任务ID:1 2.用户名:24i9km 3.密码:24i9km 4.验证码:输入与图片不一致的验证码,全部小写字母	输入以上数据,单击"登录"按钮	提示验证码错误	
ZCGL-020	验证码正确(大小写字母混合)进行登录	1.任务ID:1 2.用户名:24i9km 3.密码:24i9km 4.验证码:输入与图片一致的验证码,大小写字母混合	输入以上数据,单击"登录"按钮	成功登录系统	
ZCGL-021	验证码正确(全部大写字母)进行登录	1.任务ID:1 2.用户名:24i9km 3.密码:24i9km 4.验证码:输入与图片一致的验证码,全部大写字母	输入以上数据,单击"登录"按钮	成功登录系统	

(续表)

测试用例编号	用例说明	输入	执行步骤	预期结果	实际结果
ZCGL-022	查看换一张验证码图片功能是否正常	1.任务 ID:1 2.用户名:24i9km 3.密码:24i9km 4.验证码:输入与图片一致的验证码,全部小写字母	输入以上数据,单击"看不清,换一张?"按钮	验证码图片更换	
ZCGL-023	查看忘记密码功能是否正常	1.任务 ID:1 2.用户名:24i9km 3.密码:24i9km 4.验证码:输入与图片一致的验证码,全部小写字母	输入以上数据,单击"忘记密码?"按钮	提示请联系管理员查看密码	
ZCGL-024	查看超级管理员是否能正常登录	1.任务 ID:1 2.用户名:24i9km 3.密码:24i9km 4.验证码:输入与图片一致的验证码,全部小写字母	选择超级管理员,输入以上数据,单击"登录"按钮	成功登录系统	

(2)个人信息功能

个人信息功能测试用例设计见表 7-9。

表 7-9　　个人信息功能测试用例

测试用例编号	用例说明	输入	执行步骤	预期结果	实际结果
ZCGL-025	登录信息查看	无	登录成功,进入资产系统	1.页面顶部显示:登录账号角色、账号名称,欢迎您文字 2.顶部显示:修改密码、退出按钮 3.左侧菜单:个人信息高亮显示 4.页面显示个人信息页面 5.页面 title 显示"资产管理-个人信息"	
ZCGL-026	进入首页功能性测试	无	点击页面上方面包屑导航栏"首页"	跳转至首页	
ZCGL-027	个人信息页面文字和按钮文字是否正确	无	查看个人信息页面	界面显示文字和按钮显示文字正确	
ZCGL-028	查看个人信息是否正确	无	查看个人信息页面	系统正常显示资产管理员/超级管理员的姓名、手机号、工号、性别、部门、职位信息	

(续表)

测试用例编号	用例说明	输入	执行步骤	预期结果	实际结果
ZCGL-029	查看手机号初始是否为空	无	查看个人信息页面	手机号初始为空	
ZCGL-030	输入以1开头的11位数字进行保存	手机号：15687945842	输入以上数据，单击"保存"按钮	手机号保存成功	
ZCGL-031	输入不以1开头的11位数字进行保存	手机号：56874984238	输入以上数据，单击"保存"按钮	提示请输入正确手机号	
ZCGL-032	输入以1开头的10位数字进行保存	手机号：1879546274	输入以上数据，单击"保存"按钮	提示请输入正确手机号	
ZCGL-033	输入以1开头的12位数字进行保存	手机号：156879458428	输入以上数据，单击"保存"按钮	提示请输入正确手机号	
ZCGL-034	输入以1开头的11位数字含空格进行保存	手机号：15687 945842	输入以上数据，单击"保存"按钮	提示请输入正确手机号	
ZCGL-035	输入以1开头的11位数字含字符进行保存	手机号：@1568S7945842—	输入以上数据，单击"保存"按钮	提示请输入正确手机号	
ZCGL-036	修改密码按钮功能测试	无	单击页面上方修改密码按钮	弹出修改密码窗口	
ZCGL-037	查看修改密码窗口文字和按钮文字是否正确	无	查看修改密码窗口	窗口显示文字和按钮文字显示正确	
ZCGL-038	查看必填项前是否有红色"＊"号标注	无	查看修改密码窗口	必填项前有红色"＊"标注	
ZCGL-039	修改密码功能测试	1.当前密码：24i9km 2.新密码：student1 3.确认密码：student1	输入以上数据，单击"保存"按钮	修改密码成功	
ZCGL-040	当前密码错误（为空）进行修改密码	1.当前密码：(空) 2.新密码：student1 3.确认密码：student2	输入以上数据，单击"保存"按钮	提示确认密码与新密码不同	

（续表）

测试用例编号	用例说明	输入	执行步骤	预期结果	实际结果
ZCGL-041	当前密码错误（输入错误的当前密码）进行修改密码	1.当前密码：1564un（错误） 2.新密码：student1 3.确认密码：student1	输入以上数据，单击"保存"按钮	提示当前密码错误	
ZCGL-042	新密码错误（为空）进行修改密码	1.当前密码：24i9km 2.新密码：（空） 3.确认密码：student1	输入以上数据，单击"保存"按钮	提示请输入新密码	
ZCGL-043	新密码错误（新密码为5位）进行修改密码	1.当前密码：24i9km 2.新密码：stnt1 3.确认密码：stnt1	输入以上数据，单击"保存"按钮	提示新密码为6～10位字符，字母和数字的组合，区分大小写	
ZCGL-044	新密码错误（新密码为11位）进行修改密码	1.当前密码：24i9km 2.新密码：student5784 3.确认密码：student5784	输入以上数据，单击"保存"按钮	提示新密码为6～10位字符，字母和数字的组合，区分大小写	
ZCGL-045	新密码错误（新密码含特殊字符）进行修改密码	1.当前密码：24i9km 2.新密码：student1# 3.确认密码：student1#	输入以上数据，单击"保存"按钮	提示新密码为6～11位字符，字母和数字的组合，区分大小写	
ZCGL-046	确认密码错误（为空）进行修改密码	1.当前密码：24i9km 2.新密码：student1 3.确认密码：（空）	输入以上数据，单击"保存"按钮	提示确认密码不能为空	
ZCGL-047	确认密码错误（与新密码不同）进行修改密码	1.当前密码：24i9km 2.新密码：student1 3.确认密码：student5	输入以上数据，单击"保存"按钮	提示确认密码与新密码不同	

(续表)

测试用例编号	用例说明	输入	执行步骤	预期结果	实际结果
ZCGL-048	取消修改密码功能性测试	1.当前密码：24i9km 2.新密码：student1 3.确认密码：student1	输入以上数据，单击"取消"按钮	不保存当前内容回到个人信息页面	
ZCGL-049	退出登录功能测试	无	单击页面上方"退出"按钮	退出登录，进入登录页面	

3　禅道测试用例执行

首先使用账号登录禅道开源系统。这里先创建完成项目集、项目和产品以及模块信息，然后进入测试用例执行页面，如图 7-1 所示。

图 7-1　禅道测试执行页面

单击页面中的"提 Bug"按钮，进入提交 Bug 页面，如图 7-2 所示，根据测试情况填写相关信息。

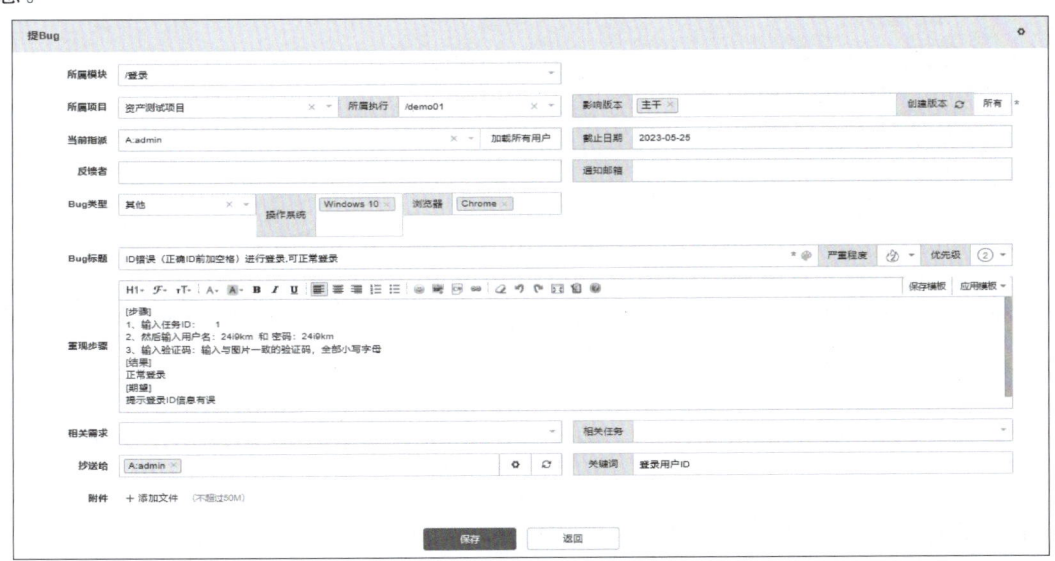

图 7-2　提交 Bug 页面

Bug 页面根据实际情况填写，尤其在步骤重现部分，必须按照测试出现 Bug 的情况写清楚，方便后期研发人员修改时可以重现 Bug。另外，Bug 提交时最好有截图。Bug 的严重等级根据其对系统功能影响程度决定。一般，影响到系统主要功能使用，严重等级都是高、严重或者非常严重；不影响主流业务功能的严重等级设置为一般或者较低。

根据 Bug 页面中指派情况，对应研发人员系统中查看个人测试反馈结果，有针对地进行 Bug 的修复。

禅道系统中，也可以直接编写测试用例，单击功能菜单"用例"，如图 7-3 所示，在页面填写测试用例即可。

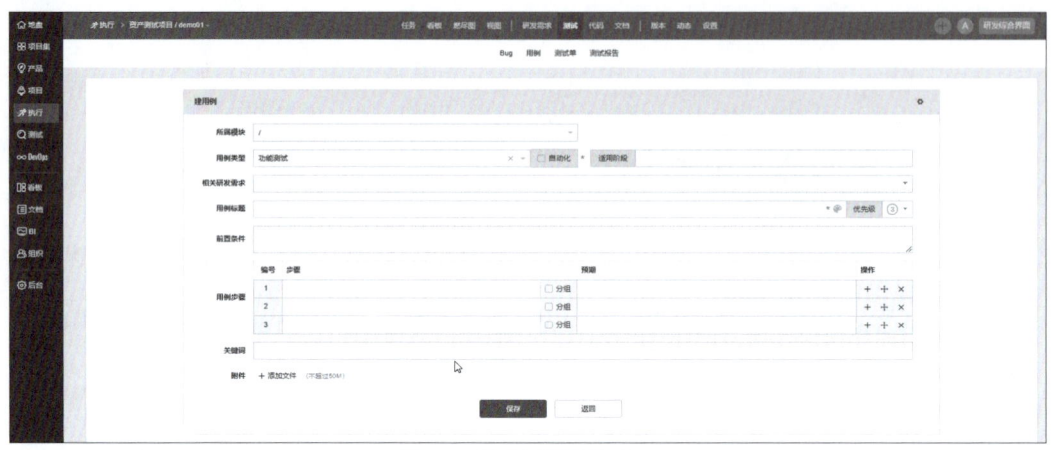

图 7-3　测试用例设计页面

根据前面的测试用例设计表，选择填写一个测试用例，如图 7-4 所示。

图 7-4　测试用例设计

测试用例设计完成后，即可单击测试用例后面的执行按钮 ▶ ，记录测试用例执行结果，如图 7-5 所示。可以单击"通过"链接查看通过情况。

图 7-5　测试用例列表

由于篇幅关系，这里不再一一描述上机演示操作。感兴趣的读者可以自学使用禅道平台。

4 测试总结报告

本次功能测试结束之后,需要编写一个完整的测试报告。测试报告的内容很多,而且不同的项目或者公司提供的测试报告模板不同,有可能是十几页或者几十页的文档,当然也可以在测试管理工具中编写。本书提供一份目录参考,并简单介绍下禅道工具中总结报告的编写过程。

(1)参考目录

1　测试概述
　　1.1　编写目的
　　1.2　项目背景
2　测试参考文档
3　项目组成员
4　测试设计介绍
　　4.1　测试环境与配置
　　4.2　测试用例设计方法
　　4.3　测试方法
5　用例汇总
6　测试进度
　　6.1　测试进度回顾
　　6.2　功能测试回顾
7　Bug 汇总
8　测试结论

(2)禅道创建测试报告

登录开源的禅道系统,然后在菜单栏中选择"测试"→"测试报告"命令,如图 7-6 所示。

图 7-6　创建测试报告页面

在创建测试报告之前,需要已创建了测试单,测试报告需要关联测试单。如果没有创建测试单,这里会提示,如图 7-7 所示。

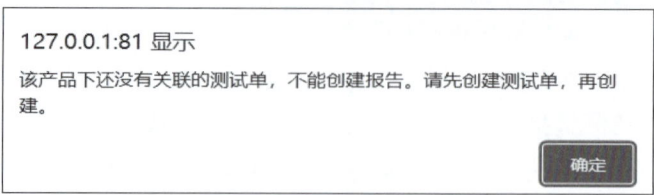

图 7-7　创建测试单弹出框

如果没有测试单,可以按照提示创建测试单,创建完成后,如图 7-8 所示。

图 7-8　测试单创建完成

注意:在创建测试单过程中还涉及项目名称、产品名称和产品版本等信息,这些信息需要在测试单创建之前已创建。这里由于篇幅关系不再赘述。

测试单创建完成后,可以单击上方的"测试报告"页签,按照页面信息完成测试报告的填写,如图 7-9 和图 7-10 所示。

图 7-9　测试报告填写页面

通过页面可以查看整个项目测试过程中使用到的测试用例、Bug 情况等信息,还有其他详细信息。可以发现,发现使用测试管理工具会比直接手动编写文档方便,也可以很好地将项目组其他成员工作信息一起统计。所以在实际工作中,测试人员越来越多地使用工具帮助完成测试工作。

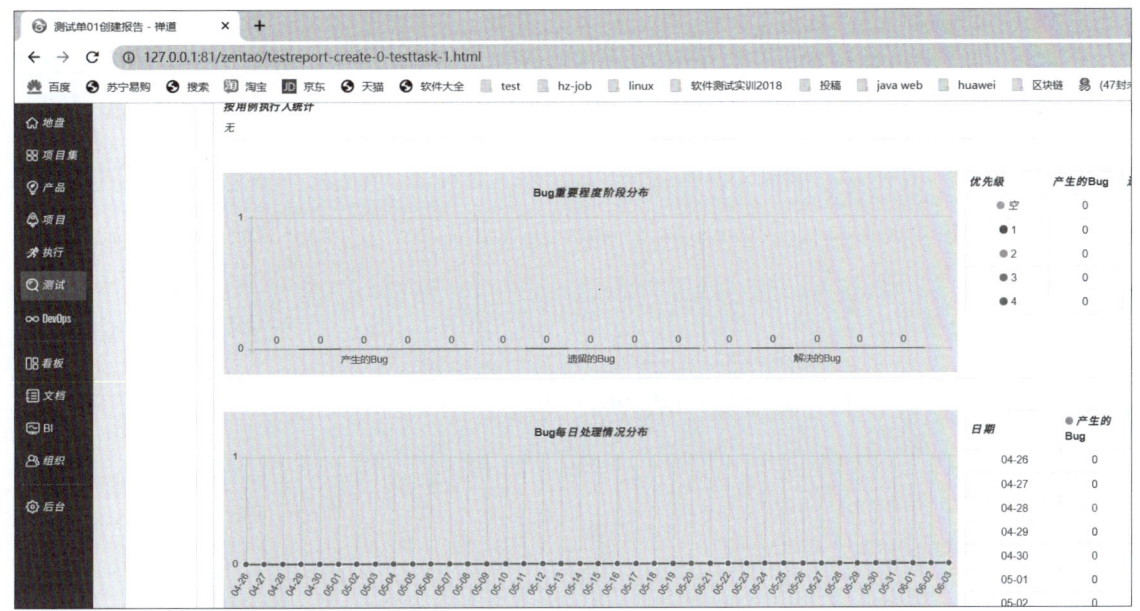

图 7-10　测试报告页面

任务 7.2　实现基于 LoadRunner 的性能测试

任务描述　目前已经完成了产品设计、系统开发和功能测试,即将开展基于 LoadRunner 的性能测试。本任务就是利用 LoadRunner 进行性能测试。

知识链接

打开资产管理系统,进入登录页面,登录系统。

知识点 1　LoadRunner 脚本要求

录制资产管理员登录、资产维修登记、退出操作。录制完成后将脚本命名为"Test_WX"。录制脚本具体要求如下:

(1)资产管理员登录操作录制在 init 中;资产维修登记操作录制在 Action 中;退出操作录制在 end 中。

(2)Action 录制维修登记,使用系统预置的资产并且将资产名称为"ZCLZ"开头的数据进行维修登记录制;对资产维修登记保存操作设置事务,事务名称"T_WX"。

(3)"登录"前加入思考时间 5 秒。

(4)参数化设置:使用系统预置的资产并且将资产名称为"ZCYL"开头的数据进行资产维修登记参数配置;进入参数列表,在参数列表新建参数化文件 value.dat,文件中含 value 字段,value 为资产名称对应的 value 值;输入 40 条资产 value 值。

(5)维修登记资产名称进行参数化设置,参数名称"value",使用 value.dat 参数化文件;参数取值和更新方式为"Unique"和"Each iteration",当超过提供的 value 数时,循环取值。

(6)脚本迭代次数 4 次。

知识点 2　LoadRunner 场景设计

(1)ScenarioScripts:Test_WX。
(2)ScenarioSchedule:默认。
(3)Global Schedule:启动 10 个用户。
启动规则:每隔 5 秒启动 2 个用户;运行持续 5 分钟;运行结束后,停止所有用户。
停止规则:每隔 2 秒停止 2 个用户。

知识点 3　LoadRunner 场景运行

将设计的场景运行完成。

知识点 4　分析运行完成的 LoadRunner 场景

(1)分析概要图:SummaryReport。
(2)分析 Vuser 图:Running Vusers。
(3)分析事务图:Transaction Performance Summary。
(4)分析 Web 资源图:Throughput。

实现步骤如下:
(1)打开 Vuser,按照要求录制脚本,脚本录制完成后,回放查看录制脚本是否正确。
(2)在 Vuser 中编辑脚本:设置迭代次数、添加思考时间、事务和参数化。如果事务在录制时已经添加,这里不需要重复添加。
(3)打开 Controller,设计场景,然后运行场景。
(4)查看运行场景结果,查看要求的结果分析图。

任务 7.3　实现基于 JMeter 的性能测试

任务描述　目前已经完成了产品设计、系统开发和功能测试,即将开展基于 JMeter 的性能测试。本任务就是利用 JMeter 进行性能测试。

打开资产管理系统,进入登录页面,登录系统。

知识点 1　JMeter 脚本要求

录制资产管理员登录、资产报废登记、退出操作。录制完成后将脚本命名为"Test_BF"。录制脚本具体要求如下:

(1)录制完成资产管理员登录、资产报废等级、退出操作,这三个操作脚本分别命名为"登录事务""报废登记事务""退出事务"。
(2)"登录"前添加思考时间。
(3)登录是否成功,添加检查点。
(4)登录前添加集合点(数量 5,超时时间 30 秒)。

知识点 2　JMeter 场景设计

(1)线程组命名:报废登记。
(2)总共启动 100 个线程,每 15 秒启动 20 个线程。

知识点 3　JMeter 场景运行

将设计的场景运行完成。

知识点 4　分析运行完成的 JMeter 场景

(1)分析 Dashboard:Statistics。
(2)分析 Throughput:Transactions per Second。

任务实施

实现步骤如下:

(1)使用JMeter代理录制或者使用Badboy录制脚本,然后添加察看结果树,运行查看结果。

(2)编辑脚本:添加三个事务、登录事务中添加正则表达式设置检查点、添加集合点、线程组设置线程启动。

(3)添加取样器,查看检查点取值结果。

(4)查看运行场景结果,查看要求的结果分析图。

任务7.4　实现自动化测试

任务描述　　目前已经完成了产品设计、系统开发和功能测试,即将开展测试。本任务就是进行自动化测试工作。验证资产管理系统中登录及人员管理功能是否支持UI自动化测试。

知识链接

知识点1　测试目标

利用PyCharm进行测试,实现对页面元素进行识别、定位和自动化测试脚本的编写。

知识点2　测试步骤

(1)从Selenium中引入WebDriver。

(2)引入Selenium中的Select模块。

(3)使用Selenium模块的WebDriver打开谷歌浏览器。

(4)在谷歌浏览器中通过调用get()方法发送网址,打开资产管理系统登录页面。

(5)增加等待时间30秒。

(6)查看登录页面中的用户名输入框元素,通过css_selector属性定位用户名输入框,并输入用户名"sysadmin"。

(7) 查看登录页面中的密码输入框元素,通过 id 属性定位密码输入框,并输入密码"SysAdmin123"。

(8) 查看登录页面中的"登录按钮"元素,通过 xpath 方法定位登录按钮,调用 click()方法单击"登录"按钮进入资产管理系统首页。

(9) 在资产管理系统首页查看左侧"人员管理"按钮元素,通过调用 link_text()方法进行定位,调用 click()方法单击"人员管理"按钮,进入人员管理页面。

(10) 在人员管理页面查看全部类型下拉框元素,通过 name 属性定位人员类别下拉框,通过调用 Select 模块里的 select_by_visible_text()方法选择下拉框中的"合同"选项。

知识点 3　测试数据

登录账号:参数化。

实现步骤:
1. 根据测试用例编写脚本。
2. 设计参数化文件:包括用户名和密码信息。
3. 执行自动化测试用例。
4. 记录并汇报 Bug。

―――――――――― 同步练习 ――――――――――

针对 WebTours 系统完成以下工作:
1. 功能测试
(1) 根据需求文档,编写完成测试计划。
(2) 在禅道中编写测试用例和 Bug 提交。
2. 性能测试
选择 LoadRunner 完成以下工作:
(1) 录制登录和订票的脚本。其中,登录在 action1 中,订票在 action2 中,要求在登录中添加集合点,订票添加事务和检查点。
(2) 订票始发城市和终点城市使用参数化,脚本运行迭代 5 次。
(3) 场景设计:虚拟用户为 40 个,集合点策略为 100% 到达运行 vuser 数目释放;运行时间持续为 5 分钟,每 5 秒启动 10 个用户,最后每 5 秒停止 20 个用户。
(4) 查看分析结果:性能指标包括吞吐量、并发用户数、每秒响应事务、事务平均响应时间等。
3. 自动化测试
使用 Python 编写代码实现用户注册的过程。

参考文献

[1] 杨胜利. 软件测试技术[M]. 广州:广东高等教育出版社,2015.

[2] 孟磊. 软件质量与测试[M]. 西安:西安电子科技大学出版社,2015.

[3] 张旸旸,于秀明. 软件评测师教程[M]. 2版. 北京:清华大学出版社,2021.

[4] 李香菊,孙丽,谢修娟等. 软件工程课程设计教程[M]. 北京:北京邮电大学出版社,2016.

[5] 张善文,雷英杰,王旭启. 软件测试及其案例分析[M]. 西安:西安电子科技大学出版社,2012.

[6] 黑马程序员. 软件测试[M]. 北京:人民邮电出版社,2019.

[7] 北京四合天地科技有限公司. Web应用软件测试[M]. 北京:中国铁道出版社,2021.

[8] 郭清菊,曹起武. 实用软件测试技术[M]. 大连:大连理工大学出版社,2018.

[9] 吴迪. 软件测试[M]. 北京:北京邮电大学出版社,2020.